全国高等院校计算机基础教育"十四五"规划教材

Python 程序设计应用教程
（第 3 版）

张书钦　夏敏捷◎编著

中国铁道出版社有限公司
CHINA RAILWAY PUBLISHING HOUSE CO., LTD.

内 容 简 介

本书是全国高等院校计算机基础教育"十四五"规划教材之一，以 Python 3.11 为编程环境，从基本的程序设计思想入手，逐步展开 Python 语言教学，是一本面向广大编程学习者的程序设计类图书。全书共分两篇：基础篇主要介绍 Python 语言概述、Python 语法基础、Python 控制语句、Python 函数与模块、Python 文件、面向对象程序设计、Tkinter 图形界面设计、Python 数据库应用、函数式编程等；提高篇主要介绍科学计算和可视化应用、Python 数据分析、Python 爬取网页信息以及数据挖掘和机器学习等。

本书最大的特色在于以游戏开发案例为导向，使读者在学习过程中充满乐趣，在游戏设计开发过程中不知不觉地学会 Python 编程技术和技巧，学会面向对象的设计技术，了解程序设计的所有相关内容。此外，读者还可扫描二维码，通过微视频的形式学习书中重点、难点内容。

本书适合作为高等院校计算机及其相关专业的教材，也可作为程序设计人员和游戏编程爱好者的自学参考书。

图书在版编目（CIP）数据

Python 程序设计应用教程 / 张书钦，夏敏捷编著.
3 版. -- 北京：中国铁道出版社有限公司，2024.12.
（全国高等院校计算机基础教育"十四五"规划教材）.
ISBN 978-7-113-31628-0
I. TP312.8
中国国家版本馆 CIP 数据核字第 2024PX1804 号

书　　名：Python 程序设计应用教程
作　　者：张书钦　夏敏捷

策　　划：韩从付　　　　　　　　　　　编辑部电话：（010）63549501
责任编辑：贾　星　包　宁
封面设计：刘　颖
责任校对：安海燕
责任印制：樊启鹏

出版发行：中国铁道出版社有限公司（100054，北京市西城区右安门西街 8 号）
网　　址：https://www.tdpress.com/51eds
印　　刷：河北京平诚乾印刷有限公司
版　　次：2018 年 2 月第 1 版　2024 年 12 月第 3 版　2024 年 12 月第 1 次印刷
开　　本：787 mm×1 092 mm 1/16　印张：19.25　字数：505 千
书　　号：ISBN 978-7-113-31628-0
定　　价：52.00 元

版权所有　侵权必究

凡购买铁道版图书，如有印制质量问题，请与本社教材图书营销部联系调换。电话：（010）63550836
打击盗版举报电话：（010）63549461

前　言

党的二十大明确提出："实施科教兴国战略，强化现代化建设人才支撑。"在当今的信息化社会，科学技术、经济、文化和军事的发展都需要各类人才具备良好的信息技术素质，他们应当能够熟练地操作计算机，会用一门或几门计算机语言进行编程。

Python 语言从 20 世纪 90 年代初诞生至今，已广泛应用于处理系统管理任务和科学计算，是最受欢迎的程序设计语言之一。

计算机科学对现代社会产生了毋庸置疑的影响。学习编程是工程专业学生教育的重要内容，也是了解计算机科学本质的方法。Python 是新兴程序设计语言，是一种解释型、面向对象、动态数据类型的高级程序设计语言。由于 Python 语言具有简洁、易读以及可扩展性，用 Python 做科学计算的研究机构日益增多。最近几年，随着社会需求逐渐增加，许多高校纷纷开设 Python 程序设计课程。

本书编著者长期从事程序设计语言教学与应用开发，在工作过程中，积累了丰富的教学经验，了解在学习编程时需要学习什么内容才能提高 Python 开发能力，以最少的时间投入达到最好的学习效果。

本书根据实际教学需求进行了调整，删去了第二版的网络编程和图像处理章节，并增强了文件操作部分，特别增加了常用 Excel 和 JSON 文件的操作使用方法。同时，在数据库操作方面加入了 MySQL 数据库操作方法，引入了包的概念和程序异常处理的内容，增加了一些更加实用的案例。为了进一步提升学生的上机实践能力，各章均增设了实验部分。

本书分基础篇和提高篇。

基础篇为第 1~9 章，主要讲解 Python 的基础知识和面向对象编程基础知识、Tkinter 图形界面设计、Python 数据库应用、函数式编程等知识，部分章节还给出了应用本章知识点的游戏案例，如扑克牌、智力问答、猜单词游戏等。

提高篇为第 10~13 章，介绍 Python 最流行的第三方库，实现科学计算和可视化应用、数据分析、网页爬取以及数据挖掘和机器学习等。

本书具有以下特点：

（1）内容编排不片面求全、求深，而是考虑零基础读者的接受能力；语言语法介绍以够用、实用为原则，选择 Python 中必备、实用的知识进行讲解，强化程序思维能力培养。

（2）基础篇选取的游戏案例贴近生活，以提高读者学习兴趣。

（3）提高篇对 Python 的知识进行拓展，让读者进一步领会 Python 的应用领域，同时解决一些实际问题。

（4）对涉及的源代码进行了详细解释，以便于理解。

（5）书中重点、难点和精彩部分制作成微视频，读者可通过扫描二维码学习。

需要说明的是，学习编程是一个实践过程，动手编写、调试程序是至关重要的。通过实际的编程和积极的思考，读者可以很快地积累许多宝贵的编程经验，最终达到熟练编程的目的。

本书由张书钦（中原工学院）和夏敏捷（中原工学院）主持编著，沈淑娟（郑州大学）编著第 1 章，宋宝卫（郑州轻工业大学）编著第 2~7 章和第 10~12 章，张锦歌（河南工业大学）编著第 8 章和第 9 章，沈淑娟（郑州大学）和周雪燕（中原工学院）编著第 13 章。

在本书的编著过程中，为确保内容的正确性，参阅了很多资料，并且得到湖北工业大学、浙江科技学院、成都电子科技大学、武汉商学院、中国人民公安大学、北京联合大学、黄淮学院、南阳师范学院、大庆师范学院、广东交通职业技术学院、华南理工大学、湖北生态工程职业技术学院、汕头职业技术学院、商丘工学院、郑州航空管理学院、辽宁机电职业技术学院、内蒙古财经大学等教材使用院校老师的大力支持，在此谨向他们表示衷心的感谢。

由于编著者水平有限，书中难免有疏漏和不足之处，敬请广大读者批评指正，在此表示感谢。编著者的电子邮件地址为 xmj@zut.edu.cn。

编著者
2024 年 8 月

目 录

基 础 篇

第1章 Python 语言概述 2
1.1 Python 语言简介 2
1.2 安装与运行 Python 环境 3
    1.2.1 安装 Python 4
    1.2.2 运行 Python 4
1.3 Python 开发环境 IDLE 简介 5
    1.3.1 IDLE 的启动 5
    1.3.2 利用 IDLE 创建 Python 程序 6
    1.3.3 IDLE 常用编辑和配置功能 6
    1.3.4 在 IDLE 中运行和调试 Python 程序 7
    1.3.5 在 PyCharm 中运行和调试 Python 程序 8
1.4 Python 基本输入输出 10
    1.4.1 Python 基本输入 10
    1.4.2 Python 基本输出 11
1.5 Python 代码规范 12
1.6 使用帮助 13
习题 14
实验一 Python 开发环境的使用 14

第2章 Python 语法基础 16
2.1 Python 数据类型 16
    2.1.1 数值类型 16
    2.1.2 字符串 16
    2.1.3 布尔类型 19
    2.1.4 空值 20
    2.1.5 Python 类型转换 20
2.2 常量和变量 21
    2.2.1 变量 21
    2.2.2 常量 22

2.3 运算符与表达式 23
    2.3.1 运算符 23
    2.3.2 表达式 28
2.4 序列数据结构 29
    2.4.1 列表 29
    2.4.2 元组 33
    2.4.3 字典 36
    2.4.4 集合 39
习题 41
实验二 运算符、表达式和序列使用 ... 42

第3章 Python 控制语句 44
3.1 选择结构 44
    3.1.1 if 语句 44
    3.1.2 if…else 语句 45
    3.1.3 if…elif…else 语句 46
    3.1.4 pass 语句 48
3.2 循环结构 48
    3.2.1 while 语句 48
    3.2.2 for 语句 50
    3.2.3 continue 和 break 语句 52
    3.2.4 循环嵌套 52
    3.2.5 列表生成式 54
3.3 常用算法及应用实例 56
    3.3.1 累加与累乘 56
    3.3.2 求最大数和最小数 57
    3.3.3 枚举法 58
    3.3.4 递推与迭代 58
3.4 程序的异常处理 60
3.5 游戏初步——猜单词游戏 62
习题 63
实验三 选择结构与循环结构 64

第4章 Python 函数与模块 66

4.1 函数的定义和使用 66
- 4.1.1 函数的定义 66
- 4.1.2 函数的使用 67
- 4.1.3 lambda 表达式 68
- 4.1.4 函数的返回值 69

4.2 函数参数 70
- 4.2.1 函数形参和实参的区别 70
- 4.2.2 参数的传递 71
- 4.2.3 函数参数的类型 73
- 4.2.4 变量的作用域 75

4.3 闭包和函数的递归调用 76
- 4.3.1 闭包 76
- 4.3.2 函数的递归调用 77

4.4 内置函数 80
- 4.4.1 数学运算函数 80
- 4.4.2 字符串函数 81
- 4.4.3 反射函数 82
- 4.4.4 I/O 函数 83

4.5 模块 83
- 4.5.1 import 导入模块 83
- 4.5.2 定义自己的模块 85
- 4.5.3 time 模块 85
- 4.5.4 calendar 模块 86
- 4.5.5 random 模块 87
- 4.5.6 math 模块和 cmath 模块 88
- 4.5.7 包 89

4.6 游戏初步——发牌程序（控制台版） 90

4.7 函数和字典综合应用案例——通信录程序 92

习题 94

实验四 函数 95

第5章 Python 文件 96

5.1 文件 96

5.2 文件的访问 97
- 5.2.1 打开（建立）文件 97
- 5.2.2 读取文本文件 99
- 5.2.3 写文本文件 100
- 5.2.4 文件内移动 101
- 5.2.5 文件的关闭 103
- 5.2.6 二进制文件的读/写 103

5.3 文件夹的操作 105
- 5.3.1 当前工作目录 105
- 5.3.2 目录操作 106
- 5.3.3 文件操作 107

5.4 文件应用案例——游戏地图存储 109
- 5.4.1 地图写入文件 110
- 5.4.2 从地图文件读取信息 110

5.5 常用格式文件操作 111
- 5.5.1 操作 CSV 格式文件 111
- 5.5.2 操作 Excel 文档 113
- 5.5.3 操作 JSON 格式文件 115

5.6 文件应用案例——词频统计 117

习题 119

实验五 文件操作 120

第6章 面向对象程序设计 121

6.1 面向对象程序设计基础 121

6.2 类和对象 122
- 6.2.1 定义和使用类 122
- 6.2.2 构造函数__init__() 123
- 6.2.3 析构函数 124
- 6.2.4 实例属性和类属性 124
- 6.2.5 私有成员与公有成员 127
- 6.2.6 方法 128

6.3 类的继承和多态 129
- 6.3.1 类的继承 129
- 6.3.2 类的多继承 131
- 6.3.3 方法重写 131
- 6.3.4 多态 132
- 6.3.5 运算符重载 133

6.4 面向对象应用案例——扑克牌类设计 134
- 6.4.1 关键技术——random 模块 135
- 6.4.2 程序设计的思路 137

习题 140

实验六 面向对象程序设计 141

第 7 章 Tkinter 图形界面设计 142

7.1 Python 图形开发库 142
7.1.1 创建 Windows 窗口 142
7.1.2 几何布局管理器 143
7.2 常用 Tkinter 组件的使用 146
7.2.1 Tkinter 组件 146
7.2.2 标准属性 147
7.2.3 Label 标签组件 148
7.2.4 Button 按钮组件 149
7.2.5 单行文本框（Entry）和多行文本框（Text） 150
7.2.6 Listbox 列表框组件 152
7.2.7 单选按钮（Radiobutton）和复选框（Checkbutton） 154
7.2.8 菜单组件（menu） 157
7.2.9 对话框 160
7.2.10 消息框 163
7.2.11 Frame 框架组件 164
7.2.12 Scrollbar 滚动条组件 166
7.3 图形绘制 167
7.3.1 Canvas 画布组件 167
7.3.2 Canvas 上的图形对象 168
7.4 Tkinter 字体 177
7.4.1 通过元组表示字体 177
7.4.2 通过 Font 对象表示字体 178
7.5 Python 事件处理 178
7.5.1 事件类型 179
7.5.2 事件绑定 180
7.5.3 事件处理函数 181
7.6 图形界面应用案例——开发猜数字游戏 183
7.7 图形界面应用案例——发牌程序（窗体版） 185
7.8 图形界面应用案例——关灯游戏 ... 186
习题 188
实验七 Tkinter 图形界面设计 189

第 8 章 Python 数据库应用 191

8.1 数据库基础 191
8.1.1 数据库概念 191

8.1.2 关系型数据库 192
8.1.3 数据库和 Python 接口程序 ... 192
8.2 结构化查询语言（SQL） 193
8.2.1 数据表的建立和删除 193
8.2.2 查询语句 193
8.2.3 添加记录语句 195
8.2.4 更新语句 195
8.2.5 删除记录语句 196
8.3 SQLite 数据库简介 196
8.3.1 SQLite 数据库 196
8.3.2 SQLite3 的数据类型 196
8.3.3 SQLite3 的函数 197
8.3.4 SQLite3 的模块 198
8.4 Python 的 SQLite3 数据库编程 ... 198
8.4.1 访问数据库的步骤 198
8.4.2 创建数据库和表 200
8.4.3 数据库的插入、更新和删除操作 .. 200
8.4.4 数据库表的查询操作 201
8.4.5 数据库使用实例 201
8.5 Python 操作 MySQL 数据库 204
8.5.1 安装 PyMySQL 操作库 204
8.5.2 操作 MySQL 数据库 205
8.6 Python 数据库应用案例——智力问答游戏 206
习题 209
实验八 数据库程序设计 209

第 9 章 函数式编程 211

9.1 高阶函数 211
9.2 Python 函数式编程常用的函数 ... 212
9.3 迭代器 215
9.4 普通编程方式与函数式编程的对比 .. 216
习题 216
实验九 函数式编程 217

提 高 篇

第 10 章 科学计算和可视化应用 220

10.1 NumPy 库的使用 220
10.1.1 NumPy 数组 220

10.1.2 NumPy 数组的算术运算 224
10.1.3 NumPy 数组的形状操作 226
10.1.4 文件存取数组内容 227
10.1.5 NumPy 的图像数组 228
10.2 Matplotlib 绘图可视化 230
    10.2.1 Matplotlib.pyplot 模块——快速绘图 230
    10.2.2 绘制条形图、饼状图、散点图等 ... 236
    10.2.3 绘制动态二维图 239
    10.2.4 交互式标注 241
10.3 可视化应用——学生成绩分布柱状图展示 242
    10.3.1 程序功能介绍 242
    10.3.2 程序设计的思路及实现 243
习题 244
实验十 可视化应用 245

第 11 章 Python 数据分析 246

11.1 Pandas 概述 246
    11.1.1 Series 247
    11.1.2 DataFrame 249
11.2 Pandas 统计功能 255
    11.2.1 基本统计 255
    11.2.2 分组统计 256
11.3 Pandas 合并/连接和排序 258
    11.3.1 合并/连接 258
    11.3.2 排序 260
11.4 Pandas 筛选和过滤功能 262
    11.4.1 筛选 262
    11.4.2 按筛选条件进行汇总 264
    11.4.3 过滤 265
11.5 Pandas 数据导入/导出 266
    11.5.1 导入 CSV 文件 266
    11.5.2 读取其他格式数据 266

11.5.3 导出 Excel 文件 267
11.5.4 导出 CSV 文件 267
11.6 Pandas 数据分析应用案例——学生成绩统计分析 267
习题 270
实验十一 Python 数据分析 271

第 12 章 Python 爬取网页信息 273

12.1 相关 HTTP 知识 273
12.2 urllib 库 274
    12.2.1 urllib 库简介 274
    12.2.2 urllib 库的基本使用 274
12.3 BeautifulSoup 库 280
    12.3.1 BeautifulSoup 库概述 280
    12.3.2 BeautifulSoup 库的四大对象 281
    12.3.3 BeautifulSoup 库操作解析文档树 ... 283
12.4 网络爬虫实战——Python 爬取新浪国内新闻 286
习题 289
实验十二 Python 爬取网页信息 289

第 13 章 数据挖掘和机器学习 291

13.1 Python 机器学习库 sklearn 的安装 291
13.2 Python 机器学习库 sklearn 的应用 291
    13.2.1 训练数据集——鸢尾花 293
    13.2.2 sklearn 库的聚类 294
    13.2.3 sklearn 库的分类 295
    13.2.4 sklearn 库的回归 296
    13.2.5 鸢尾花相关的分类 298
习题 299
实验十三 机器学习 299

参考文献 300

基础篇

基础篇为第 1~9 章，主要讲解 Python 的基础知识和面向对象编程基础，包括 Tkinter 图形界面设计、Python 数据库应用、函数式编程等知识等，并在部分章节设计本章知识点的游戏案例（如扑克牌、智力问答、猜单词游戏等）。通过本篇学习可以掌握 Python 的基本使用方法。

各章主要内容如下：

第 1 章主要介绍 Python 语言的优缺点、安装 Python 的方法和 Python 开发环境 IDLE 的使用。

第 2 章主要介绍 Python 的数据类型、运算符和表达式以及 Python 常用的数据结构（列表、元组、字典、集合）。

第 3 章主要介绍 Python 流程控制语句，最后实现游戏初步——猜单词游戏。

第 4 章主要介绍 Python 函数的定义与使用、函数参数、闭包和 Python 内置函数，以及将函数、类和数据封装起来以便重用的模块。最后实现游戏初步——发牌程序（控制台版）和综合案例——通讯录程序。

第 5 章介绍使用 Python 在磁盘上创建、读/写以及关闭文件的方法，并学习基本的文件及文件夹（目录）操作函数，最后实现文件应用案例——游戏地图存储和词频统计。

第 6 章在了解面向对象程序设计的基本特性基础上，学习类和对象的定义，类的继承、派生与多态，最后讲解面向对象应用案例——扑克牌类设计。

第 7 章以 Tkinter 模块为例学习建立一些简单的 GUI（图形用户界面），最后讲解三个图形界面应用案例——开发猜数字游戏、发牌程序（窗体版）和关灯游戏。

第 8 章主要介绍数据库概念以及结构化查询语言（SQL），讲解 Python 自带轻量级的关系型数据库 SQLite 的使用方法。最后讲解 Python 数据库应用案例——智力问答游戏。

第 9 章主要介绍函数式编程的基本风格和编程常用的函数，并通过实例学习函数式编程。

第 1 章 Python 语言概述

Python 是一种跨平台、开源、免费的解释型高级动态编程语言。Python 作为动态编程语言更适合初学编程者，可以让初学者把精力集中在编程对象和思维方法上，而不用过多考虑语法、类型等外在因素。Python 拥有大量的库，且易于学习，可以用来高效地开发各种应用程序。本章介绍 Python 语言的优缺点、安装 Python 的方法、Python 开发环境 IDLE 的使用、Python 的基本输入输出及其代码规范等。

1.1 Python 语言简介

Python 语言是 1989 年由荷兰人吉多范罗·苏姆（Guido van Rossum）开发的一种编程语言，被广泛应用于处理系统管理任务和科学计算，是最受欢迎的程序设计语言之一。2011 年 1 月，Python 被 TIOBE 编程语言排行榜评为 2010 年度语言。自从 2018 年以后，Python 的使用率呈线性增长，TIOBE 公布的 2021 年编程语言指数排行榜，Python 超越 C，排名处于第一位，排行榜的榜首位置首次出现了除 Java 和 C 以外的第三个编程语言——Python。这也就意味着，Java 和 C 的长期霸权已经结束。根据 IEEE Spectrum 发布的研究报告显示，Python 已经成为世界上最受欢迎的语言之一。

Python 支持命令式编程、函数式编程，完全支持面向对象程序设计，语法简洁清晰，并且拥有大量的几乎支持所有领域应用开发的成熟扩展库。

众多开源的科学计算软件包都提供了 Python 的调用接口，如计算机视觉库 OpenCV、三维可视化库 VTK、医学图像处理库 ITK。Python 专用的科学计算扩展库更多，如 NumPy、SciPy 和 Matplotlib，它们分别为 Python 提供了快速数据处理、数值运算及绘图功能。因此，Python 语言及其众多的扩展库所构成的开发环境十分适合工程技术、科研人员处理实验数据、制作图表，甚至开发科学计算应用程序。

Python 提供了非常完善的基础代码库，覆盖了网络、文件、GUI、数据库、文本等大量内容。用 Python 开发程序，许多功能不必从零编写，直接使用现成的即可。除了内置的库外，Python 还有大量的第三方库，可直接使用其中的文件。当然，如果对开发的程序进行很好的封装，也可以作为第三方库供别人使用。Python 就像胶水一样，可以把多种用不同语言编写的程序融合到一起实现无缝拼接，更好地发挥不同语言和工具的优势，满足不同应用领域的需求。

Python 同时也支持伪编译，可将 Python 源程序转换为字节码来优化程序和提高运行速度，也可以在没有安装 Python 解释器和相关依赖包的平台上运行 Python 程序。

Python 语言除了其强大的功能及广泛的应用范围，也存在以下缺点：

（1）运行速度慢。同 C 程序相比运行速度非常慢，因为 Python 是解释型语言，代码在执行时会一行一行地翻译成 CPU 能理解的机器码，翻译过程非常耗时，所以很慢。而 C 程序是运行前直接编译成 CPU 能执行的机器码，所以非常快。

（2）代码不能加密。如果要发布 Python 程序，实际上就是发布源代码，这一点跟 C 语言不同。C 语言不用发布源代码，只需要把编译后的机器码（也就是在 Windows 上常见的 ×××.exe 文件）发布出去。要从机器码反推出 C 语言源代码是不可能的，所以，凡是编译型的语言，都不存在泄露源代码的问题；而解释型的语言，则必须把源代码发布出去。

（3）用缩进来区分语句关系的方式给很多初学者带来困惑。即使很有经验的 Python 程序员也可能出现理解错误的情况。最常见的情况是 Tab 和空格的混用会导致错误。

Python 语言的应用领域主要有：

（1）Web 开发。Python 语言支持网站开发，比较流行的开发框架有 web2py、Django 等。许多大型网站就是用 Python 开发的，例如 YouTube、Instagram 等。很多大公司，如 Google、Yahoo 等，甚至 NASA（美国航空航天局）都大量地使用 Python。

（2）网络编程。Python 语言提供了 socket 模块，对 Socket 接口进行了两次封装，支持 Socket 接口的访问；还提供了 urllib、httplib、scrapy 等大量模块，用于对网页内容进行读取和处理，并结合多线程编程以及其他有关模块可以快速开发网页爬虫之类的应用程序；可以使用 Python 语言编写 CGI 程序，也可以把 Python 程序嵌入到网页中运行。

（3）科学计算与数据可视化。Python 中用于科学计算与数据可视化的模块很多，如 NumPy、SciPy、Matplotlib、Traits、TVTK、Mayavi、VPython、OpenCV 等，涉及的应用领域包括数值计算、符号计算、二维图表、三维数据可视化、三维动画演示、图像处理以及界面设计等。

（4）数据库应用。Python 数据库模块有很多，例如，可以通过内置的 sqlite3 模块访问 SQLite 数据库；使用 pywin32 模块访问 Access 数据库；使用 pymysql 模块访问 MySQL 数据库；使用 pywin32 和 pymssql 模块访问 SQL Sever 数据库。

（5）多媒体开发。PyMedia 模块可以对 WAV、MP3、AVI 等多媒体格式文件进行编码、解码和播放；PyOpenGL 模块封装了 OpenGL 应用程序编程接口，通过该模块可在 Python 程序中集成二维或三维图形；PIL（Python imaging library，Python 图形库）为 Python 提供了强大的图像处理功能，并提供广泛的图像文件格式支持。

（6）电子游戏应用。Pygame 就是用来开发电子游戏软件的 Python 模块。使用 Pygame 模块，可以在 Python 程序中创建功能丰富的游戏和多媒体程序。

Python 有大量的第三方库，可以说需要什么应用就能找到什么 Python 库。

1.2 安装与运行 Python 环境

Python 是跨平台的，它可以运行于 Windows、Mac 和各种 Linux/UNIX 操作系统。在 Windows 操作系统中编写的 Python 程序放到 Linux 操作系统中也能够运行。

学习 Python 编程，首先要安装 Python 软件，安装后会得到 Python 解释器（负责运行 Python 程序）、一个命令行交互环境，以及一个简单的集成开发环境。

目前，Python 有两个版本：一个是 2.x 版，另一个是 3.x 版，这两个版本是不兼容的。由于 3.x 版越来越普及，本书将以 Python 3.11 版本为基础进行讲解。

1.2.1 安装 Python

在 Windows 上安装 Python，首先，根据 Windows 版本（64 位还是 32 位）从 Python 官网下载 Python 3.11 对应的 64 位安装程序或 32 位安装程序，然后运行下载的 EXE 安装包。安装界面如图 1-1 所示。

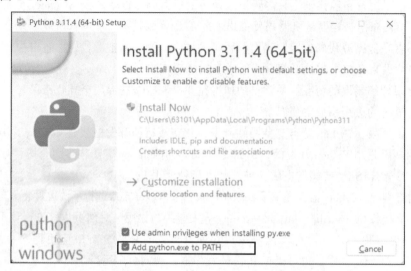

图 1-1　Windows 上安装 Python 界面

然后，在图 1-1 中要选中 Add python.exe to PATH 复选框，单击 Install Now 选项即可完成安装。

1.2.2 运行 Python

安装成功后，打开命令提示符窗口，输入 python，出现 python 的版本信息（见图 1-2），说明 Python 安装成功。

提示符"＞＞＞"表示已经在 Python 交互式环境中，可以输入任何 Python 代码，按【Enter】键后会立刻得到执行结果。输入 exit() 并按【Enter】键，可退出 Python 交互式环境（直接关闭命令行窗口也可以）。

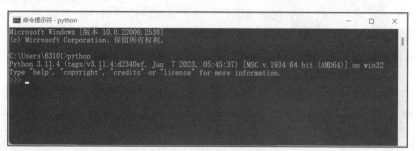

图 1-2　命令提示符窗口

注意：如果在安装时未选中 Add python.exe to PATH 复选框，就要把 python.exe 所在的路径添加到 PATH 环境变量中。如果不知道如何修改环境变量，建议把 Python 安装程序重新运行一遍，选中 Add python.exe to PATH 复选框再进行安装。

1.3　Python 开发环境 IDLE 简介

1.3.1　IDLE 的启动

安装 Python 后，可以选择"开始"菜单→"Python 3.11"→"IDLE（Python 3.11 64-bit）"命令启动 IDLE。IDLE 启动后的初始窗口如图 1-3 所示。

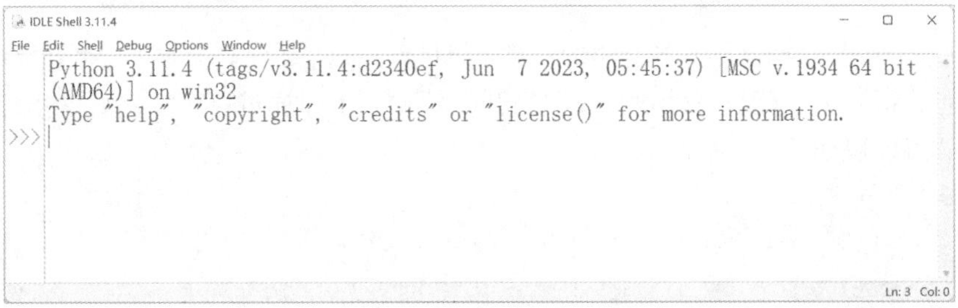

图 1-3　IDLE 启动后的初始窗口

启动 IDLE 后进入 IDLE 的交互式编程模式（Python Shell），可以使用这种编程模式来执行 Python 命令。

直接在 IDLE 提示符">>>"后面输入相应的命令，并按【Enter】键执行，如果执行顺利，马上就可以看到执行结果，否则会抛出异常。

例如，查看已安装版本的方法（在所启动的 IDLE 界面标题栏可以直接看到）如下：

Python 开发环境

```
>>> import sys
>>> sys.version
```

执行结果：

```
'3.11.4 (tags/v3.11.4:d2340ef, Jun  7 2023, 05:45:37) [MSC v.1934 64 bit (AMD64)]'
```

再如：

```
>>>3+4                    #结果: 7
>>>5/0
```

执行结果：

```
Traceback (most recent call last):
  File "<pyshell#3>", line 1, in <module>
    5/0
ZeroDivisionError: division by zero
```

除此之外，IDLE 还带有一个编辑器，用来编辑 Python 程序（或者脚本）文件；有一个调试器来调试 Python 脚本。下面从 IDLE 的编辑器开始介绍。

在 IDLE 界面选择 File→New File 命令启动编辑器（见图 1-4），创建一个程序文件，输入代码并保存为文件（务必要保证扩展名为".py"）。

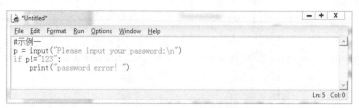

图 1-4 IDLE 的编辑器

1.3.2 利用 IDLE 创建 Python 程序

IDLE 为开发人员提供了许多有用的特性，如自动缩进、语法高亮显示、单词自动完成等，在这些功能的帮助下，能够有效地提高程序开发效率。下面通过一个实例对这些特性进行介绍。程序的源代码如下：

```
#示例一
p = input("Please input your password:\n")
if  p!="123":
    print("password error! ")
```

由图 1-4 可见，不同部分颜色不同，即所谓语法高亮显示。默认时，关键字显示为橘红色，注释显示为红色，字符串显示为绿色，解释器的输出显示为蓝色。在输入代码时，会自动应用这些颜色突出显示。语法高亮显示的好处是：可以更容易区分不同的语法元素，从而提高可读性；与此同时，也降低了出错的可能性。例如，如果输入的变量名显示为橘红色，就说明该名称与预留的关键字冲突，必须给变量更换名称。

当用户输入单词的一部分后，选择 Edit→Expand Word 命令，或者直接按【Alt+/】组合键可自动完成该单词。

当在 if 关键字所在行的冒号后面按【Enter】键之后，IDLE 自动进行缩进。一般情况下，IDLE 将代码缩进一级，即 4 个空格。如果想改变这个默认的缩进量，可以选择 Options→Configure IDLE→Windows 中的 Indent space 选项进行修改。对初学者来说，需要注意的是尽管自动缩进功能非常方便，但是不能完全依赖它，因为有时自动缩进未必能完全满足要求，所以还需要仔细检查一下。

创建好程序之后，选择 File→Save 命令保存程序。如果是新文件，会弹出"另存为"对话框，可以在该对话框中指定文件名和保存的位置。保存后，文件名会自动显示在顶部的蓝色标题栏中。如果文件中存在尚未存盘的内容，标题栏的文件名前后会有星号出现。

1.3.3 IDLE 常用编辑和配置功能

这里介绍编写 Python 程序时常用的 IDLE 编辑选项。

对于 Edit 菜单，常用的选项及解释如下：

（1）Undo：撤销上一次的修改。
（2）Redo：重复上一次的修改。
（3）Cut：将所选文本剪切至剪贴板。
（4）Copy：将所选文本复制到剪贴板。
（5）Paste：将剪贴板的文本粘贴到光标所在位置。
（6）Find：在窗口中查找单词或模式。
（7）Find in Files：在指定的文件中查找单词或模式。

(8) Replace：替换单词或模式。
(9) Go to Line：将光标定位到指定行首。
(10) Expand Word：单词自动完成。
(11) Show Completetions：显示完整函数名。

对于 Format 菜单，常用的选项及解释如下所示：

(1) Indent Region：使所选内容右移一级，即增加缩进量。
(2) Dedent Region：使所选内容组左移一级，即减少缩进量。
(3) Comment Out Region：将所选内容变成注释。
(4) Uncomment Region：去除所选内容每行前面的注释符。
(5) Toggle Tabs：打开或关闭制表位。
(6) New Indent Width：重新设置制表位缩进宽度，范围为 2~16，宽度为 2（相当于 1 个空格）。

另外，IDLE 的 Options 菜单提供了多种定制和配置 IDLE 集成开发环境（IDE）的选项。这些选项允许用户根据个人偏好或工作需求调整 IDLE 的外观和行为。通过 Configure IDLE（配置 IDLE）选项，用户可以打开配置对话框，进一步调整 IDLE 的各种设置，包括编辑器的外观（如字体、颜色等）、快捷键以及其他与 IDE 使用相关的配置。

1.3.4 在 IDLE 中运行和调试 Python 程序

1. 运行 Python 程序

在 IDLE 中运行程序，可以选择 Run→Run Module 命令（或按【F5】键），该命令的功能是运行当前文件。对于示例程序，运行界面如图 1-5 所示。

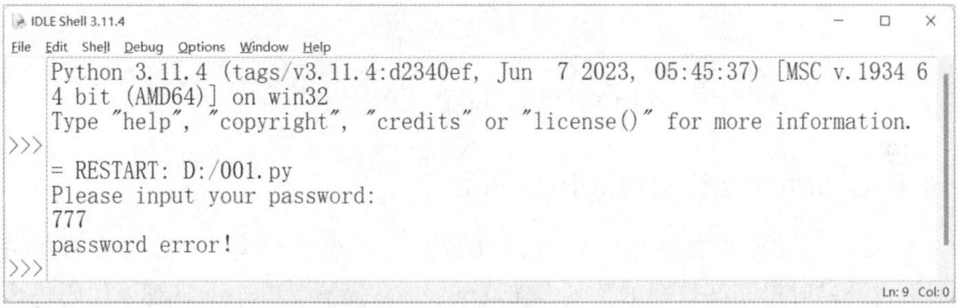

图 1-5 运行界面

用户输入的密码是"777"，由于错误，出现输出"password error！"。

2. 使用 IDLE 的调试器

软件开发过程中，免不了会出现这样或那样的错误，其中有语法方面的，也有逻辑方面的。对于语法错误，Python 解释器能很容易地检测出来，这时它会停止程序的运行并给出错误提示；对于逻辑错误，解释器则无能为力，程序会一直执行下去，但是得到的运行结果却是错误的。所以，需要对程序进行调试。

最简单的调试方法是直接显示程序数据，例如，可以在某些关键位置用 print 语句显示出变量的值，从而确定有无出错。但是，这个办法比较麻烦，因为开发人员必须在所有可疑的地方都插入打印语句。等程序调试完后，必须将这些打印语句全部清除。

除此之外，还可以使用调试器进行调试。利用调试器，可以分析被调试程序的数据，并监视程序的执行流程。调试器的功能包括暂停程序执行、检查和修改变量、调用方法而不更改程序代码等。IDLE 也提供了一个调试器，可帮助开发人员查找逻辑错误。

下面简单介绍 IDLE 的调试器的使用方法。在 Python Shell 窗口中选择 Debug→Debugger 命令，就可以启动 IDLE 的交互式调试器。这时，IDLE 会打开图 1-6 所示的 Debug Control 窗口，并在图 1-5 所示的 Python Shell 窗口中输出"[DEBUG ON]"并后跟一个">>>"提示符。这样，就能像平时那样使用这个 Python Shell 窗口。

可以在 Debug Control 窗口中查看局部变量和全局变量等有关内容。如果要退出调试器，可以再次选择 Debug→Debugger 命令，IDLE 会关闭 Debug Control 窗口，并在 Python Shell 窗口中输出"[DEBUG OFF]"。

图 1-6 Debug Control 调试窗口

1.3.5 在 PyCharm 中运行和调试 Python 程序

PyCharm 是一款功能强大的 Python IDE（集成开发环境），带有一整套可以帮助用户在使用 Python 语言开发时提高其效率的工具，如调试、语法高亮、Project 管理、代码跳转、智能提示、自动完成、单元测试、版本控制等。另外，PyCharm 还提供了一些很好的功能用于 Django 开发，同时支持 Google App Engine。这些功能使 PyCharm 成为 Python 专业开发人员和初学者开发工具的首先。

1. PyCharm 安装 Python 程序

进入 JetBrains 官网，在 PyCharm 下载页面，可以看到 professional（专业版）和 community（社区版）两个版本，推荐安装社区版，因为是免费使用的。双击下载好的 exe 文件进行安装，首先选择安装目录，PyCharm 需要的内存较多，建议将其安装在 D 盘或者 E 盘；安装过程中根据自己的计算机配置选择 32 位或 64 位，然后单击 Install 按钮安装即可。

2. 新建 Python 程序项目

在 PyCharm 中，选择 File→Create New Project 命令，进入 Create Project 对话框，其中的 Location 是选择新建的 Python 程序存储的位置和项目名（如 C:\Users\xmj\PycharmProjects\

my1），选择好后，单击 Create 按钮。

进入图 1-7 所示界面后，右击项目名 my1，在弹出的快捷菜单中选择 New→Python File 命令，在弹出的对话框中输入文件名（如 first.py）。

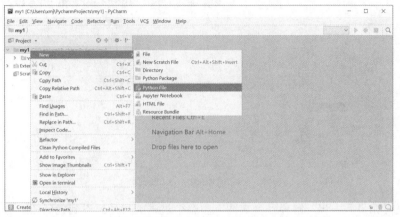

图 1-7　PyCharm 窗口

文件创建成功后进入图 1-8 所示界面，在右侧编辑窗口中便可编写自己的程序。

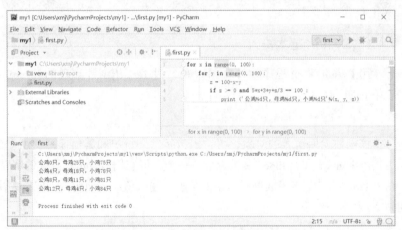

图 1-8　PyCharm 程序文件编辑窗口

3．运行和调试 Python 程序

编写好 Python 程序代码后，在编写代码的窗口中右击，在弹出的快捷菜单中选择 Run first（程序的文件名）命令，即可运行 Python 程序。或者选择 Run→Run first（程序的文件名）命令运行 Python 程序。在图 1-8 所示界面的下端可以看到运行结果。

需要调试 Python 程序时，步骤如下：

（1）设置断点：在需要调试的代码块的那一行行号右边，单击出现一个红色圆点标志，就是断点（见图 1-9 所示代码第 3 行）。

（2）右击代码编辑区，在弹出的快捷菜单中选择 Debug first（程序的文件名）命令调试程序；或在工具栏中选择运行的文件 first.py，单击工具栏中的 Debug 按钮。

（3）图 1-9 底部显示出 Debugger 控制台面板。单击 Step Over 按钮 开始步步调试，每单击一次执行一步。并在解释区显示变量内容。

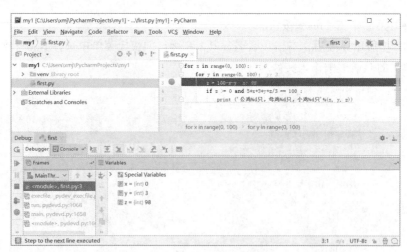

图 1-9　PyCharm 调试窗口

（4）执行完最后一步，解释区会被清空。整个过程能清楚地看到代码的运行位置。

1.4　Python 基本输入输出

1.4.1　Python 基本输入

用 Python 进行程序设计，输入是通过 input()函数实现的。input()函数的一般格式如下：

```
x = input('提示:')
```

该函数返回输入的对象，可输入数字、字符串和其他任意类型对象。

Python 2.x 和 Python 3.x 尽管形式一样，但它们对 input()函数的解释略有不同。

在 Python 2.x 中，该函数返回结果的类型由输入值时所使用的界定符来决定。例如，下面的 Python 2.x 代码：

```
>>> x = input("Please input:")
Please input:3                    #没有界定符，整数
>>> print type(x)
<type 'int'>
>>> x = input("Please input:")
Please input:'3'                  #单引号，字符串
>>> print type(x)
<type 'str'>
```

在 Python 2.x 中，还有另外一个内置函数 raw_input()也可以用来接收用户输入的值。与 input()函数不同的是，raw_input()函数返回结果的类型一律为字符串，而不论用户使用什么界定符。

在 Python 3.x 中，不存在 raw_input()函数，只提供了 input()函数用来接收用户的键盘输入。在 Python 3.x 中，不论用户输入数据时使用什么界定符，input()函数的返回结果都是字符串，需要将其转换为相应的类型再进行处理，相当于 Python 2.7 中的 raw_input()函数。例如，下面的 Python 3.x 代码：

```
>>> x = input('Please input:')
Please input:3
```

```
>>> print(type(x))
<class 'str'>
>>> x = input('Please input:')
Please input:'1'
>>> print(type(x))
<class 'str'>
>>> x = input('Please input:')
Please input:[1,2,3]
>>> print(type(x))
<class 'str'>
```

1.4.2 Python 基本输出

Python 2.x 和 Python 3.x 的输出方法也不完全一致。在 Python 2.x 中，使用 print 语句进行输出，而 Python 3.x 中使用 print() 函数进行输出。

另外一个重要的不同是，对于 Python 2.x 而言，在 print 语句之后加上逗号","则表示输出内容之后不换行。例如：

```
for i in range(10):
    print i,
```

执行结果：

```
0 1 2 3 4 5 6 7 8 9
```

在 Python 3.x 中，为了实现上述功能则需要使用下面的方法：

```
for i in range(10,20):
    print(i, end=' ')          #不换行，输出结束时输出空格
```

执行结果：

```
10 11 12 13 14 15 16 17 18 19。
```

print() 函数的基本格式如下：

```
print(value,..., sep=' ', end='\n', file=sys.stdout, flush=False)
```

print() 函数输出时，由 sep 参数将多个输出对象 value 进行分隔，输出结束时输出 end 参数。sep 的默认值是空，end 的默认值是换行，file 的默认值是标准输出流，flush 的默认值是非。如果想要自定义 sep、end 和 file，就必须对这几个关键词进行赋值。

```
>>> print(123,'abc',45,'book',sep='#')   #指定用'#'作为输出分隔符
```

执行结果：

```
123#abc#45#book
>>> print('price');print(100)  #默认以回车换行符作为输出结束符号，即在输出最后会换行
```

执行结果：

```
price
100
```

再如：

```
>>> print('price',end = '=');print(100)  #指定用'='作为输出结束符号，所以输出在一行
```

执行结果：

```
price=100
```

1.5 Python 代码规范

1. 缩进

Python 程序是依靠代码块的缩进来体现代码之间的逻辑关系的,缩进结束就表示一个代码块结束。类定义、函数定义、选择结构、循环结构,其行尾的冒号表示缩进的开始。同一个级别的代码块的缩进量必须相同。例如:

```
for i in range(10):             #循环输出0~9的数字
    print(i, end = ' ')
```

一般而言,以 4 个空格为基本缩进单位,而不要使用制表符 Tab。可以在 IDLE 开发环境中选择 Fortmat→Indent Region/Dedent Region 命令进行代码块的缩进和反缩进。

2. 注释

一个好的、可读性强的程序一般包含 20%以上的注释。常用的注释方式主要有两种:

方式一:以"#"开始,表示本行"#"之后的内容为注释。

```
#循环输出0~9的数字
for i in range(10):
    print(i, end = ' ')
```

方式二:包含在一对三引号'''...'''或"""..."""之间且不属于任何语句的内容将被解释器认为是注释,可以是多行文字。

```
'''循环输出0~9的数字'''
for i in range(10):
    print(i, end = ' ')
```

在 IDLE 开发环境中,可通过选择 Format→Comment Out Region/Uncomment Region 命令快速注释/解除注释大段内容。

3. 导入模块

每个 import 只导入一个模块,不要一次导入多个模块。

```
>>>import math                  #导入math模块
>>>math.sin(0.5)                #求0.5的正弦
>>>import random                #导入random随机模块
>>>x = random.random( )         #获得[0,1]内的随机小数
>>>y = random.random( )
>>>n = random.randint(1,100)    #获得[1,100]内的随机整数
```

import math, random 一次导入多个模块,语法上可以但不提倡。

import 的次序,先 import Python 内置模块,再 import 第三方模块,最后 import 自己开发的项目中的其他模块。

不要使用 from module import *,除非是 import 常量定义模块或其他你确保不会出现命名空间冲突的模块。

4. 多行语句

如果一行语句太长,可以在行尾加上反斜杠"\"来换行分成多行,建议使用括号来包含多行内容。例如:

```
x = '这是一个非常长非常长非常长非常长 \
```

```
            非常长非常长非常长非常长非常长的字符串'           #用"\"来换行
    x = ('这是一个非常长非常长非常长非常长'
         '非常长非常长非常长非常长非常长的字符串')          #圆括号中的行会连接起来
```

又如：

```
if (width == 0 and height == 0 and
    color == 'red' and emphasis == 'strong'):   #圆括号中的行会连接起来
    y = '正确'
else:
    y = '错误'
```

5. 必要的空格与空行

运算符两侧、函数参数之间、逗号两侧建议使用空格分开。不同功能的代码块之间、不同的函数定义之间建议增加一个空行以增加可读性。

6. 常量名和类名

常量名所有字母大写，由下画线连接各个单词，类名首字母大写。例如：

```
WHITE = 0XFFFFFF
THIS_IS_A_CONSTANT = 1
```

1.6 使用帮助

使用 Python 的帮助对学习和开发都是很重要的。在 Python 中可以使用 help()方法获取帮助信息。使用格式如下：

```
help(对象)
```

下面分 3 种情况进行说明。

1. 查看内置函数和类型的帮助信息

```
>>> help(max)
```

在 IDLE 环境下输入以上命令，则出现内置 max()函数的帮助信息，如图 1-10 所示。

图 1-10 内置 max()函数的帮助信息

例如：

```
>>> help(list)         #可以获取 list 列表类型的成员方法
>>> help(tuple)        #可以获取 tuple 元组类型的成员方法
```

2. 查看模块中的成员函数信息

```
>>> import os
>>> help(os.fdopen)
```

上例查看 os 模块中的 fdopen 成员函数信息，则得到如下提示：

```
Help on function fdopen in module os:
fdopen(fd, *args, **kwargs)
    # Supply os.fdopen()
```

3. 查看整个模块的信息

使用 help(模块名)就能查看整个模块的帮助信息。注意，先用 import 导入该模块。例如，查看 math 模块的方法如下：

```
>>> import math
>>> help(math)
```

查看 Python 中所有的 modules：

```
>>> help("modules")
```

习题

1. Python 语言有哪些优点和缺点？
2. Python 基本输入和输出函数是什么？
3. 如何在 IDLE 中运行和调试 Python 程序？
4. 为什么要在程序中加入注释？怎样在程序中加入注释？

实验一 Python 开发环境的使用

一、实验目的

（1）掌握 Windows 环境下 Python 的安装方法。
（2）掌握 Python 交互式执行环境的使用方法和运行代码文件的方法。
（3）掌握 PyCharm 的安装与使用。
（4）熟悉使用 IDLE 编写代码的方法。
（5）掌握输入、输出函数的基本使用方法。

二、实验内容

（1）在 Windows 环境下安装 Python。
（2）在 Python 交互式执行环境下运行代码。
（3）使用 Python 自带的集成式开发环境 IDLE，编写一个代码文件，输出"Hello World"，并运行该代码文件。
（4）在 PyCharm 中编写代码输出"Hello World"，并运行该代码。
（5）上机实验：文件编程模式下计算两个数的和。

```
a=int(input("请输入第 1 个数:"))
b=int(input("请输入第 2 个数:"))
print(a,'+',b,'=',a+b)
```

```
print(a,'-',b,'=',a-b)
print(a,'*',b,'=',a*b)
```

分别输入3和4，运行结果如下：

```
3 + 4 = 7
3 - 4 = -1
3 * 4 = 12
```

（6）上机实验：文件编程模式下计算华氏温度和摄氏温度转换问题。

F=(9/5)C+32

代码如下：

```
C=float(input("请输入摄氏温度:"))
F=(9/5)*C+32
print("华氏温度: ", F)              #输出
```

第 2 章
Python 语法基础

数据类型是程序中最基本的概念。只有确定了数据类型，才能确定变量的存储及操作。表达式是表示一个计算求值的式子，数据类型和表达式是程序员编写程序的基础。因此，本章所介绍的这些内容是进行 Python 程序设计的基础内容。

2.1 Python 数据类型

微课
数据类型

计算机程序可以处理各种数值，除此之外，还可以处理文本、图形、音频、视频、网页等各种各样的数据。不同的数据需要定义不同的数据类型。

2.1.1 数值类型

Python 数值类型用于存储数值。Python 支持以下数值类型：

（1）整型（int）：通常是整数，不带小数点，但可以有正号或负号。Python 3.5 对整型是没有大小限制的，只要内存许可，整数的取值范围几乎包括了全部整数（无限大），这给大数据的计算带来便利。在 Python 3.5 中，只有一种整数类型 int，没有 Python 2.7 中的 long。

（2）浮点型（float）：由整数部分与小数部分组成，也可以使用科学计数法表示，如 2.78e2 就是 $2.78 \times 10^2 = 278$。

（3）复数（complex）：由实数部分和虚数部分构成，可以用 a + bj 或者 complex(a,b) 表示。复数的虚部以字母 j 或 J 结尾，如 2+3j。

数据类型是不允许改变的，这就意味着如果改变数值数据类型的值，将重新分配内存空间。

2.1.2 字符串

字符串是 Python 中最常用的数据类型，可以使用引号来创建字符串。Python 不支持字符类型，单字符在 Python 中也作为一个字符串使用。Python 中使用单引号和双引号表示字符串的效果是一样的。

1．创建和访问字符串

创建字符串很简单，只要为变量分配一个值即可。例如：

```
var1 = 'Hello World!'
var2 = "Python Programming"
```

Python 访问子字符串，可以使用方括号来截取字符串。例如：

```
var1 = 'Hello World!'
var2 = "Python Programming"
print("var1[0]: ", var1[0])          #取索引为 0 的字符，注意索引号从 0 开始
print("var2[1:5]: ", var2[1:5])      #切片
```

程序运行结果：

```
var1[0]:  H
var2[1:5]:  ytho
```

说明：切片是字符串（或序列等）后跟一个方括号，方括号中有一对可选的数字，并用冒号分隔，如[1:5]。切片操作中的第一个数（冒号之前）表示切片开始位置，第二个数（冒号之后）表示切片结束位置。

切片操作中如果不指定第一个数，Python 就从字符串（或序列等）首开始。如果没有指定第二个数，则 Python 会停止在字符串（或序列等）尾。注意：返回的切片内容从开始位置开始，在结束位置之前结束。例如，[1:5]取第 2 个字符到第 6 个字符之前（第 5 个字符）的内容。

2．转义字符

需要在字符中使用特殊字符时，Python 用反斜杠（\）转义字符，见表 2-1。

表 2-1　转义字符

转 义 字 符	描　　述	转 义 字 符	描　　述
\（在行尾时）	续行符	\n	换行
\\	反斜杠符号	\v	纵向制表符
\'	单引号	\t	横向制表符
\"	双引号	\r	回车
\a	响铃	\f	换页
\b	退格（Backspace）	\e	转义
\oyy	八进制数，yy 代表的字符。例如，\o12 代表换行	\000	空
\xyy	十六进制数，yy 代表的字符。例如，\x0a 代表换行		

3．字符串运算符

Python 字符串运算符的描述及示例见表 2-2。示例中变量 a 的值为字符串"Hello"，变量 b 的值为字符串"Python"。

表 2-2　Python 字符串运算符

操 作 符	描　　述	示　　例
+	字符串连接	a + b 输出结果：HelloPython
*	重复输出字符串	a*2 输出结果：HelloHello
[]	通过索引获取字符串中的字符	a[1] 输出结果 e
[:]	截取字符串中的一部分	a[1:4] 输出结果 ell
in	成员运算符，如果字符串中包含给定的字符，则返回 True	'H' in a 输出结果 True
not in	成员运算符，如果字符串中不包含给定的字符，则返回 True	'M' not in a 输出结果 True
r 或 R	原始字符串，所有的字符串都是直接按照字面的意思来使用，没有转义字符或不能打印的字符。原始字符串除在字符串的第一个引号前加上字母 r（不分大小写）之外，与普通字符串有着几乎完全相同的语法	print(r'\n prints \n') 和 print(R'\n prints \n')

4. 使用%格式化字符串

Python 支持格式化字符串的输出。尽管这样可能会用到非常复杂的表达式，但最基本的用法是将一个值插入到有字符串格式符的模板中。

在 Python 中，字符串格式化使用与 C 语言中 printf()函数类似的语法。例如：

```
print("我的名字是 %s 年龄是 %d " % ('xmj', 41))
```

Python 用一个元组将多个值传递给模板，每个值对应一个字符串格式符。上例将'xmj'插入到%s 处，41 插入到%d 处。所以输出结果为：

```
我的名字是 xmj 年龄是 41
```

Python 字符串格式化符号及其描述见表 2-3。

表 2-3 Python 字符串格式化符号及其描述

符号	描述	符号	描述
%c	格式化字符	%f	格式化浮点数字，可指定小数点后的精度
%s	格式化字符串	%e	用科学计数法格式化浮点数
%d	格式化十进制整数	%E	作用同%e，用科学计数法格式化浮点数
%u	格式化无符号整型	%g	%f 和%e 的简写
%o	格式化八进制数	%G	%f 和%E 的简写
%x	格式化十六进制数	%p	用十六进制数格式化变量的地址
%X	格式化十六进制数（大写）		

字符串格式化举例：

```
charA = 65
charB = 66
print("ASCII 码 65 代表: %c" % charA)
print("ASCII 码 66 代表: %c" % charB)
Num1 = 0xFF
Num2 = 0xAB03
print('转换成十进制分别为: %d 和%d' % (Num1, Num2))
Num3 = 1200000
print('转换成科学计数法为: %e' % Num3)
Num4 = 65
print('转换成字符为: %c' % Num4)
```

程序运行结果：

```
ASCII 码 65 代表: A
ASCII 码 66 代表: B
转换成十进制分别为: 255 和 43779
转换成科学计数法为: 1.200000e+06
转换成字符为: A
```

5. format()格式化字符串

虽然使用%可以对字符串进行格式化操作，但是这种方式并不是很直观，一旦开发人员遗漏了替换数据或选择了不匹配的格式符，就会导致字符串格式化失败。为了能更直观、便捷地格式化字符串，Python 为字符串提供了一个格式化方法 format()。它允许将变量的值插入字符串的占位符位置。其语法格式如下：

```
str.format(values)
```

其中str表示需要被格式化的字符串,字符串中包含单个或多个为真实数据占位的符号{}。values表示单个或多个待替换的真实数据,多个数据之间以逗号分隔。例如:

```
name = '张海'
age = 25
string = '我叫{0},今年{1}岁。'
print(string.format(name, age))
```

字符串中第一个占位符{0}替换成 name 存储的数据'张海',第二个占位符{1}替换成 age 存储的数据 25,所以输出结果如下:

```
我叫张海,今年25岁。
```

注意:占位符{0}中指定的编号是 values 中真实数据的编号,values 中数据的编号是从 0 开始的,例如:

```
string = '我叫{1},今年{0}岁。'
print(string.format(age,name))
```

输出结果如下:

```
我叫张海,今年25岁。
```

format()格式化字符串功能强大,可以对字符串对齐方式、填充宽度、进制和小数位数等进行控制,这里就不详细展开介绍。

6. f-string 格式化字符串

f-string 是 Python 3.6 及以上版本引入的一种新的字符串格式化方法,它允许在字符串中直接嵌入 Python 表达式,使得字符串的格式化更加直观和高效。f-string 通过在字符串前加上字母 f 或 F 来实现,大括号{}内的变量或表达式会在运行时被计算并插入字符串中。这种格式化方法不仅提高了代码的可读性,还提升了运行时的效率。例如:

```
name = '张海'
age = 25
print(f"我叫{name},今年{age+1}岁。")          #输出:我叫张海,今年26岁。
pi = 3.14159
print(f"The value of pi is {pi:.2f}.")        #输出:The value of pi is 3.14。
```

2.1.3 布尔类型

Python 支持布尔类型的数据,布尔类型只有 True 和 False 两种值,但是布尔类型有以下几种运算:

(1) and(与运算):只有两个布尔值都为 True 时,计算结果才为 True。

```
True and True           #结果是 True
True and False          #结果是 False
False and True          #结果是 False
False and False         #结果是 False
```

(2) or(或运算):只要有一个布尔值为 True,计算结果就是 True。

```
True or True            #结果是 True
True or False           #结果是 True
False or True           #结果是 True
False or False          #结果是 False
```

（3）not（非运算）：把 True 变为 False，或者把 False 变为 True。

```
not True              #结果是 False
not False             #结果是 True
```

布尔运算在计算机中用来做条件判断，根据计算结果为 True 或者 False，计算机可以自动执行不同的后续代码。

在 Python 中，布尔类型还可以与其他数据类型做 and、or 和 not 运算，这时下面几种情况会被认为是 False：为 0 的数字，包括 0、0.0；空字符串' '、""；表示空值的 None；空集合，包括空元组()、空序列[]、空字典{}；其他的值都为 True。例如：

```
a = 'python'
print(a and True)     #结果是 True
b = ''
print(b or False)     #结果是 False
```

2.1.4 空值

空值是 Python 中一个特殊的值，用 None 表示。它不支持任何运算，也没有任何内置函数方法。None 和任何其他的数据类型比较永远返回 False。在 Python 中未指定返回值的函数会自动返回 None。

2.1.5 Python 类型转换

Python 类型转换函数及其描述见表 2-4。

表 2-4 类型转换函数及其描述

函　　数	描　　述
int(x [,base])	将 x 转换为一个整数
float(x)	将 x 转换为一个浮点数
complex(real [,imag])	创建一个复数
str(x)	将对象 x 转换为字符串
repr(x)	将对象 x 转换为表达式字符串
eval(str)	用来计算字符串中的有效 Python 表达式，并返回一个对象
tuple(s)	将序列 s 转换为一个元组
list(s)	将序列 s 转换为一个列表
chr(x)	将一个整数 ASCII 码转换为一个字符
ord(x)	将一个字符转换为它的 ASCII 整数值（汉字为 Unicode 编码）
bin(x)	将整数 x 转换为二进制字符串，例如 bin(24)结果是'0b11000'
oct(x)	将一个数字转换为八进制，例如 oct(24)结果是'0o30'
hex(x)	将整数 x 转换为十六进制字符串，例如 hex(24)结果是'0x18'
chr(i)	返回整数 i 对应的 ASCII 字符，例如 chr(65)结果是'A'

例如：

```
x = 20                      #八进制为 24
y = 345.6
print(oct(x))               #结果是 0o24
print(int(y))               #结果是 345
print(float(x))             #结果是 20.0
```

```
print(chr(65))              #A 的 ASCII 码为 65，结果是 A
print(ord('B'))             #B 的 ASCII 码为 66，结果是 66
print(ord('中'))            #'中'的 Unicode 编码为 20013，结果是 20013
print(chr(20018))           #'串'的 Unicode 编码为 20018，结果是'串'
```

2.2 常量和变量

2.2.1 变量

变量的概念基本上和初中代数中的方程变量是一致的，只是在计算机程序中，变量不仅可以是数字，还可以是任意数据类型。

变量在程序中用一个变量名表示，变量名必须是大小写英文、数字和"_"的组合，且不能以数字开头。例如：

```
a = 1                       #变量 a 是一个整数
t_007 = 'T007'              #变量 t_007 是一个字符串
Answer = True               #变量 Answer 是一个布尔值
```

在 Python 中，等号（=）是赋值语句，可以把任意数据类型赋值给变量，同一个变量可以反复赋值，而且可以是不同类型的变量。例如：

```
a = 123                     #a 是整数
a = 'ABC'                   #a 是字符串
```

常量与变量

Python 语言采用基于值的内存管理方式，不同的值分配不同的内存空间。可理解为，Python 变量并不是某一个固定内存单元的标识，而是对内存中存储的某个数据的引用，这个引用是可以动态改变的。

这种变量本身类型不固定的语言称为动态语言，与之对应的是静态语言。静态语言在定义变量时必须指定变量类型，如果赋值时类型不匹配，就会报错。例如，C 语言是静态语言，赋值语句如下（// 表示注释）：

```
int a = 123;                //a 是整型变量
a = "ABC";                  //错误：不能把字符串赋给整型变量
```

同静态语言相比，动态语言更灵活，就是这个原因。

不要把赋值语句的等号等同于数学的等号。例如下面的代码：

```
x = 10
x = x + 2
```

如果从数学上理解 x = x + 2 无论如何是不成立的。在程序中，赋值语句先计算右侧的表达式 x + 2，得到结果 12，再赋给变量 x。由于 x 之前的值是 10，重新赋值后，x 的值变成 12。

理解变量在计算机内存中的表示也非常重要。

```
a = 'ABC'
```

Python 解释器做了两件事情：

（1）在内存中创建了一个'ABC'的字符串。

（2）在内存中创建了一个名为 a 的变量，并把它指向'ABC'，如图 2-1 所示。

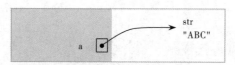

图 2-1　a 变量指向 'ABC'

也可以把一个变量 a 赋值给另一个变量 b，这个操作实际上是把变量 b 指向变量 a 所指向的数据。例如下面的代码：

```
a = 'ABC'
b = a
a = 'XYZ'
print(b)
```

最后一行打印出变量 b 的内容到底是 'ABC'，还是 'XYZ'？如果从数学意义上理解，就会错误地得出 b 和 a 相同，也应该是 'XYZ'，但实际上 b 的值是 'ABC'。下面分析一下执行过程：

执行 a = 'ABC'，Python 解释器创建了字符串 'ABC' 和变量 a，并把 a 指向 'ABC'。

执行 b = a，解释器创建了变量 b，并把 b 指向 a 指向的字符串 'ABC'，如图 2-2 所示。

执行 a = 'XYZ'，解释器创建了字符串 'XYZ'，并把 a 指向 'XYZ'，但 b 没有更改，如图 2-3 所示。

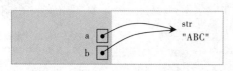

图 2-2　a、b 变量都指向 'ABC'

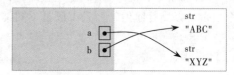

图 2-3　a 变量指向 'XYZ'

所以，最后打印变量 b 的结果自然是 'ABC'。

内置的 type() 函数可以用来查询变量的数据类型。

```
>>> a = 20
>>> print(type(a))
<class 'int'>
```

当变量不再需要时，Python 会自动回收内存空间，也可以使用 del 语句删除一些变量。del 语句的语法格式如下：

```
del var1[,var2[,var3[...,varN]]]
```

可以通过使用 del 语句删除单个或多个变量对象。例如：

```
del a                #删除单个变量对象
del a, b             #删除多个变量对象
```

2.2.2　常量

所谓常量就是不能变的变量，例如，常用的数学常数 π 就是一个常量。在 Python 中，通常用全部大写的变量名表示常量：

```
PI = 3.14159265359
```

但事实上 PI 仍然是一个变量，Python 根本没有任何机制保证 PI 不会被改变。所以，用全部大写的变量名表示常量只是一个习惯上的用法，实际上可以改变变量 PI 的值。

2.3 运算符与表达式

在程序中,表达式是用来计算求值的,它是由运算符(操作符)和运算数(操作数)组成的式子。运算符是表示进行某种运算的符号;运算数包含常量、变量和函数等。例如,表达式 4 + 5,在这里 4 和 5 称为操作数,"+"称为运算符。

下面分别对 Python 中的运算符和表达式进行介绍。

2.3.1 运算符

Python 语言支持的运算符有以下几种类型:算术运算符、比较(即关系)运算符、逻辑运算符、赋值运算符、位运算符、成员运算符、标识运算符。

1.算术运算符

算术运算符用于实现数学运算,具体描述及示例见表 2-5。假设其中变量 a=10,变量 b=20。

表 2-5 算术运算符的描述及示例

运算符	描述	示例
+	加法	a + b = 30
-	减法	a − b = −10
*	乘法	a * b = 200
/	除法	b / a = 2
%	模运算符或称求余运算符,返回余数	b % a = 0 7%3=1
**	指数,执行对操作数幂的计算	a**b =10^{20}(10 的 20 次方)
//	整除,其结果是将商的小数点后的数舍去	9//2 =4,而 9.0//2.0 = 4.0

微 课

运算符

注意:

(1) Python 语言算术表达式的乘号(*)不能省略。例如,数学表达式 b^2-4ac 相应的程序表达式应该写成:b*b-4*a*c。

(2) Python 语言表达式中只能出现字符集允许的字符。例如,数学表达式 πr^2 相应的程序表达式应该写成:math.pi*r*r(其中,math.pi 是 Python 已经定义的模块变量)。

例如:

```
>>> import math
>>> math.pi
```

结果为 3.141592653589793。

(3) Python 语言算术表达式只使用圆括号改变运算的优先顺序(不能使用{}或[ ])。可以使用多层圆括号,此时左右括号必须配对,运算时从内层括号开始,由内向外依次计算表达式的值。

2.关系运算符

关系运算符用于两个值进行比较,运算结果为 True(真)或 False(假)。Python 中关系运算符的描述及示例见表 2-6。假设变量 a=10,变量 b=20。

表 2-6　关系运算符的描述及示例

运算符	描述	示例
==	检查两个操作数的值是否相等，如果相等则结果为 True	(a == b) 结果是 False
!=	检查两个操作数的值是否不相等，如果值不相等则结果为 True	(a != b) 结果是 True
>	检查左操作数的值是否大于右操作数的值，如果是则结果为 True	(a > b) 结果是 False
<	检查左操作数的值是否小于右操作数的值，如果是则结果为 True	(a < b) 结果是 True
>=	检查左操作数的值是否大于或等于右操作数的值，如果是则结果为 True	(a >= b) 结果是 False
<=	检查左操作数的值是否小于或等于右操作数的值，如果是则结果为 True	(a <= b) 结果是 True

关系运算符的优先级低于算术运算符。

例如：

```
a+b>c    等价于    (a+b)>c
```

3．逻辑运算符

Python 中提供了三种逻辑运算符，分别是：

and（逻辑与，二元运算符）。

or（逻辑或，二元运算符）。

not（逻辑非，一元运算符）。

三种逻辑运算符的含义：设 a 和 b 是两个参加运算的逻辑量，a and b 的意义是，当 a、b 均为真时，表达式的值为真，否则为假；a or b 的含义是，当 a、b 均为假时，表达式的值为假，否则为真；not a 的含义是，当 a 为假时，表达式的值为真，否则为假。逻辑运算符的描述及示例见表 2-7。

表 2-7　逻辑运算符的描述及示例

运算符	描述	示例
and	逻辑与运算符，如果两个操作数都是真（非零），那么结果为真	(True and True) 结果是 True
or	逻辑或运算符，如果有两个操作数至少一个为真（非零），那么结果为真	(True or False) 结果是 True
not	逻辑非运算符，用于反转操作数的逻辑状态。如果操作数为真，则将返回 False；否则返回 True	not (True and True) 结果是 False

例如：

```
x = True
y = False
print("x and y = ", x and y)
print("x or y = ", x or y)
print("not x = ", not x)
print("not y = ", not y)
```

程序运行结果：

```
x and y = False
x or y = True
not x = False
not y = True
```

注意:

(1) x>1 and x<5 是判断某数 x 是否大于 1 且小于 5 的逻辑表达式。

(2) 如果逻辑表达式的操作数不是逻辑值 True 和 False 时,Python 则将非 0 作为真,0 作为假进行运算。

例如:当 a=0,b=4 时,a and b 结果为假(0),a or b 结果为真。

```
>>> a = 0
>>> b = 4
>>> print(a and b)      #结果为 0
>>> print(a or b)       #结果为 4
```

说明: Python 中的 or 是从左到右计算表达式,返回第一个为真的值。

Python 中逻辑值 True 作为数值则为 1,逻辑值 False 作为数值则为 0。

```
>>> True + 5            #结果 6
```

由于逻辑值 True 作为数值则为 1,所以 True+5 的结果为 6。

```
>>> False + 5           #结果 5
```

由于逻辑值 False 作为数值则为 0,所以 False+5 的结果为 5。

4. 赋值运算符

赋值运算符"="的一般格式如下:

变量 = 表达式

表示将其右侧的表达式求出结果,赋给其左侧的变量。例如:

```
i=3*(4+5)               #i 的值变为 27
```

说明:

(1) 赋值运算符左边必须是变量;右边可以是常量、变量、函数调用,或者常量、变量、函数调用组成的表达式。例如:

```
x = 10
y = x + 10
y = func()
```

都是合法的赋值表达式。

(2) 赋值符号"="不同于数学的等号,它没有相等的含义。

例如:x=x+1 是合法的(数学中不合法),它的含义是取出变量 x 的值加 1,再存放到变量 x 中。

赋值运算符的描述及示例见表 2-8。

表 2-8 赋值运算符的描述及示例

运算符	描述	示例
=	直接赋值	c = a
+=	加法赋值	c += a 相当于 c = c + a
-=	减法赋值	c -= a 相当于 c = c - a
*=	乘法赋值	c *= a 相当于 c = c * a
/=	除法赋值	c /= a 相当于 c = c / a
%=	取模赋值	c %= a 相当于 c = c % a

运算符	描述	示例
**=	指数幂赋值	c**=a 相当于 c = c**a
//=	整除赋值	c //= a 相当于 c = c // a

(3) 如果需要为多个变量赋相同的值,可以简写为如下形式:

a=b=3

上述语句等价于如下语句:

a=3
b=3

如果需要为多个变量赋不同的值,可以简写为如下形式:

a,b,c=3,4,5   #同时赋值,即 a=3;b=4;c=5

5. 位运算符

位(bit)是计算机中表示信息的最小单位,位运算符作用于位和位操作。Python 中位运算符如下:

按位与(&)、按位或(|)、按位异或(^)、按位求反(~)、左移(<<)、右移(>>)。位运算符是对其操作数按其二进制形式逐位进行运算,参加位运算的操作数必须为整数,下面分别进行介绍。假设 a=60,b =13;现在以二进制格式表示它们的位运算如下:

```
       a   =   0011 1100
       b   =   0000 1101
      a&b  =   0000 1100
      a|b  =   0011 1101
      a^b  =   0011 0001
      ~a   =   1100 0011
```

(1) 按位与(&)。运算符"&"将其两边的操作数的对应位逐一进行逻辑与运算,每一位二进制数(包括符号位)均参加运算。例如:

```
a = 3
b = 18
c = a & b
```

```
       a   0000  0011
   &   b   0001  0010
       c   0000  0010
```

所以,变量 c 的值为 2。

(2) 按位或(|)。运算符"|"将其两边的操作数的对应位逐一进行逻辑或运算,每一位二进制数(包括符号位)均参加运算。例如:

```
a = 3
b = 18
c = a | b
```

```
         a  0000 0011
    |    b  0001 0010
         ─────────────
         c  0001 0011
```

所以，变量 c 的值为 19。

注意：尽管在位运算过程中，按位进行逻辑运算，但位运算表达式的值不是一个逻辑值。

（3）按位异或（^）。运算符"^"将其两边的操作数的对应位逐一进行逻辑异或运算，每一位二进制数（包括符号位）均参加运算。异或运算的定义：若对应位相异，结果为 1；若对应位相同，结果为 0。

例如：

```
a = 3
b = 18
c = a ^ b
```

```
         a  0000 0011
    ^    b  0001 0010
         ─────────────
         c  0001 0001
```

所以，变量 c 的值为 17。

（4）按位求反（~）。运算符"~"是一元运算符，结果将操作数的对应位逐一取反。

例如：

```
a = 3
c = ~ a
```

```
    ~    a  0000 0011
         ─────────────
         c  1111 1100
```

所以，变量 c 的值为 –124。因为补码形式，带符号二进制数最高位为 1，则是负数。

（5）左移（<<）。设 a、n 是整型量，左移运算一般格式为：a<<n，其意义是，将 a 按二进制位向左移动 n 位，移出的高 n 位舍弃，低位补 n 个 0。

例如 a=7，a 的二进制形式是 0000 0111，做 x=a<<3 运算后 x 的值是 0011 1000，其十进制数是 56。

左移一个二进制位，相当于乘 2 操作。左移 n 个二进制位，相当于乘以 2^n 操作。

左移运算有溢出问题，因为整数的最高位是符号位，当左移一位时，若符号位不变，则相当于乘以 2 操作，但若符号位变化时，就会发生溢出。

（6）右移（>>）。设 a、n 是整型量，右移运算一般格式为：a>>n，其意义是，将 a 按二进制位向右移动 n 位，移出的低 n 位舍弃，高 n 位补 0 或 1。若 a 是有符号的整型数，则高位补符号位；若 a 是无符号的整型数，则高位补 0。

右移一个二进制位，相当于除以 2 操作，右移 n 个二进制位相当于除以 2^n 操作。例如：

```
>>> a = 7
>>> x=a >> 1
>>> print(x)         #输出结果 3
```

a=7，做 x=a>>1 运算后 x 的值是 3。

6．成员运算符

除了前面讨论的运算符，Python 成员运算符判断序列中是否有某个成员。成员运算符的描述及示例见表 2-9。

表 2-9 成员运算符的描述及示例

操 作 符	描 述	示 例
in	x in y，如果 x 是序列 y 的成员，则计算结果为 True，否则为 False	3 in [1, 2, 3, 4] 计算结果为 True 5 in [1, 2, 3, 4] 计算结果为 False
not in	x not in y，如果 x 不是序列 y 的成员，则计算结果为 True，否则为 False	3 not in [1, 2, 3, 4] 计算结果为 False 5 not in [1, 2, 3, 4] 计算结果为 True

7. 标识运算符

标识运算符用于比较两个对象的内存位置，具体描述及示例见表 2-10。

表 2-10 标识运算符的描述及示例

运 算 符	描 述	示 例
is	如果运算符两侧的变量指向相同的对象，则计算结果为 True，否则为 False	如果 id(x) 的值为 id(y)，则 x 为 y，这里结果是 True
is not	如果两侧的变量运算符指向相同的对象计算结果为 False，否则为 True	如果 id(x) 不等于 id(y)，则 x 不为 y，这里结果是 True

8. 运算符优先级

在一个表达式中出现多种运算时，将按照预先确定的顺序计算并解析各个部分，这个顺序称为运算符优先级。当表达式包含不止一种运算符时，按照表 2-11 所示优先级规则进行计算。

表 2-11 运算符优先级

优 先 级	运 算 符	描 述
1	**	幂
2	~ + -	求反、一元加号和减号
3	* / % //	乘、除、取模和整除
4	+ -	加法和减法
5	>> <<	左、右按位转移
6	&	按位与
7	^ |	按位异或和按位或
8	<= < > >=	比较（即关系）运算符
9	== !=	比较（即关系）运算符
10	= %= /= //= -= += *= **=	赋值运算符
11	is is not	标识运算符
12	in not in	成员运算符
13	not and or	逻辑运算符

2.3.2 表达式

表达式是一个或多个运算的组合。Python 语言的表达式与其他语言的表达式没有显著的区别。每个符合 Python 语言规则的表达式计算后都是一个确定的值。对于常量、变量的运算和对于函数的调用都可以构成表达式。

本书后续章节中介绍的序列、函数、对象都可以成为表达式的一部分。

【例 2-1】已知计算三角形面积的海伦公式如下，其中 $p=(a+b+c)/2$。假设三角形三条边输入为 3、4、5，试计算其组成的三角形的面积。

$$s=\sqrt{p(p-a)(p-b)(p-c)}$$

分析：计算公式除了三角形三条边 a、b、c 外，还有参数 p，所以要先计算 p 才能计算其面积。平方根运算可以使用 math 库中的 sqrt()方法。

```
import math
a=int(input("边长 a: "))
b=int(input("边长 b: "))
c=int(input("边长 c: "))
p=(a+b+c) /2
s= math.sqrt(p*(p-a)*(p-b)*(p-c))      #注意表达式中的乘号不能省略
print("三角形的面积: ",s)
```

以上代码执行输出结果：

```
边长 a: 3✓              #输入 a 的值，✓表示回车
边长 b: 4✓
边长 c: 5✓
三角形的面积:6
```

【例 2-2】 从键盘输入一个三位整数，计算并输出其百位、十位和个位上的数字。

```
x=input("输入一个三位整数: ")
x=int(x)
b = x//100              #获取百位数字
s = (x//10)%10          #获取十位数字
g = x%10                #获取个位数字
```

程序运行时，从键盘输入 356，则运行结果如下：

```
输入一个三位整数: 356✓
百位 3 十位 5 个位 6
```

2.4 序列数据结构

数据结构是计算机存储、组织数据的方式。序列是 Python 中最基本的数据结构。序列中的每个元素都分配一个数字，即它的位置或索引，第一个索引是 0，第二个索引是 1，依此类推。也可以使用负数索引值访问元素，-1 表示最后一个元素，-2 表示倒数第二个元素。序列都可以进行的操作包括索引、截取（切片）、加、乘、成员检查。此外，Python 已经内置确定序列的长度以及确定最大和最小元素的方法。Python 内置序列类型最常见的是列表、元组和字符串。另外，Python 提供了字典和集合这样的数据结构，它们属于无顺序的数据集合体，不能通过位置索引来访问数据元素。

2.4.1 列表

列表（list）是最常用的 Python 数据类型，列表的数据项不需要具有相同的类型。列表类似于其他语言的数组，但功能比数组强大得多。

创建一个列表，只要把逗号分隔的不同的数据项使用方括号括起来即可。

例如：

```
list1 = ['中国', '美国', 1997, 2000]
list2 = [1, 2, 3, 4, 5]
list3 = ["a", "b", "c", "d"]
```

微课

列表

列表索引从 0 开始。列表可以进行截取（切片）、组合等。

1. 访问列表中的值

使用下标索引来访问列表中的值，同样也可以使用方括号切片的形式截取，例如：

```
list1 = ['中国', '美国', 1997, 2000]
list2 = [1, 2, 3, 4, 5, 6, 7 ]
print("list1[0]: ", list1[0] )
print("list2[1:5]: ", list2[1:5] )
print("list2[1:-2]: ", list2[1:-2] )         #索引号-2，实际就是正索引号 5
print("list2[1:5:2]: ", list2[1:5:2] )       #步长 step 是 2，当步长 step 为负数时，表示反向切片
print("list2[::-1]: ", list2[::-1] )          #切片实现倒序输出
```

程序运行结果：

```
list1[0]: 中国
list2[1:5]: [2, 3, 4, 5]
list2[1:-2]: [2, 3, 4, 5]
list2[1:5:2]: [2, 4]
list2[::-1]: [7, 6, 5, 4, 3, 2, 1]
```

2. 更新列表

可以对列表的数据项进行修改或更新。例如：

```
list = ['中国', 'chemistry', 1997, 2000]
print( "Value available at index 2: ")
print(list[2] )
list[2] = 2001;
print( "New value available at index 2: ")
print(list[2] )
```

程序运行结果：

```
Value available at index 2:
1997
New value available at index 2:
2001
```

3. 删除列表元素

方法一：使用 del 语句删除列表中的元素。例如：

```
list1 = ['中国', '美国', 1997, 2000]
print(list1)
del list1[2]
print("After deleting value at index 2: ")
print(list1)
```

程序运行结果：

```
['中国', '美国', 1997, 2000]
After deleting value at index 2:
['中国', '美国', 2000]
```

方法二：使用 remove() 方法删除列表中的元素。例如：

```
list1 = ['中国', '美国', 1997, 2000]
```

```
list1.remove(1997)
list1.remove('美国')
print(list1)
```

程序运行结果:

```
['中国', 2000]
```

方法三:使用 pop()方法删除列表中指定位置的元素,无参数时删除最后一个元素。例如:

```
list1 = ['中国', '美国', 1997, 2000]
list1.pop(2)                    #删除位置 2 元素 1997
list1.pop()                     #删除最后一个元素 2000
print(list1)
```

程序运行结果:

```
['中国', '美国']
```

4. 添加列表元素

可以使用 append()方法在列表末尾添加元素。例如:

```
list1 = ['中国', '美国', 1997, 2000]
list1.append(2003)
print(list1)
```

程序运行结果:

```
['中国', '美国', 1997, 2000, 2003]
```

5. 列表排序

Python 列表有一个内置的 list.sort()排序方法,可以对原列表进行排序。还有一个 sorted() 内置函数,它会从原列表构建一个新的排序列表。例如:

```
list1 = [5, 2, 3, 1, 4]
list1.sort()                    #list1是[1, 2, 3, 4, 5]
```

调用 sorted()函数即可。它会返回一个新的已排序列表。

```
list1 = [5, 2, 3, 1, 4]
list2 = sorted([5, 2, 3, 1, 4])   #list2是[1, 2, 3, 4, 5],list1 不变
```

list.sort()和 sorted()接受布尔值的 reverse 参数,这用于标记是否降序排序。

```
list1 = [5, 2, 3, 1, 4]
list1.sort(reverse=True)   #list1是[5,4,3,2,1],True 是降序排序,False 是升序排序
```

6. 定义多维列表

可以将多维列表视为列表的嵌套,即多维列表的元素值也是一个列表,只是维度比父列表小 1。二维列表(即其他语言的二维数组)的元素值是一维列表,三维列表的元素值是二维列表。例如:定义一个存储成绩信息的二维列表。

```
a=["张海",90,80,70]              #三门课程语文、数学、英语成绩
b=["李晶晶",98,88,77]
c=["黄晓佶",99,89,77]
score=[a,b,c]
```

score 就是一个二维列表,其中每个元素本身又是一个列表。还可以直接创建二维列表,而不需要创建 a、b、c 列表:

```
score=[['张海', 90, 80, 70], ['李晶晶', 98, 88, 77], ['黄晓佶', 99, 89, 77]]
```

二维列表比一维列表多一个索引，可以用如下方式获取元素：

```
列表名[索引1][索引2]
```

二维列表可以看成二维表格，通过索引1（行索引）和索引2（列索引）获取元素值。例如获取张海的第2门课数学成绩：

```
print(score[0][2])
```

例如：定义3行6列的二维列表，打印出元素值。

```
rows = 3
cols = 6
#用列表生成式生成二维列表
matrix = [[0 for col in range(cols)] for row in range(rows)]
for i in range(rows):
    for j in range(cols):
        matrix[i][j] = i * 3 + j
        print(matrix[i][j],end = ",")
    print('\n')
```

程序运行结果：

```
0,1,2,3,4,5,
3,4,5,6,7,8,
6,7,8,9,10,11,
```

列表生成式是 Python 内置的一种极其强大的生成列表的表达式，详见 3.2.5 节。本例中第 3 行生成的列表如下：

```
matrix = [[0, 0, 0, 0, 0, 0], [0, 0, 0, 0, 0, 0], [0, 0, 0, 0, 0, 0]]
```

7. 列表的操作符

列表对"+"和"*"的操作符与字符串相似。"+"号用于组合列表，"*"号用于重复列表。Python 列表的操作符应用示例见表 2-12。

表 2-12 Python 列表的操作符应用示例

Python 表达式	描述	结果
len([1, 2, 3])	长度	3
[1, 2, 3] + [4, 5, 6]	组合	[1, 2, 3, 4, 5, 6]
['Hi!'] * 4	重复	['Hi!', 'Hi!', 'Hi!', 'Hi!']
3 in [1, 2, 3]	元素是否存在于列表中	True
for x in [1, 2, 3]: print(x, end=" ")	迭代	1 2 3

Python 列表的内置函数见表 2-13。假设列表名为 list。

表 2-13 Python 列表的内置函数

函　　数	功　　能
list.append(obj)	在列表末尾添加新的对象
list.count(obj)	统计某个元素在列表中出现的次数
list.extend(seq)	在列表末尾一次性追加另一个序列中的多个值（用新列表扩展原来的列表）
list.index(obj)	从列表中找出某个值第一个匹配项的索引位置
list.insert(index, obj)	将对象插入列表
list.pop(index)	移除列表中的一个元素（默认最后一个元素），并且返回该元素的值

函　　数	功　　能
list.remove(obj)	移除列表中某个值的第一个匹配项
list.reverse()	反转列表中元素顺序
list.sort([func])	对原列表进行排序
len(list)	内置函数，列表元素个数
max(list)	内置函数，返回列表元素最大值
min(list)	内置函数，返回列表元素最小值
list(seq)	内置函数，将元组转换为列表

2.4.2 元组

Python的元组（tuple）与列表类似，不同之处在于元组的元素不能修改。元组使用小括号()，列表使用方括号[]。元组中的元素类型也可以不相同。

微　课

元组

1. 创建元组

创建元组很简单，只需要在括号中添加元素，并使用逗号隔开即可。例如：

```
tup1 = ('中国', '美国', 1997, 2000)
tup2 = (1, 2, 3, 4, 5 )
tup3 = "a", "b", "c", "d"
```

如果创建空元组，只需写个空括号即可。

```
tup1 = ()
```

元组中只包含一个元素时，需要在第一个元素后面添加逗号。

```
tup1 = (50,)
```

元组与字符串类似，下标索引从0开始，可以进行截取、组合等。

2. 访问元组

可以使用下标索引来访问元组中的值。例如：

```
tup1 = ('中国', '美国', 1997, 2000)
tup2 = (1, 2, 3, 4, 5, 6, 7 )
print("tup1[0]: ", tup1[0])          #输出元组的第一个元素
print("tup2[1:5]: ", tup2[1:5])      #切片，输出从第二个元素开始到第五个元素
print(tup2[2:])                       #切片，输出从第三个元素开始的所有元素
print(tup2 * 2)                       #输出元组两次
```

程序运行结果：

```
tup1[0]:  中国
tup2[1:5]:  (2, 3, 4, 5)
(3, 4, 5, 6, 7)
(1, 2, 3, 4, 5, 6, 7, 1, 2, 3, 4, 5, 6, 7)
```

3. 元组连接

元组中的元素值是不允许修改的，但可以对元组进行连接组合。例如：

```
tup1 = (12, 34, 56)
tup2 = (78, 90)
#tup1[0] = 100                        #修改元组元素操作是非法的
```

```
tup3 = tup1 + tup2                    #连接元组，创建一个新的元组
print(tup3)
```

程序运行结果：

```
(12, 34, 56, 78, 90)
```

4．删除元组

元组中的元素值是不允许删除的，但可以使用 del 语句删除整个元组。例如：

```
tup = ('中国', '美国', 1997, 2000)
print(tup)
del tup
print("After deleting tup: ")
print(tup)
```

以上实例元组被删除后，输出变量会有异常信息。输出结果如下：

```
('中国', '美国', 1997, 2000)
After deleting tup:
NameError: name 'tup' is not defined
```

5．元组运算符

与字符串一样，元组之间可以使用"+"号和"*"号进行运算。这就意味着它们可以组合和复制，运算后会生成一个新的元组。Python 元组的操作符应用示例见表 2-14。

表 2-14 Python 元组的操作符应用示例

Python 表达式	描 述	结 果
len((1, 2, 3))	计算元素个数	3
(1, 2, 3) + (4, 5, 6)	连接	(1, 2, 3, 4, 5, 6)
('a','b') * 4	复制	('a', 'b', 'a', 'b', 'a', 'b', 'a', 'b')
3 in (1, 2, 3)	元素是否存在	True
for x in (1, 2, 3): print(x, end=" ")	遍历元组	1 2 3

Python 元组的内置函数见表 2-15。

表 2-15 Python 元组的内置函数

函 数	描 述
len(tuple)	计算元组元素个数
max(tuple)	返回元组中元素的最大值
min(tuple)	返回元组中元素的最小值
tuple(seq)	将列表转换为元组

例如：

```
tup1 = (12, 34, 56, 6, 77)
y = min(tup1)
print(y)                              #输出结果：6
```

注意：可以使用元组来一次性对多个变量赋值。例如：

```
>>>(x,y,z) = (1,2,3)                  #或者 x,y,z = 1,2,3 也可以
>>>print(x,y,z)                       #输出结果 1 2 3
```

如果想实现 x、y 的交换，可以编写程序如下：

```
>>> x,y = y,x
>>> print(x,y)                    #输出结果 2 1
```

6. 元组与列表转换

因为元组数不变，所以可以将元组转换为列表，从而可以改变数据。实际上列表、元组和字符串之间可以互相转换，需要使用 3 个函数：str()、tuple()和 list()。

可以使用下面的方法将元组转换为列表：

```
列表对象 = list(元组对象)
```

例如：

```
tup = (1, 2, 3, 4, 5)
list1 = list(tup)                 #元组转换为列表
print(list1)                      #返回[1, 2, 3, 4, 5]
```

可以使用下面的方法将列表转换为元组：

```
元组对象 = tuple (列表对象)
```

例如：

```
nums = [1, 3, 5, 7, 8, 13, 20]
print(tuple(nums))                #列表转换为元组，返回(1, 3, 5, 7, 8, 13, 20)
```

将列表转换成字符串如下：

```
nums = [1, 3, 5, 7, 8, 13, 20]
str1 = str(nums)                  #列表转换为字符串，返回含中括号及逗号的'[1, 3, 5,
                                  #7, 8, 13, 20]'字符串
print(str1[2])                    #打印出逗号，因为字符串中索引号 2 的元素是逗号
num2=['中国','美国','日本','加拿大']
str2 = "%"
str2 = str2.join(num2)            #用百分号连接起来的字符串——'中国%美国%日本%加拿大'
str2 = ""
str2 = str2.join(num2)            #用空字符连接起来的字符串——'中国美国日本加拿大'
```

初学者学习元组时，可能会疑惑既然有列表，为什么还需要元组，原因如下：

（1）元组的速度比列表快。如果定义了一系列常量值，而所做的操作仅仅是对它进行遍历，那么一般使用元组而不是列表。

（2）元组对需要修改的数据进行写保护，这样将使得代码更加安全。

（3）元组可用作字典键。

7. 序列封包和解包

在 Python 中，序列封包（packing）和解包（unpacking）是处理序列（如元组、列表等）时非常有用的概念。封包通常指的是将多个值组合成一个序列（如元组），而解包则是将这个序列分解成单独的变量。

（1）封包。封包主要是使用圆括号()将多个值组合成一个元组。这个过程非常直接，因为只需要将值用逗号分隔并放在圆括号内即可。

```
#封包示例
data = (1, 2, 3, 'a', 'b', 'c')  #或者 data = 1, 2, 3, 'a', 'b', 'c', 不写圆括号()
print(data)                       # 输出: (1, 2, 3, 'a', 'b', 'c')
```

(2)解包。解包是封包的逆过程,它允许将序列(如元组、列表等)中的值分配到多个变量中。解包时,序列中的每个元素都将被赋值给对应的变量。

```
# 解包示例
data = (1, 2, 3)
a, b, c = data
print(a, b, c)              # 输出:1 2 3
```

如果要解包一个序列,但只关心其中的一部分元素,则可以使用"*"来收集剩余的元素。

```
# 解包到任意数量的变量
data = (1, 2, 3, 4, 5)
a, b, *rest = data          #rest 获取 3, 4, 5 元素
print(a, b)                 #输出:1 2
print(rest)                 #输出:[3, 4, 5]
```

通过封包和解包,Python 提供了一种非常灵活和强大的方式来处理序列数据,使代码更加简洁和易于理解。

2.4.3 字典

Python 字典(dict)是一种可变容器模型,且可存储任意类型的对象,如字符串、数字、元组等其他容器模型。字典也被称作关联数组或哈希表。

字典和集合

1. 创建字典

字典由键和对应值(key=>value)成对组成。字典的每个键/值对里面键和值用冒号分隔,键/值对之间用逗号分隔,整个字典包括在花括号中。基本语法格式如下:

```
d = {key1 : value1, key2 : value2 }
```

注意:键必须是唯一的,但值则不必。值可以取任何数据类型,但键必须是不可变的,如字符串、数字或元组。

下面是一个简单的字典实例:

```
dict = {'xmj' : 40 , 'zhang' : 91 , 'wang' : 80}
```

也可如此创建字典:

```
dict1 = { 'abc': 456 }
dict2 = { 'abc': 123, 98.6: 37 }
```

字典有如下特性:

(1)字典值可以是任何 Python 对象,如字符串、数字、元组等。

(2)不允许同一个键出现两次。创建时如果同一个键被赋值两次,后一个值会覆盖前面的值。例如:

```
dict = {'Name': 'xmj', 'Age': 17, 'Name': 'Manni'}
print("dict['Name']: ", dict['Name'])
```

实例输出结果:

```
dict['Name']:  Manni
```

(3)键必须不可变,所以可以用数字、字符串或元组充当。用列表就不行,例如:

```
dict = {['Name']: 'Zara', 'Age': 7}
```

程序运行后输出错误结果:

```
Traceback (most recent call last):
  File "<pyshell#0>", line 1, in <module>
    dict = {['Name']: 'Zara', 'Age': 7}
TypeError: unhashable type: 'list'
```

2. 访问字典里的值

访问字典里的值时把相应的键放入方括号里。例如:

```
dict = {'Name': '王海', 'Age': 17, 'Class': '计算机一班'}
print("dict['Name']: ", dict['Name'])
print("dict['Age']: ", dict['Age'])
```

程序运行结果:

```
dict['Name']:  王海
dict['Age']:  17
```

如果用字典里没有的键访问数据, 会输出错误信息:

```
dict = {'Name': '王海', 'Age': 17, 'Class': '计算机一班'}
print("dict['sex']: ", dict['sex'] )
```

由于使用方括号形式可能产生异常错误, 可以使用 get()方法。get(key, default=None)方法允许用户访问字典中的值, 如果键不存在, 则返回 default 参数指定的值 (默认值为 None), 而不是抛出 KeyError。

```
dict = {'Name': '王海', 'Age': 17, 'Class': '计算机一班'}
print("dict['sex']: ", dict.get('sex', '无此信息') )      #不会产生错误
```

以上实例输出结果:

```
dict['sex']:  无此信息
```

3. 修改字典

向字典添加新内容的方法是增加新的键/值对, 修改或删除已有键/值对。例如:

```
dict = {'Name': '王海', 'Age': 17, 'Class': '计算机一班'}
dict['Age'] = 18                    # 更新键/值对
dict['School'] = "中原工学院"        # 增加新的键/值对
print("dict['Age']: ", dict['Age'] )
print("dict['School']: ", dict['School'] )
```

程序运行结果:

```
dict['Age']:  18
dict['School']:  中原工学院
```

4. 删除字典元素

del 语句允许使用键从字典中删除元素(条目); clear()方法清空字典所有元素。
显示删除一个字典用 del 命令, 例如:

```
dict = {'Name': '王海', 'Age': 17, 'Class': '计算机一班'}
del dict['Name']                    # 删除键是'Name'的元素(条目)
dict.clear()                        # 清空词典所有元素
del dict                            # 删除词典, 用 del 后字典不再存在
```

5. in 运算

字典里的 in 运算用于判断某键是否在字典里, 对于 value 值不适用。功能与 has_key(key) 方法相似, Python 3.x 不支持该方法。例如:

```
dict = {'Name': '王海', 'Age': 17, 'Class': '计算机一班'}
print('Age' in dict )          # 等价于print(dict.has_key('Age') )
```

程序运行结果:

```
True
```

6. 获取字典中的所有值

dict.values()以列表返回字典中的所有值。此方法的返回类型实际是 dict_values 类型(属于迭代器), 可以通过 list()函数将 dict1.values()返回类型转换成列表。

```
dict = {'Name': '王海', 'Age': 17, 'Class': '计算机一班'}
print(dict.values())           #返回类型为<class'dict_values'>
print(list(dict.values()))     #转换成列表
```

以上实例输出结果:

```
dict_values(['王海', 17, '计算机一班'])
[17, '王海', '计算机一班']
```

7. 获取字典中的所有键

dict.keys()以列表返回字典中的所有键。此方法的返回类型实际是 dict_keys 类型(属于迭代器), 可以通过 list()函数将返回类型转换成列表。

```
dict = {'Name': '王海', 'Age': 17, 'Class': '计算机一班'}
print(dict.keys())             #返回类型为<class'dict_keys'>
print(list(dict.keys()))       #转换成列表
```

以上实例输出结果:

```
dict_keys(['Name', 'Age', 'Class'])
['Name', 'Age', 'Class']
```

8. items()方法

items()方法把字典中每对 key 和 value 组成一个元组, 并把这些元组放在列表中返回。

```
dict = {'Name': '王海', 'Age': 17, 'Class': '计算机一班'}
for key,value in dict.items():
    print( key,value)
```

程序运行结果:

```
Name 王海
Class 计算机一班
Age 17
```

注意: 字典打印出来的顺序与创建之初的顺序不同, 这不是错误。字典中各个元素并没有顺序之分(因为不需要通过位置查找元素), 因此, 存储元素时进行了优化, 使字典的存储和查询效率最高。这也是字典和列表的另一个区别: 列表保持元素的相对关系, 即序列关系; 而字典是完全无序的, 也称为非序列。如果想保持一个集合中元素的顺序, 需要使用列表, 而不是字典。

字典的内置函数和方法见表 2-16。假设字典名为 dict1。

表 2-16　字典的内置函数和方法

函数和方法	描述
dict1.clear()	删除字典内所有元素
dict1.copy()	返回一个字典副本（浅复制）
dict1.fromkeys()	创建一个新字典，以序列 seq 中元素做字典的键，val 为字典所有键对应的初始值
dict1.get(key, default=None)	返回指定键的值，如果值不在字典中返回 default 值
dict1.has_key(key)	如果键在字典 dict 里返回 True，否则返回 False（Python 3.0 以后版本已经删除此方法）
dict1.items()	以列表返回可遍历的(键, 值) 元组数组
dict1.keys()	以列表返回一个字典所有的键
dict1.setdefault(key, default=None)	和 get()类似，但如果键不存在于字典中，将会添加键并将值设为 default
dict1.update(dict2)	把字典 dict2 的键/值对更新到 dict1 中
dict1.values()	以列表返回字典中的所有值
cmp(dict1, dict2)	内置函数，比较两个字典元素
len(dict)	内置函数，计算字典元素个数，即键的总数
str(dict)	内置函数，输出值以可打印的字符串表示
type(variable)	内置函数，返回输入的变量类型，如果变量是字典就返回字典类型

2.4.4　集合

集合（set）是一个无序不重复元素的序列，集合内的数据没有先后关系。集合的基本功能是进行成员关系测试和删除重复元素。

1. 创建集合

可以使用大括号（{}）或者 set()和 frozenset()函数创建集合，注意创建一个空集合必须用 set()和 frozenset()函数而不是 { }，因为{ }用来创建一个空字典。set()和 frozenset()函数分别创建可变集合和不可变集合，其参数必须是可迭代的，即一个序列、字典和迭代器等。

```
s1=set("hello")            #利用字符串创建字典
print(s1)                  #输出{'l', 'h', 'o', 'e'}，因为是无序的，不重复元素
print(type(s1))            #输出<class 'set'>
s2 = set([3,5,9,10])       #创建一个数值集合
student = {'Tom', 'Jim', 'Mary', 'Tom', 'Jack', 'Rose'}
print(student)             #输出集合，重复的元素被自动去掉
```

程序运行结果：

```
{'l', 'h', 'o', 'e'}
<class 'set'>
{'Jack', 'Rose', 'Mary', 'Jim', 'Tom'}
```

由于集合内数据是不重复的，因此集合常用来对列表数据进行"去重操作"。

```
student = ['Tom', 'Jim', 'Mary', 'Tom', 'Jack', 'Rose']
score = [12, 34,11, 12, 15, 34]
s1=set(student)            #{'Rose', 'Jim', 'Jack', 'Tom', 'Mary'}
s2=set(score)              #{34, 11, 12, 15}
```

2. 成员测试

由于集合本身是无序的,所以不能对集合进行索引或切片操作,只能循环遍历,或者使用 in、not in 来判断集合元素存在/不存在。

```
if('Rose' in student) :
    print('Rose 在集合中')
else :
    print('Rose 不在集合中')
```

程序运行结果:

```
Rose 在集合中
```

3. 集合运算

可以使用 "-" "|" "&" "^" 运算符进行集合的差集、并集、交集和对称集运算。

```
# set 可以进行集合运算
a = set('abcd')                          #a = {'a', 'b', 'c', 'd'}
b = set('cdef')                          #b = {'c', 'd', 'e', 'f'}
print(a)
print("a 和 b 的差集: ", a - b)           #a 和 b 的差集
print("a 和 b 的并集: ", a | b)           #a 和 b 的并集
print("a 和 b 的交集: ", a & b)           #a 和 b 的交集
print("a 和 b 中不同时存在的元素: ", a ^ b)   #a 和 b 中不同时存在的元素 (对称集)
```

程序运行结果:

```
{'a', 'c', 'd', 'b'}
a 和 b 的差集: {'a', 'b'}
a 和 b 的并集: {'b', 'a', 'f', 'd', 'c', 'e'}
a 和 b 的交集: {'c', 'd'}
a 和 b 中不同时存在的元素: {'a', 'e', 'f', 'b'}
```

4. 集合中添加元素

add()方法向集合内增加元素,如果添加的元素已经存在,则不执行任何操作。

```
s1= set(("Google", "baidu", "Taobao"))
s1.add("Facebook")
print(s1)            #输出{'Taobao', 'Facebook', 'Google', 'baidu'}
```

还有一个 update()方法也可以添加元素,且参数可以是列表、元组、字典等。可以有多个参数,用逗号分开。

```
s1= set(("Google", "baidu", "Taobao"))
s1.update([1,2,3])
print(s1)            #输出{1, 2, 3, 'Taobao', 'Google', 'baidu'}
```

5. 删除集合元素

remove(x)方法将元素 x 从集合 s 中移除,如果元素不存在,则会发生 KeyError 错误。

```
s1= set(("Google", "baidu", "Taobao"))
s1.remove("baidu")
print(s1)            #输出{'Taobao', 'Google'}
```

另外,discard()方法也可以删除集合元素,用法同 remove()方法。相对于 remove()方法的好处是,如果试图删除一个集合中不存在的值,系统不会返回 KeyError 错误。

```
s1= set(("Google", "baidu", "Taobao"))
s1.discard ("baidu")
print(s1)                    #输出{'Taobao', 'Google'}
```

还可以使用 pop()方法从集合中删除并且返回一个任意的值。

```
s1= set(("Google", "baidu", "Taobao"))
a=s1.pop()                   #返回一个任意的值,如'baidu'
b=s1.pop()                   #返回一个任意的值,如'Taobao'
```

6. 删除集合所有元素

clear()方法删除集合中所有的元素。

```
s1= set(("Google", "baidu", "Taobao"))
s1.clear()                   #空集合
```

7. 集合关系的子集和超集

当一个集合 s 中的元素包含另一个集合 t 中的所有元素,称集合 s 是集合 t 的超集,反过来,称 t 是 s 的子集。当两个集合中元素相同,两个集合等价。子集和超集方法与对应运算符见表 2-17。

表 2-17 子集和超集方法与对应运算符

方法	运算符	含义
s.issubset(t)	s<=t	s 是 t 的子集返回 True,否则返回 False
s.issuperset(t)	s>=t	s 是 t 的超集返回 True,否则返回 False
—	s==t	s 是否与 t 相等,是返回 True,否则返回 False

例如:

```
x = {1, 2, 3, 4}
x2={2, 6}
y = {2, 4, 5, 6}
#子集和超集
print(x.issubset(y))         #False
print(y.issuperset(x2))      #True
```

习 题

1. Python 数据类型有哪些? 分别有什么用途?
2. 把下列数学表达式转换成等价的 Python 表达式。

(1) $\dfrac{-b+\sqrt{b^2-4ac}}{2a}$ (2) $\dfrac{x^2+y^2}{2a^2}$ (3) $\dfrac{x+y+z}{\sqrt{x^3+y^3+z^3}}$

(4) $\dfrac{(3+a)^2}{2c+4d}$ (5) $2\sin\left(\dfrac{x+y}{2}\right)\cos\left(\dfrac{x-y}{2}\right)$

提示:math.sin(x)函数返回的是 x 弧度的正弦值,math.cos(x)函数返回的是 x 弧度的余弦值,math.sqrt(x)函数返回数字 x 的算术平方根。函数请参考第 4 章。

3. 数学表达式 3<x<10 表示成正确的 Python 表达式为_____。
4. 以 3 为实部 4 为虚部,Python 复数的表达形式为_____。
5. 表达式[1, 2, 3]*3 的执行结果为_____。

6. 假设列表对象 aList 的值为[3, 4, 5, 6, 7, 9, 11, 13, 15, 17]，那么切片 aList[3:7]得到的值是_____。

7. 语句[5 for i in range(10)] 执行结果为_____。

8. Python 内置函数_____可以返回列表、元组、字典、集合、字符串以及 range 对象中元素的个数。

9. 计算下列表达式的值（可在上机时验证），设 a=7, b=-2, c=4。
（1）3 * 4 ** 5 / 2 　　　　　　　（2）a * 3 % 2
（3）a%3 +b*b- c//5 　　　　　　（4）b**2-4*a*c

10. 求列表 s=[9, 7, 8, 3, 2, 1, 55, 6]中元素的个数、最大数、最小数。如何在列表 s 中添加一个元素 10？如何从列表 s 中删除一个元素 55？

11. 元组与列表的主要区别是什么？s=（9，7，8，3，2，1，55，6）能添加元素吗？

12. 已知有列表 lst=[54,36,75,28,50]，请完成以下操作:
（1）在列表尾部插入元素 52；（2）在元素 28 前面插入 66；（3）删除并输出 28；（4）将列表按降序排序；（5）清空整个列表。

13. 有以下 3 个集合，集合成员分别是会 Python、C、Java 语言的人名。
Pythonset={'王海','李黎明','王铭年','李晗'}
Cset={'朱佳','李黎明','王铭年','杨鹏'}
Javaset={'王海','杨鹏','王铭年','罗明','李晗'}
请使用集合运算输出只会 Python 不会 C 的人和 3 种语言都会使用的人各有哪些。

实验二　运算符、表达式和序列使用

一、实验目的

（1）掌握 Python 数值类型数据、字符串的使用方法。
（2）掌握将数学表达式转换成 Python 语言表达式的方法及注意事项，掌握有关运算符的使用方法。
（3）掌握序列索引，掌握列表的创建和使用方法。
（4）掌握字典的创建和使用方法。

二、实验内容

（1）把浮点数 13.4 转换成整数，再转换成一个字符串并输出。
（2）有一个字符串类型的变量 name="张海"，整型变量 age=23，使用 print()函数和%进行格式化输出，输出结果为"张海的年龄是 23 岁"。
（3）从键盘输入一个 4 位十进制整数，要求输出各位数字之和。
（4）上机实验文件编程模式下计算鸡兔同笼问题。鸡兔同笼问题即一个笼子里面有鸡和兔子（鸡有 2 只脚，兔有 4 只脚），已知鸡和兔的总数为 h，鸡和兔的脚总数为 f，计算鸡和兔分别有多少只？
（5）假如 ls =[12 ,45, 89,92, 58,98]，求各整数元素的和。
（6）有如下列表，li=["alex", "eric", "rain"]，按照要求实现每一个功能。
①计算列表长度并输出。

②列表中追加元素"seven"，并输出添加后的列表。
③在列表的第一个位置插入元素"Tony"，并输出添加后的列表。
④修改列表中第 2 个位置的元素为"Kelly"，并输出修改后的列表。
⑤删除列表中的元素"eric"，并输出删除后的列表。
⑥删除列表中的第 2 个元素，并输出删除的元素的值和删除后的列表。
⑦删除列表中的第 2 和 3 个元素，并输出删除元素后的列表。
⑧将列表所有元素反转，并输出反转后的列表。
（7）输入一个整数（1～12）表示月份，输出该月份对应的代表花名（用字典实现）。
月份对应的花名如下：
"1 月":"梅花","2 月":"杏花","3 月":"桃花","4 月":"牡丹花","5 月":"石榴花","6 月":"莲花","7 月":"玉簪花","8 月":"桂花","9 月":"菊花","10 月":"芙蓉花","11 月":"山茶花","12 月":"水仙花"

第 3 章 Python 控制语句

对于 Python 程序中的执行语句,默认情况下是按照书写顺序依次执行的,这样的语句是顺序结构的。但是,仅有顺序结构是不够的,因为有时还需要根据特定情况,有选择地执行某些语句,这时就需要一种选择结构的语句。另外,有时候还可以在给定条件下往复执行某些语句,通常称这些语句是循环结构的。有了这 3 种基本结构,就可以构建任意复杂的程序。

3.1 选择结构

选择结构可用 if 语句、if...else 语句和 if...elif...else 语句实现。

3.1.1 if 语句

Python 的 if 语句的功能跟其他语言的非常相似,都是用来判定给出的条件是否满足,然后根据判断的结果(即真或假)决定是否执行给出的操作。if 语句是一种单选结构,它选择的是做与不做。它由三部分组成:关键字 if 本身、测试条件真假的表达式(简称为条件表达式)和表达式结果为真(即表达式的值为非零)时要执行的代码。if 语句的语法格式如下:

```
if 表达式:
    语句 1
```

if 语句的流程图如图 3-1 所示。

if 语句的表达式用于判断条件,可以用>(大于)、<(小于)、==(等于)、>=(大于或等于)、<=(小于或等于)来表示其关系。现在用一个示例程序来演示一下 if 语句的用法。这里的程序很简单,只要用户输入一个整数,如果这个数字大于 6,就输出一行字符串;否则,直接退出程序。代码如下:

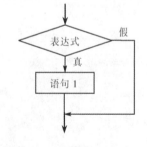

图 3-1 if 语句的流程图

```
#比较输入的整数是否大于6
a = input("请输入一个整数: ")      #取得一个字符串
a = int(a)                       #将字符串转换为整数
if a > 6:
    print( a, "大于6")
```

通常,一个程序都会有输入/输出,这样可以与用户进行交互。用户输入一些信息后,可对他输入的内容进行一些适当的操作,然后再输出用户想要的结果。可以用 input 进行输入,print 进行输出,这些都是简单的控制台输入/输出,复杂的有处理文件等。

3.1.2 if...else 语句

上面的 if 语句是一种单选结构,也就是说,如果条件为真(即表达式的值为非零),那么执行指定的操作;否则就会跳过该操作。而 if...else 语句是一种双选结构,是在两种备选行动中选择哪一个的问题。if...else 语句由五部分组成:关键字 if、测试条件真假的表达式、表达式结果为真(即表达式的值为非零)时要执行的代码,以及关键字 else 和表达式结果为假(即表达式的值为零)时要执行的代码。if...else 语句的语法格式如下:

```
if 表达式:
    语句 1
else:
    语句 2
```

if...else 语句的流程图如图 3-2 所示。

下面对上面的示例程序进行修改,以演示 if...else 语句的使用方法。这里的程序很简单,只要用户输入一个整数,如果这个数字大于 6,就输出一行信息,指出输入的数字大于 6;否则,输出另一行字符串,指出输入的数字小于或等于 6。代码如下:

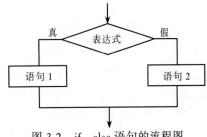

图 3-2　if...else 语句的流程图

```
a = input("请输入一个整数: ")     #取得一个字符串
a = int(a)                        #将字符串转换为整数
if a > 6:
    print( a, "大于 6")
else:
    print( a, "小于或等于 6")
```

【例 3-1】输入一个年份,判断是否为闰年。闰年的年份必须满足以下两个条件之一:
(1)能被 4 整除,但不能被 100 整除的年份都是闰年。
(2)能被 400 整除的年份都是闰年。

分析:设变量 year 表示年份,判断 year 是否满足以下表达式。

条件(1)的逻辑表达式是:year%4 == 0 and year%100 != 0。
条件(2)的逻辑表达式是:year%400 == 0。
两者取"或",即得到判断闰年的逻辑表达式为:

```
(year%4 == 0 and year%100 != 0) or year%400 == 0
```

程序代码:

```
year = int(input('输入年份:'))        #input()获取的是字符串,所以需要转换成整型
if year%4 == 0 and year%100 != 0 or year%400 == 0:    #注意运算符的优先级
    print(year, "是闰年")
else:
    print(year, "不是闰年")
```

判断闰年后,也可以输入某年某月某日,判断这一天是这一年的第几天。以 3 月 5 日为例,应该先把前两个月的天数加起来,然后再加上 5 天即本年的第几天。特殊情况是闰年,在输入月份大于 3 时需考虑多加一天。

程序代码:

```
year = int(input('year:'))        #输入年
month = int(input('month:'))      #输入月
day = int(input('day:'))          #输入日
```

```
months = (0,31,59,90,120,151,181,212,243,273,304,334)
if 0 <= month <= 12:
    sum = months[month - 1]
else:
    print('月份输入错误')
sum += day
leap = 0
if(year % 400 == 0) or ((year % 4 == 0) and (year % 100 != 0)):
    leap = 1
if(leap == 1) and (month > 2):
    sum += 1
print('这一天是这一年的第%d天'%sum)
```

【例3-2】任意输入3个数字,按从小到大的顺序输出。

分析:(1)将x与y比较,把较小者放入x中,较大者放入y中。(2)将x与z比较,把较小者放入x中,较大者放入z中,此时x为三者中的最小者。(3)将y与z比较,把较小者放入y中,较大者放入z中,此时x、y、z已按由小到大的顺序排列。

程序代码:

```
x = int(input('x='))                    #输入x
y = int(input('y='))                    #输入y
z = int(input('z='))                    #输入z
if x > y:
    x, y = y, x                         #x、y互换
if x > z:
    x, z = z, x                         #x、z互换
if y > z:
    y, z = z, y                         #y、z互换
print(x, y, z)
```

假如x、y、z分别输入1、4、3,以上代码的输出结果:

```
x=1✓        (输入x的值,✓表示回车)
y=4✓        (输入y的值)
z=3✓        (输入z的值)
1 3 4
```

其中,x, y = y, x 这种语句是同时赋值,将赋值号右侧的表达式依次赋给左侧的变量。例如: x, y = 1, 4 相当于 x=1, y=4。

3.1.3 if…elif…else 语句

有时候需要在多组动作中选择一组执行,这时就会用到多选结构,对于Python语言来说就是 if…elif…else 语句。该语句可以利用一系列条件表达式进行检查,并在某个表达式为真的情况下执行相应的代码。需要注意的是,虽然 if…elif…else 语句的备选动作较多,但是有且只有一组动作被执行,该语句的语法格式如下:

```
if 表达式1:
    语句1
elif 表达式2:
    语句2
    …
elif 表达式n:
    语句n
```

微 课

选择结构

```
else:
    语句 n+1
```

注意：最后一个 elif 子句之后的 else 子句没有进行条件判断，它实际上处理跟前面所有条件都不匹配的情况，所以 else 子句必须放在最后。

if...elif...else 语句的流程图如图 3-3 所示。

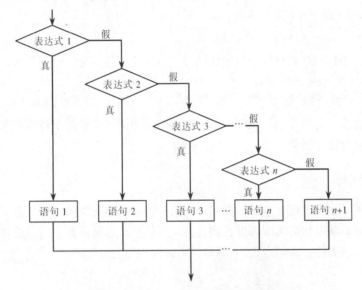

图 3-3　if...elif...else 语句的流程图

下面继续对上面的示例程序进行修改，以演示 if...elif...else 语句的使用方法。这里还是要用户输入一个整数，如果这个数字大于 6，就输出一行信息，指出输入的数字大于 6；如果这个数字等于 6，则输出另一行字符串，指出输入的数字等于 6；否则，指出输入的数字小于 6。具体代码如下：

```
a = input("请输入一个整数: ")      #取得一个字符串
a = int(a)                         #将字符串转换为整数
if a > 6:
    print( a, "大于 6")
elif a==6:
    print( a, "等于 6")
else :
    print( a, "小于 6")
```

【例 3-3】输入学生的成绩 score，按分数输出其等级：score≥90 为优，90>score≥80 为良，80>score≥70 为中等，70>score≥60 为及格，score<60 为不及格。

程序代码：

```
score=int(input("请输入成绩"))      #int()转换字符串为整型
if score >= 90:
    print("优")
elif  score >= 80:
    print("良")
elif  score >= 70:
    print("中")
elif  score >= 60:
    print("及格")
```

```
    else:
        print("不及格")
```

说明：三种选择语句中，条件表达式都是必不可少的组成部分。当条件表达式的值为零时，表示条件为假；当条件表达式的值为非零时，表示条件为真。那么哪些表达式可以作为条件表达式呢？基本上，最常用的是关系表达式和逻辑表达式。例如：

```
if a == x and b == y :
    print("a = x, b = y")
```

除此之外，条件表达式可以是任何数值类型表达式，甚至可以是字符串。例如：

```
if 'a':     # 'abc':也可以
    print("a = x, b = y")
```

另外，C 语言用花括号{}区分语句体，而 Python 的语句体是用缩进形式来表示的，如果缩进不正确，会导致逻辑错误。

3.1.4 pass 语句

Python 提供了一个关键字 pass，类似于空语句，可以用在类和函数的定义中或者选择结构中。当暂时没有确定如何实现功能，或者为以后的软件升级预留空间，或者为其他类型功能时，可以使用该关键字来"占位"。例如，下面的代码是合法的：

```
if a<b:
    pass        #什么操作也不做
else:
    z=a
class A:        #类的定义
    pass
def demo():     #函数的定义
    pass
```

3.2 循环结构

程序在一般情况下是按顺序执行的。编程语言提供了各种控制结构，允许更复杂的执行路径。循环语句允许用户执行一个语句或语句组多次，Python 提供了 for 循环和 while 循环(在 Python 中没有 do...while 循环)。

3.2.1 while 语句

Python 编程中 while 语句用于循环执行程序，即在某条件下，循环执行某段程序，以处理需要重复处理的相同任务。其语法格式如下：

```
while 判断条件:
    执行语句
```

执行语句可以是单个语句或语句块。判断条件可以是任何表达式，任何非零或非空的值均为 True。当判断条件为 False 时，循环结束。While 语句的流程图如图 3-4 所示。

同样，需要注意冒号和缩进。例如：

```
count = 0
while count < 5:
    print('The count is:', count)
    count = count + 1
print("Good bye!" )
```

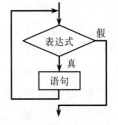

图 3-4　while 语句的流程图

程序运行结果：

```
The count is: 0
The count is: 1
The count is: 2
The count is: 3
The count is: 4
Good bye!
```

此外，while 语句"判断条件"还可以是个常值，表示循环必定成立。例如：

```
count = 0
while 1:                          #判断条件是常值1，表达式永远为 True
    print('The count is:', count)
    count = count + 1
print("Good bye!" )
```

这样就形成无限循环，可以借助后面学习的 break 语句结束循环。

【例 3-4】求 1+2+3+…+100。

分析：计算累加和需要两个变量，变量 sum 存放累加和，变量 counter 存放加数。重复将加数 counter 加到 sum 中。

程序代码：

```
sum = 0
counter = 1
while counter <= 100:
    sum = sum + counter
    counter += 1
print("1 到 100 之和为: ",sum)
```

程序运行结果：

```
1 到 100 之和为：5050
```

【例 3-5】输入一个非负整数，将其反向后输出。例如，输入 24789，变成 98742 输出。

分析：将整数的各位数字逐个分开，逐个输出。将整数各位数字分开的方法是，通过对 10 进行求余得到个位数输出，然后将整数缩小为 1/10，再求余，并重复上述过程，分别得到十位、百位……直到整数的值变成 0 为止。

程序代码：

```
n = int(input("输入一个数字："))
while n>0:
    print(n%10,end="")            #输出求余结果
    n=n//10                       #整数缩小 10 倍
```

程序运行结果：

```
输入一个数字：123↙    (输入 n 的值，↙表示回车)
321
```

【例 3-6】 输入两个正整数，求它们的最大公约数。

分析：求最大公约数可以用"辗转相除法"，方法如下。

（1）比较两数，并使 m 大于 n。

（2）将 m 作被除数，n 作除数，相除后余数为 r。

（3）循环判断 r，若 r=0，则 n 为最大公约数，结束循环。若 r≠0，执行步骤 m←n，n←r；将 m 作被除数，n 作除数，相除后余数为 r。

程序代码：

```
num1 = int(input("输入第一个数字："))      #用户输入两个数字
num2 = int(input("输入第二个数字："))
m = num1
n = num2
if m < n:                                 #m、n 交换值
    t = m
    m = n
    n = t
r = m % n                                 #求余数 r
while r!=0:
    m = n
    n = r
    r = m % n
print( num1,"和", num2,"的最大公约数为", n)
```

程序运行结果：

```
输入第一个数字：36↙
输入第二个数字：48↙
36 和 48 的最大公约数为 12
```

3.2.2 for 语句

for 语句可以遍历任何序列的项目，如一个列表、元组或者一个字符串。

● 微 课

for 语句

1. for 循环的语法

for 循环的语法格式如下：

```
for 循环索引值 in 序列:
    循环体
```

for 语句的执行过程：每次循环，判断循环索引值是否还在序列中，如果在，取出该值提供给循环体内的语句使用；如果不在，则结束循环。例如：

for 循环把字符串中的字符遍历出来。

```
for letter in 'Python':              # 第一个实例
    print( '当前字母 :', letter )
```

程序运行结果：

```
当前字母: P
当前字母: y
当前字母: t
```

```
当前字母: h
当前字母: o
当前字母: n
```

for 循环把列表中的元素遍历出来。例如：

```
fruits = ['banana', 'apple', 'mango']
for fruit in fruits:                      # 第二个实例
    print( '元素 :', fruit)
print( "Good bye!" )
```

会依次打印 fruits 中的每一个元素，程序运行结果：

```
元素: banana
元素: apple
元素: mango
Good bye!
```

【例 3-7】计算 1~10 的整数之和，可以用一个 sum 变量进行累加。
程序代码：

```
sum = 0
for x in [1, 2, 3, 4, 5, 6, 7, 8, 9, 10]:
    sum = sum + x
print(sum)
```

如果要计算 1~100 的整数之和，从 1 写到 100 有点困难。Python 的 range()内置函数可以生成一个整数序列，再通过 list()函数可以转换为 list 列表。

例如，range(0, 5)或 range(5)生成的序列是从 0 开始小于 5 的整数，不包括 5。例如：

```
>>> list(range(5))
[0, 1, 2, 3, 4]
```

range(1, 101)就可以生成 1~100 的整数序列，计算 1~100 的整数之和如下：

```
sum = 0
for x in range(1,101):
    sum = sum + x
print(sum)
```

2．通过索引循环

对于一个列表，另外一种执行循环的遍历方式是通过索引（元素下标）。例如：

```
fruits = ['banana', 'apple', 'mango']
for i in range(len(fruits)):
    print( '当前水果 :', fruits[i] )
print("Good bye!")
```

程序运行结果：

```
当前水果 : banana
当前水果 : apple
当前水果 : mango
Good bye!
```

以上实例使用了内置函数 len()和 range()，函数 len()返回列表的长度，即元素的个数。通过索引 i 访问每个元素 fruits[i]。

字典提供了内置函数 keys()、values()和 items()，可以获取字典中所有的"键"、"值"和

"键-值"对。返回值是一个可迭代对象。

【例 3-8】 现有一个字典存放学生学号和三门课程成绩：

```
dictScore={"101":[67,88,45],"102":[97,68,85],"103":[98,97,95],"104":[67,48,45],"105":[82,58,75],"106":[96,49,65]};#返回每一个学生学号和自己的平均分(保留2位小数)
dictScore={"101":[67,88,45],"102":[97,68,85],"103":[98,97,95],
          "104":[67,48,45],"105":[82,58,75],"106":[96,49,65]}
for xuehao in dictScore.keys():        #输出每个学生的学号
    print(xuehao)
for key,value in dictScore.items():    #输出每个学生的学号和平均分
    print( key,round(sum(value)/3,2))  #保留2位小数
```

3.2.3 continue 和 break 语句

break 语句在 while 循环和 for 循环中都可以使用，一般放在 if 选择结构中，一旦 break 语句被执行，将使得整个循环提前结束。

continue 语句的作用是终止当前循环，并忽略 continue 之后的语句，然后回到循环的顶端，提前进入下一次循环。

除非 break 语句让代码更简单或更清晰，否则不要轻易使用。

【例 3-9】 continue 和 break 用法示例。

程序代码：

```
# continue 和 break 用法
i = 1
while i < 10:
    i += 1
    if i%2 > 0:                    #非双数时跳过输出
        continue
    print(i)                       #输出双数 2、4、6、8、10
i = 1
while True:                        #循环条件为必定成立
    print(i)                       #输出 1~10
    i += 1
    if i > 10:                     #当 i 大于 10 时跳出循环
        break
```

3.2.4 循环嵌套

Python 语言允许在一个循环体中嵌入另一个循环。可以在循环体内嵌入其他的循环体，如在 while 循环中可以嵌入 for 循环；也可以在 for 循环中嵌入 while 循环。嵌套层次一般不超过 3 层，以保证可读性。其中双层循环是一种常用的循环嵌套，循环的次数等于内外层循环次数之积。

例如：

```
for i in range(1,3):               #外层循环
    for j in range(1,4):           #内层循环
        print(i*j, end=",")
```

当外层循环变量 i 的值为 1 时，内层循环 j 的值从 1 开始，输出 i*j 的值并依次递增，因

此输出"1,2,3,",内层循环执行结束;然后回到外层循环,i 的值递增为 2,内层循环变量 j 的值重新从 1 开始,并依次递增,输出"2,4,6,"。因此,程序的运行结果为"1,2,3,2,4,6,"。

注意:

(1) 循环嵌套时,外层循环和内层循环间是包含关系,即内层循环必须被完全包含在外层循环中。

(2) 当程序中出现循环嵌套时,程序每执行一次外层循环,则其内层循环必须循环所有的次数(即内层循环结束)后,才能进入到外层循环的下一次循环。

【例 3-10】打印九九乘法表。

分析:由于需要输出 9 行 9 列的二维数据,因此需要使用双重循环,外层循环用于控制行数,内层循环用于控制列数。为了规范输出格式,使用'\t'跳到下一个制表位。

程序代码:

```
for i in range(1,10):
    for j in range(1,i+1):
        print(i,'*',j,'=',i*j,end="\t")
    print("")                    #仅起换行作用
```

程序执行结果如图 3-5 所示。

```
1 * 1 = 1
2 * 1 = 2    2 * 2 = 4
3 * 1 = 3    3 * 2 = 6    3 * 3 = 9
4 * 1 = 4    4 * 2 = 8    4 * 3 = 12   4 * 4 = 16
5 * 1 = 5    5 * 2 = 10   5 * 3 = 15   5 * 4 = 20   5 * 5 = 25
6 * 1 = 6    6 * 2 = 12   6 * 3 = 18   6 * 4 = 24   6 * 5 = 30   6 * 6 = 36
7 * 1 = 7    7 * 2 = 14   7 * 3 = 21   7 * 4 = 28   7 * 5 = 35   7 * 6 = 42   7 * 7 = 49
8 * 1 = 8    8 * 2 = 16   8 * 3 = 24   8 * 4 = 32   8 * 5 = 40   8 * 6 = 48   8 * 7 = 56   8 * 8 = 64
9 * 1 = 9    9 * 2 = 18   9 * 3 = 27   9 * 4 = 36   9 * 5 = 45   9 * 6 = 54   9 * 7 = 63   9 * 8 = 72   9 * 9 = 81
```

图 3-5 九九乘法表

【例 3-11】输出 100~1000 之间的"水仙花数"。所谓水仙花数是指 1 个 n 位($n \geq 3$)的十进制数,其各位数字的立方和等于该数本身。例如,153 是水仙花数,因为 $153 = 1^3 + 5^3 + 3^3$。

程序代码:

```
for i in range(100,1000):
    ge = i % 10
    shi = i // 10 % 10
    bai = i // 100
    if ge**3+shi**3+bai**3 == i:
        print(i,end=" ")
```

程序运行结果:

```
153 370 371 407
```

【例 3-12】使用嵌套循环输出 2~100 之间的素数。

分析:素数是除 1 和本身,不能被其他任何整数整除的整数。判断一个数 m 是否为素数,只要依次用 2, 3, 4,…, m-1 做除数去除 m,只要有一个能被整除,m 就不是素数。

程序代码:

```
m=int(input("请输入一个整数"))
j = 2
while j <= m-1 :                #内层循环也可以替换成while j <= math.sqrt(m)
    if m%j==0: break            #退出循环
    j = j + 1
```

```
    if (j > m-1) :
        print(m, "是素数")
    else:
        print(m, "不是素数")
```

应用上述代码,对于一个非素数而言,判断过程往往很快可以结束。例如,判断 30009 时,因为该数能被 3 整除,所以只需判断就 j = 2,3 两种情况。而判断一个素数尤其是当该数较大时,例如判断30011,则要从就 j = 2, 3, 4, …, 一直判断到 30010 都不能被整除,才能得出其为素数的结论。实际上,只要从 2 判断到 $\sqrt{m}$ 即 math.sqrt(m),若 m 不能被其中任何一个数整除,则 m 即为素数。

```
#找出 100 以内的所有素数
import math                          #导入 math 数学模块
m = 2
while m < 100 :                      #外层循环
    j = 2
    while j <= math.sqrt(m) :        #内层循环,math.sqrt()是求平方根
        if m%j==0: break             #退出内层循环
        j = j + 1
    if (j > math.sqrt(m)) :
        print(m, "是素数")
    m = m + 1
print("Good bye!")
```

【例 3-13】使用嵌套循环输出如图 3-6 的金字塔图案。

图 3-6 金字塔图案

分析:观察图形包含 8 行,因此外层循环执行 8 次;每行内容由两部分组成:空格和星号。假设第 1 行星号在第 10 列,则第 i 行空格的数量 10-i,星号数量为 2*i-1。

```
for i in range(1,9):                 #外层循环
    for j in range(0,10-i):          #循环输出每行空格
        print(" ", end="")
    for j in range(0,2*i-1):         #循环输出每行星号
        print("*", end="")
    print("")                        #或者 print(),仅仅行换作用
```

也可以按如下方法实现:

```
for i in range(1,9):
    print(" "*(10-i), "*"*(2*i-1))   #使用重复运算符输出每行空格、星号
```

3.2.5 列表生成式

列表生成式(list comprehensions)是 Python 内置的一种极其强大的生成 list 列表的表达式。如果要生成一个 list[1,2,3,4,5,6,7,8,9]可以用 range(1, 10):

```
>>> L= list(range(1, 10))        #L是[1, 2, 3, 4, 5, 6, 7, 8, 9]
```

如果要生成[1×1，2×2，3×3，…，10×10]，可以使用循环：

```
>>> L= []
>>> for x in range(1 , 10):
        L.append(x*x)
>>> L
[1, 4, 9, 16, 25, 36, 49, 64, 81]
```

而列表生成式可以用以下语句代替以上的烦琐循环来完成：

```
>>> [x*x for x in range(1 , 11)]
[1, 4, 9, 16, 25, 36, 49, 64, 81, 100]
```

列表生成式的书写格式：把要生成的元素 x*x 放到前面，后面跟上 for 循环。这样就可以把 list 创建出来。for 循环后面还可以加上 if 判断，例如筛选出偶数的平方：

```
>>> [x*x for x in range(1 , 11) if x%2 == 0]
[4, 16, 36, 64, 100]
```

再如，把一个 list 列表中所有的字符串变成小写形式：

```
>>> L = ['Hello', 'World', 'IBM', 'Apple']
>>> [s.lower() for s in L]
['hello', 'world', 'ibm', 'apple']
```

当然，列表生成式也可以使用两层循环，例如生成'ABC'和'XYZ'中字母的全部组合：

```
>>> print([m + n for m in 'ABC' for n in 'XYZ'])
['AX', 'AY', 'AZ', 'BX', 'BY', 'BZ', 'CX', 'CY', 'CZ']
```

再例如，生成所有扑克牌的列表。

```
>>> color=["草花","方块","红桃","黑桃"]
>>> rank=["A","2","3","4","5","6","7","8","9","10","J","Q","K"]
>>> print( [m + n for m in color for n in rank])
['草花A', '草花2', '草花3', '草花4', '草花5', '草花6', '草花7', '草花8', '草花9', '草花10', '草花J', '草花Q', '草花K', '方块A', '方块2', '方块3', '方块4', '方块5', '方块6', '方块7', '方块8', '方块9', '方块10', '方块J', '方块Q', '方块K', '红桃A', '红桃2', '红桃3', '红桃4', '红桃5', '红桃6', '红桃7', '红桃8', '红桃9', '红桃10', '红桃J', '红桃Q', '红桃K', '黑桃A', '黑桃2', '黑桃3', '黑桃4', '黑桃5', '黑桃6', '黑桃7', '黑桃8', '黑桃9', '黑桃10', '黑桃J', '黑桃Q', '黑桃K']
```

for 循环其实可以同时使用两个甚至多个变量，例如字典（Dict）的 items()可以同时迭代 key 和 value：

```
>>> d = {'x': 'A', 'y': 'B', 'z': 'C' }   #字典
>>> for k, v in d.items():
        print(k, '键=', v, endl=';')
```

程序运行结果：

y 键= B; x 键= A; z 键= C;

因此，列表生成式也可以使用两个变量来生成 list 列表：

```
>>> d = {'x': 'A', 'y': 'B', 'z': 'C' }
>>> [k + '=' + v for k, v in d.items()]
['y=B', 'x=A', 'z=C']
```

实际上，Python不仅有列表生成式生成列表，还具有字典生成式（推导式）（dictionary comprehension）功能，它类似于列表生成式，但用于生成字典。字典生成式使用的是大括号{}。

```
>>> squares = {x: x**2 for x in range(1,10)}     #注意字典生成式是{}
>>> print(squares)          #输出：{1: 1, 2: 4, 3: 9, 4: 16, 5: 25, 6: 36, 7: 49, 8: 64, 9: 81}
>>> persons = [('夏敏捷','副教授'),('王琳','讲师'),('周海','副教授')]
>>> personnel_dict = {name: title for name, title in persons}    #生成字典
>>> personnel_dict
{'夏敏捷': '副教授', '王琳': '讲师', '周海': '副教授'}
```

如果有两个列表，一个包含姓名（names），另一个包含对应的职称（titles），则可以使用字典推导式生成一个字典，其中键（key）是姓名，值（value）是对应的职称。具体实例如下：

```
>>>names = ['夏敏捷','王琳','周海']                #姓名列表
>>>titles = ['副教授','讲师','副教授']              #对应的职称列表
>>>personnel_dict = {name: title for name, title in zip(names, titles)}
                                                #使用字典推导式生成字典
>>>print(personnel_dict)
{'夏敏捷': '副教授', '王琳': '讲师', '周海': '副教授'}
```

在这个实例中，zip(names,titles)函数将两个列表names和titles合并为一个元组的迭代器，其中每个元组包含一对姓名和职称，类似前面例子中的persons。然后，字典推导式遍历这个迭代器，将每个元组的第一个元素（姓名）作为键，第二个元素（职称）作为值，来构建字典。这种方法非常适合于处理两个长度相同且元素按顺序一一对应的列表。如果列表长度不匹配，zip()函数会在达到最短的列表末尾时停止。

注意：Python官方标准库中并没有直接称为"元组生成式（推导式）"的语法结构，然而，可以通过生成器表达式（generator expression）创建元组的序列，例如：

```
>>> squares = (x**2 for x in range(1,10) )  # squares是一个生成器，而不是元组
>>> squares
<generator object <genexpr> at 0x000001BA9CDFFB30>
>>> tuple(squares)                          #转换成元组
(1, 4, 9, 16, 25, 36, 49, 64, 81)
```

3.3 常用算法及应用实例

3.3.1 累加与累乘

累加与累乘是最常见的一类算法，这类算法就是在原有的基础上不断地加上或乘以一个新数。如求 1+2+3+…+n，求 n 的阶乘，计算某个数列前 n 项的和，以及计算一个级数的近似值等。

【例 3-14】 求自然对数 e 的近似值，近似公式为：

$$e=1+ 1/1!+ 1/2!+ 1/3!+\cdots+ 1/n!$$

分析：这是一个收敛级数，可以通过求其前 n 项和来实现近似计算。通常该类问题会给出一个计算误差，例如，可设定当某项的值小于 10^{-5} 时停止计算。

此题既涉及累加，也包含了累乘，程序如下：

```
i = 1
p = 1
sum_e = 1
t=1/p
while t>0.00001:
    p=p*i                    # 计算i的阶乘
    t=1/p
    sum_e=sum_e+t
    i = i + 1                #为计算下一项作准备
print("自然对数e的近似值",sum_e)
```

运行结果：

```
自然对数e的近似值 2.7182815255731922
```

3.3.2 求最大数和最小数

求数据中的最大数和最小数的算法是类似的，可采用"打擂"算法。以求最大数为例，可先用其中第一个数作为最大数，再用其与其他数逐个比较，并用找到的较大的数替换为最大数。

【例3-15】求区间[100, 200]内10个随机整数中的最大数。

分析：本题随机产生整数，所以引入 random 模块随机数函数，其中 random.randrange()可以从指定范围内获取一个随机数。比如：

```
random. randrange(6)              #从0到5中随机挑选一个整数，不包括数字6
random. randrange(2,6)            #从2到5中随机挑选一个整数，不包括数字6
```

例如：

```
import random
x=random.randrange(100,201)       #产生一个[100，200]之间的随机数x
maxn = x                          #设定最大数
print(x,end=" ")
for i in range(2, 11):
    x=random. randrange(100,201)  #再产生一个[100，200]之间的随机数x
    print(x,end=" ")
    if x > maxn :
        maxn = x;                 #若新产生的随机数大于最大数，则进行替换
print("最大数: ",maxn)
```

程序运行结果：

```
185 173 112 159 116 168 111 107 190 188 最大数:  190
```

当然在Python中求最大数有相应的函数max(序列)，例如：

```
print("最大数: ",max([185,173, 112, 159, 116, 168, 111, 107, 190, 188])) #求序列最大数
```

运行结果是：

```
最大数:  190
```

所以上例可以修改如下：

```
import random
a = []                            #列表
```

```
for i  in range(1, 11):
    x=random.randrange(100,201)          #产生一个[100，200]之间的随机数 x
    print(x,end=" ")
    a.append(x)
print("最大数: ",max(a))
```

3.3.3 枚举法

枚举法又称穷举法，此算法将所有可能出现的情况一一进行测试，从中找出符合条件的所有结果。如计算"百钱买百鸡"问题，又如列出满足 x*y=100 的所有组合等。

【例 3-16】公鸡每只 5 元，母鸡每只 3 元，小鸡 3 只 1 元，现要求用 100 元钱买 100 只鸡，问公鸡、母鸡和小鸡各买几只？

分析：设公鸡 x 只，母鸡 y 只，小鸡 z 只。根据题意可列出以下方程组：

$$\begin{cases} x+y+z=100 \\ 5x+3y+z/3=100 \end{cases}$$

由于 2 个方程式中有 3 个未知数，属于无法直接求解的不定方程，故可采用"枚举法"进行试根，即逐一测试各种可能的 x、y、z 组合，并输出符合条件者。

```
for x in range(0, 100):
    for y in range(0, 100):
        z = 100-x-y
        if z >= 0 and 5*x+3*y+z/3 == 100 :
            print('公鸡%d 只，母鸡%d 只，小鸡%d 只'%(x, y, z))
```

运行结果：

```
公鸡 0 只，母鸡 25 只，小鸡 75 只
公鸡 4 只，母鸡 18 只，小鸡 78 只
公鸡 8 只，母鸡 11 只，小鸡 81 只
公鸡 12 只，母鸡 4 只，小鸡 84 只
```

【例 3-17】编写程序，输出由 1、2、3、4 这四个数字组成的每位数都不相同的所有三位数。

```
digits = (1, 2, 3, 4)
for i in digits:
    for j in digits:
        for k in digits:
            if i!=j and j!=k and i!=k:
                print(i*100+j*10+k)
```

3.3.4 递推与迭代

1. 递推

利用递推算法或迭代算法，可以将一个复杂的问题转换为一个简单过程的重复执行。这两种算法的共同特点是，通过前一项的计算结果推出后一项。不同的是，递推算法不存在变量的自我更迭，而迭代算法则在每次循环中用变量的新值取代其原值。

【例 3-18】输出斐波那契（Fibonacci）数列的前 20 项。该数列的第 1 项和第 2 项为 1，从第 3 项开始，每一项均为其前面 2 项之和，即 1，1，2，3，5，8，…。

分析：设数列中相邻的 3 项分别为变量 f1、f2 和 f3，则有如下递推算法：

（1）f1 和 f2 的初值为 1。

（2）每次执行循环，用f1和f2产生后项，即f3 = f1 + f2。

（3）通过递推产生新的f1和f2，即f1 = f2，f2 = f3。

（4）如果未达到规定的循环次数，返回步骤2；否则停止计算。

```
f1=1
f2=1
print("1:", f1)
print("2:", f2)
for i  in range(3, 21):
    f3 = f1 + f2           #递推公式
    print(i,":",f3)
    f1 = f2
    f2 = f3
```

说明：解决递推问题必须具备两个条件，即初始条件和递推公式。本题的初始条件为f1=1和f2=1，递推公式：f3=f1+f2，f1=f2，f2=f3。

【例3-19】有一分数序列：2/1，3/2，5/3，8/5，13/8，21/13，…求出这个数列的前20项之和。

分析：注意分子与分母的变化规律，可知后项分母为前项分子，后项分子为前项分子分母之和。

```
number=20
a=2
b=1
s=0
for n in range(1,number+1):
    s=s+a/b
    t=a         #以下三句是程序的关键
    a=a+b
    b=t
print(s)
```

2. 迭代

迭代法又称辗转法，是一种不断用变量的旧值递推新值的过程。迭代算法是用计算机解决问题的一种基本方法。它利用计算机运算速度快、适合做重复性操作的特点，让计算机对一组指令（或一定步骤）进行重复执行，在每次执行这组指令（或这些步骤）时，都从变量的原值推出它的一个新值。

【例3-20】迭代法求 a 的平方根。求平方根的公式为：$x_{n+1}= (x_n+a/x_n) /2$，求出的平方根精度是前后项差绝对值小于 10^{-5}。

分析：迭代法求 a 的平方根算法如下：

（1）设定一个 x 的初值 x0（在如下程序中取 x0=a/2）。

（2）用求平方根的公式 x1= (x0+a/x0) /2 求出 x 的下一个值 x1；求出 x1 可以肯定与真正的平方根相比，误差很大。

（3）判断 x1–x0 的绝对值是否满足大于 10^{-5}，如果满足，则将 x1 作为 x0，重新求出新x1，如此继续下去，直到前后两次求出的 x 值（x1 和 x0）满足小于 10^{-5}。

```
a=int(input("Input a positive number:"))    #输入被开方数
x0 = a / 2                                  #任取的初值
```

```
    x1 = (x0 + a / x0) / 2              #x0, x1; 分别代表前一项和后一项
    while abs(x1 - x0)>0.00001 :         #abs(x)函数用来求参数 x 绝对值
        x0 = x1
        x1 = (x0 + a / x0) / 2
    print("The square root is: " , x0)
```

程序运行结果：

```
Input a positive number:2
The square root is:    1.4142137800471977
```

3.4 程序的异常处理

程序在运行过程中总会遇到一些问题，例如，设计师要求输入数值数据，用户输入字符串数据，这样必导致严重错误，这些错误统称异常。异常又称例外，是在程序运行中发生的、会打断程序正常执行的事件。Python 提供了 try...except...finally 程序异常处理语句。

有时候程序会出现一些错误或异常，导致程序中止。例如，做除法时，除数为 0，会引起一个 ZeroDivisionError。例如：

```
a = 10
b = 0
c = a / b
print("done")
```

程序运行结果：

```
Traceback (most recent call last):
  File "C:/openfile.py", line 3, in <module>
    c=a/b
    ZeroDivisionError: integer division or modulo by zero
```

运行时程序因为 ZeroDivisionError 而中断了，语句 print("done")没有运行。为了保证程序运行的稳定性，这类运行异常错误应该被程序捕获并合理控制。Python 提供 try...except...finally 机制处理异常，语法格式如下：

```
try:
    可能触发异常的语句块
except [exceptionType]:
    捕获可能触发的异常[可以指定处理的异常类型]
except [exceptionType][,data]:
    捕获异常并获取附加数据
except:
    没有指定异常类型，捕获任意异常
[else:
    没有触发异常时，执行的语句块]
[finally:
    无论异常是否发生都要执行的语句块]
```

try...except 的工作过程如下：

（1）执行一个 try 语句块时，当出现异常后，则向下匹配执行第一个与该异常匹配的 except 子句，如果没有找到与异常匹配的 except 子句（也可以不指定异常类型）将结束程序。

更改上面的代码：

```
a = 10
b = 0
try:
    c = a / b
    print(c)
except ZeroDivisionError,e:            #处理ZeroDivisionError异常
    print(e.message)
print("done")
```

程序运行结果：

```
integer division or modulo by zero
done
```

这样一来，程序就不会因为异常而中断，从而 print("done")语句正常执行。

开发程序时把可能发生错误的语句放在 try 模块里，用 except 来处理异常。except 可以处理一个专门的异常，也可以处理一组圆括号中的异常，如果 except 后没有指定异常，则默认处理所有异常。每一个 try，都必须至少有一个 except。

（2）如果在 try 语句块执行时没有发生异常，Python 将执行 else 中的语句，注意 else 语句是可选的，不是必需的。例如：

```
a = 10
b = 0
try:
    c = b / a
    print c
except(IOError,ZeroDivisionError),x:
    print(x)
else:
    print("no error")
print("done")
```

程序运行结果为：

```
0
no error
done
```

其中 IOError 是输入输出操作失败异常类，ZeroDivisionError 除（或取模）零异常类。

（3）不管异常是否发生，在程序结束前，finally 中的语句都会被执行。

```
a = 10
b = 0
try:
    print(a/b)
except:
    print("error")
finally:
    print("always excute")
```

程序运行结果：

```
error
always excute
```

3.5 游戏初步——猜单词游戏

【**案例**】游戏初步——猜单词游戏。计算机随机产生一个单词，打乱字母顺序，供玩家去猜。

分析：游戏中需要随机产生单词及随机数字，所以引入 random 模块随机数函数，其中 random.choice()可以从序列中随机选取元素。例如：

```
#创建单词序列
WORDS = ("python", "jumble", "easy", "difficult", "answer", "continue"
        , "phone", "position", "pose", "game")
# 从序列中随机挑出一个单词
word = random.choice(WORDS)
```

游戏中随机挑出一个单词 word 后，如何把单词 word 的字母顺序打乱，方法是随机从单词字符串中选择一个位置 position，把 position 位置的字母加入乱序后的单词 jumble，同时将原单词 word 中 position 位置的字母删去(通过连接 position 位置前字符串和其后字符串实现)。通过多次循环就可以产生新的乱序后的单词 jumble。

● 微 课
猜单词游戏

```
while word:      #word 不是空串循环
    #根据 word 长度，产生 word 的随机位置
    position = random.randrange(len(word))
    #将 position 位置字母组合到乱序后的单词
    jumble += word[position]
    #通过切片，将 position 位置字母从原单词中删除
    word = word[:position] + word[(position + 1):]
print("乱序后单词:", jumble)
```

猜单词游戏的程序代码如下：

```
# Word Jumble 猜单词游戏
import random
#创建单词序列
WORDS = ("python", "jumble", "easy", "difficult", "answer", "continue",
        "phone", "position", "pose", "game")
# start the game
print(
"""
    欢迎参加猜单词游戏
   把字母组合成一个正确的单词
"""
)
iscontinue="y"
while iscontinue=="y" or iscontinue=="Y":
    # 从序列中随机挑出一个单词
    word = random.choice(WORDS)
    #一个用于判断玩家是否猜对的变量
    correct = word
    #创建乱序后单词
    jumble =""
    while word:              #word 不是空串时循环
```

```
            #根据word长度，产生word的随机位置
            position = random.randrange(len(word))
            #将position位置字母组合到乱序后单词
            jumble += word[position]
            #通过切片，将position位置字母从原单词中删除
            word = word[:position] + word[(position + 1):]
        print("乱序后单词:", jumble)
        guess = input("\n请你猜: ")
        while guess != correct and guess != "":
            print("对不起不正确.")
            guess = input("继续猜: ")

        if guess == correct:
            print("真棒，你猜对了!\n")
        iscontinue=input("\n\n是否继续（Y/N）: ")
```

程序运行结果：

```
      欢迎参加猜单词游戏
   把字母组合成一个正确的单词
乱序后单词: yaes
请你猜: easy
真棒，你猜对了!
是否继续（Y/N）: y
乱序后单词: diufctlfi
请你猜: difficutl
对不起不正确.
继续猜: difficult
真棒，你猜对了!
是否继续（Y/N）: n
>>>
```

习 题

1. 输入一个整数 n，判断其能否同时被 5 和 7 整除，若能则输出"××能同时被 5 和 7 整除"，否则输出"××不能同时被 5 和 7 整除"。要求"××"为输入的具体数据。

2. 输入一个百分制的成绩，经判断后输出该成绩的对应等级。其中，90 分以上为"A"，80～89 分为"B"，70～79 分为"C"，60～69 分为"D"，60 分以下为"E"。

3. 某百货公司为了促销，采用购物打折的办法。1 000 元以上者，按九五折优惠；2 000 元以上者，按九折优惠；3 000 元以上者，按八五折优惠；5 000 元以上者，按八折优惠。编写程序，输入购物款数，计算并输出优惠价。

4. 编写一个求整数 n 阶乘（$n!$）的程序。

5. 利用循环创建一个包含 10 个奇数的列表，并计算该列表的和与平均值。

6. 编写程序，计算下列公式中 s 的值（n 是运行程序时输入的一个正整数）。

$s = 1 + (1 + 2) + (1 + 2 + 3) + \cdots + (1 + 2 + 3 + \cdots + n)$

$s = 1^2 + 2^2 + 3^2 + \cdots + (10 \times n+2)$

$s = 1 \times 2 - 2 \times 3 + 3 \times 4 - 4 \times 5 + \cdots + (-1)^{(n-1)} \times n \times (n+1)$

7. "百马百瓦问题"：有 100 匹马驮 100 块瓦，大马驮 3 块，小马驮 2 块，两个马驹驮 1

块。问大马、小马、马驹各有多少匹？

8. 有一个数列，其前三项分别为 1、2、3，从第四项开始，每项均为其相邻的前三项之和的 1/2，问：该数列从第几项开始，其数值超过 1 200？

9. 找出 1 与 100 之间的全部"同构数"。"同构数"是这样一种数，它出现在它的平方数的右端。例如，5 的平方是 25，5 是 25 中右端的数，5 就是同构数，25 也是一个同构数，它的平方是 625。

10. 输入一个字符串，然后依次显示该字符串的每个字符以及该字符的 ASCII 码。

11. 开发猜数字小游戏。计算机随机生成 100 以内的数字，玩家去猜，如果猜的数字过大或过小都会给出提示，直到猜中该数，显示"恭喜！你猜对了"，同时要统计玩家猜的次数。

12. 数字重复统计问题。(1) 随机生成 1 000 个整数，数字的范围[20，100]；(2)升序输出所有不同的数字及其每个数字重复的次数。

13. 求每个学生的平均成绩，结果保留 1 位小数。
学生成绩 s={"Teddy":[100,90,90],"Sandy":[100,90,80],"Elmo":[90,90,80]}
输出结果为： {'Teddy': 93.3, 'Sandy': 90, 'Elmo': 86.7}

14. 现有一个字典存放学生学号和三门课程成绩：
dictScore={"101":[67,88,45],"102":[97,68,85],"103":[98,97,95],"104":[67,48,45],"105":[82,58,75],"106":[96,49,65]}
返回每一个学生学号和自己的最高分。

15. 趣味数学问题。编程找出 3 个 3 位数，它们分别是某 3 个两位数的平方，且 1~9 这 9 个数字在这 3 位数中只允许出现一次。

实验三　选择结构与循环结构

一、实验目的

（1）掌握 Python 中的算术运算符、关系运算符、逻辑运算符。
（2）掌握 if 单分支结构、if...else 双分支结构、if...elif 多分支结构的用法。
（3）掌握 if 语句嵌套用法。
（4）掌握 for 循环、while 循环的遍历用法。
（5）掌握循环的嵌套用法。

二、实验内容

（1）空气质量问题一直是社会所关注的，一种简化的判别空气质量的模式如下：PM2.5 数值 0~35 为优，35~75 为良，75 以上为污染。编写程序实现如下功能：输入 PM2.5 的值，输出当日的空气质量情况。

（2）编写程序，实现分段函数的计算，分段函数如下：

$$y = \begin{cases} 0, & x < 5 \\ 5x - 25, & 5 \leqslant x < 10 \\ (x-5)^2, & x \geqslant 10 \end{cases}$$

（3）编写程序，功能如下：判断输入的一个整数能否同时被 2 和 3 整除，若能，则输出"Yes"；否则输出"No"。

（4）编写程序，找出 15 个由 1、2、3、4 四个数字组成的各位不相同的三位数（如 123、341，反例如 442、333），要求用 break 控制个数。

（5）编写程序，删除列表中的重复元素。

（6）现有一个字典存放学生学号和成绩，成绩列表的三个数据分别是学生的语文、数学和英语成绩，编写程序，求每个学生的平均成绩。

学生成绩：s={"Teddy":[100,90,90],"Sandy":[100,90,80],"Elmo":[90,90,80]}

输出结果为：{'Teddy': 93, 'Sandy': 90, 'Elmo': 86}

第 4 章 Python 函数与模块

到目前为止，所编写的代码都是以一个代码块的形式出现的。当某些任务（例如求一个数的阶乘）需要在一个程序中不同位置重复执行时，这样造成代码的重复率高，应用程序代码烦琐。解决这个问题的方法就是使用函数。无论在哪门编程语言中，函数（在类中称作方法，意义是相同的）都扮演着至关重要的角色。模块是 Python 的代码组织单元，它将函数、类和数据封装起来以便重用，往往对应 Python 程序文件。Python 标准库和第三方提供了大量的模块。

4.1 函数的定义和使用

在 Python 程序开发过程中，可将完成某一特定功能并经常使用的代码编写成函数，放在函数库（模块）中供大家在需要使用时直接调用。开发人员要善于使用函数，以提高编码效率，减少编写程序段的工作量。

4.1.1 函数的定义

微 课
函数的定义

在某些编程语言当中，函数声明和函数定义是区分开的（在这些编程语言当中函数声明和函数定义可以出现在不同的文件中，如 C 语言），但是在 Python 中，函数声明和函数定义是视为一体的。在 Python 中，函数定义的语法格式如下：

```
def  函数名(函数参数)：
    函数体
    return 表达式或者值
```

在这里说明几点：

（1）在 Python 中采用 def 关键字进行函数的定义，不用指定返回值的类型。

（2）函数参数可以是零个、一个或者多个，同样，函数参数也不用指定参数类型，因为在 Python 中变量都是弱类型的，Python 会自动根据值来维护其类型。

（3）Python 函数的定义中缩进部分是函数体。

（4）函数的返回值是通过函数中的 return 语句获得的。return 语句是可选的，它可以在函数体内任何地方出现，表示函数调用执行到此结束；如果没有 return 语句，会自动返回 None（空值），如果有 return 语句，但是 return 后面没有接表达式或者值，也返回 None（空值）。

下面定义三个函数：

```
def printHello():                    #打印'hello'字符串
    print('hello')

def printNum():                      #输出 0～9 数字
    for i in range(0,10):
        print(i)
    return

def add(a,b):                        #实现两个数的和
    return a+b
```

4.1.2 函数的使用

在定义了函数之后，就可以使用该函数，但是在 Python 中要注意一个问题，就是在 Python 中不允许前向引用，即在函数定义之前，不允许调用该函数。例如：

```
print(add(1,2))
def add(a,b):
    return a+b
```

运行这段程序会出现错误提示：

```
Traceback (most recent call last):
  File "C:/Users/xmj/4-1.py", line 1, in <module>
    print(add(1,2))
NameError: name 'add' is not defined
```

从提示可知，名为 add 的函数未进行定义，所以在任何时候调用某个函数，必须确保其定义在调用之前。

【例 4-1】编写函数实现最大公约数算法，通过函数调用代码实现求最大公约数。

分析：这里求两个数 x、y 最大公约数的算法是遍历法。循环变量 i 从 1 到 x，y 中较小值，用 x、y 同时去除以 i，如果能整除则赋值给 hcf；最后返回最大的 hcf（最后一次赋值最大）。

程序代码：

```
# Filename : 4-1.py
# 定义一个函数
def hcf(x, y):
    """该函数返回两个数的最大公约数"""
    # 获取最小值
    if x > y:
        smaller = y
    else:
        smaller = x
    for i in range(1,smaller + 1):
        if((x % i == 0) and (y % i == 0)):   #x、y同时整除i，则i是最大公约数
            hcf = i
    return hcf
# 用户输入两个数字
num1 = int(input("输入第一个数字："))
num2 = int(input("输入第二个数字："))
print( num1,"和", num2,"的最大公约数为", hcf(num1, num2))
# hcf(num1, num2)函数调用
```

程序运行结果：

```
输入第一个数字：54
输入第二个数字：24
54 和 24 的最大公约数为 6
```

【例 4-2】编写函数，计算形式如 a + aa + aaa + aaaa +…+ aaa…aaa 的表达式的值，其中 a 为小于 10 的自然数。例如，2+22+222+2222+22222（此时 n=5），a、n 由用户从键盘输入。

分析：关键是计算出求和中每一项的值。容易看出每一项都是前一项扩大 10 倍后加 a。

程序代码：

```
def sum (a, n):
    result, t = 0, 0        #同时将 result、t 赋值为 0，这种形式比较简洁
    for i in range(n):
        t = t*10 + a
        result += t
    return result
# 用户输入两个数字
a = int(input("输入 a: "))
n = int(input("输入 n: "))
print(sum(a, n))
```

程序运行结果：

```
输入 a: 2✓
输入 n: 5✓
24690
```

4.1.3　lambda 表达式

lambda 表达式可以用来声明匿名函数，即没有函数名字的临时使用的函数，只可以包含一个表达式，且该表达式的计算结果为函数的返回值；不允许包含其他复杂的语句，但在表达式中可以调用其他函数。例如：

```
f=lambda x,y,z:x+y+z
print(f(1,2,3))
```

程序运行结果：

```
6
```

等价于定义：

```
def f(x,y,z):
    return x+y+z
print(f(1,2,3))
```

可以将 lambda 表达式作为列表的元素，从而实现跳转表的功能，也就是函数的列表。lambda 表达式列表的定义方法如下：

```
列表名 = [(lambda 表达式1), (lambda 表达式2), …]
```

调用列表中 lambda 表达式的方法如下：

```
列表名[索引](lambda 表达式的参数列表)
```

例如：
```
L=[(lambda x:x**2),(lambda x:x**3),(lambda x:x**4)]
print(L[0](2),L[1](2),L[2](2))
```
程序分别计算并打印 2 的平方、立方和四次方。程序运行结果：
```
4 8 16
```

【例 4-3】借助 lambda 函数指定排序关键字实现列表元素排序。每个列表元素有三个数据，分别是姓名、学号和成绩，分别按姓名、学号和成绩排序。

```
score = [['Angle', '200106',99], ['Jack', '200107',86], ['Tom', '200109',65], ['Smith', '200111', 100], ['Bob', '200115',77], ['Lily', '200117', 59]]
print('按姓名排序')
print(sorted(score, key=lambda x:x[0]))    #按元素中序号为 0 的数据排序
print('按学号排序')
print(sorted(score, key=lambda x:x[1]))    #按元素中序号为 1 的数据排序
print('按成绩排序')
print(sorted(score, key=lambda x:x[2]))    #按元素中序号为 2 的数据排序
```

sorted(list,key=None,reverse=False)参数 key 可以接收一个函数（仅有一个参数）来实现自定义排序。参数 key 用于从每个元素中提取一个用于比较的关键字。默认值为 None，表示直接比较元素本身。

4.1.4 函数的返回值

函数使用 return 返回值，也可以将 lambda 表达式作为函数的返回值。

【例 4-4】定义一个函数 math()。当参数 k 等于 1 时返回计算加法的 lambda 表达式；当参数 k 等于 2 时返回计算减法的 lambda 表达式；当参数 k 等于 3 时返回计算乘法的 lambda 表达式；当参数 k 等于 4 时返回计算除法的 lambda 表达式。

程序代码：
```
def math(k):
    if(k == 1):
        return lambda x,y : x + y
    if(k == 2):
        return lambda x,y : x - y
    if(k == 3):
        return lambda x,y : x * y
    if(k == 4):
        return lambda x,y : x / y
#调用函数
action = math(1)                #返回加法 lambda 表达式
print("10+2=",action(10,2))
action = math(2)                #返回减法 lambda 表达式
print("10-2=",action(10,2))
action = math(3)                #返回乘法 lambda 表达式
print("10*2=,=",action(10,2))
action = math(4)                #返回除法 lambda 表达式
print("10/2=,=",action(10,2))
```

程序运行结果：

```
10+2= 12
10-2= 8
10*2= 20
10/2= 5.0
```

最后需要补充一点：Python 中的函数是可以返回多个值的，如果返回多个值，会将多个值放在一个元组或者其他类型的集合中来返回。

```
def function():
    x=2
    y=[3,4]
    return (x,y)
print(function())
```

程序运行结果：

```
(2, [3, 4])
```

【例 4-5】编写函数实现求字符串中大写、小写字母的个数。

分析：需要返回大写、小写字母的个数，返回 2 个数，所以使用列表返回。

程序代码：

```
def demo(s):
    result = [0,0]
    for ch in s:
        if 'a' <= ch <= 'z':
            result[1] += 1
        elif 'A' <= ch <= 'Z':
            result[0] += 1
    return result                    #返回列表
print(demo('aaaabbbbC'))
```

程序运行结果：

```
[1, 8]
```

4.2 函数参数

函数参数

在学习 Python 语言函数的时候，遇到的问题主要有形参和实参的区别、参数的传递和改变、变量的作用域，下面逐一进行讲解。

4.2.1 函数形参和实参的区别

形参全称为形式参数，在用 def 关键字定义函数时函数名后面括号里的变量称为形式参数。实参全称为实际参数，在调用函数时提供的值或者变量称为实际参数。例如：

```
#这里的 a 和 b 就是形参
def add(a,b):
    return a+b
#下面是调用函数
add(1,2)                            #这里的 1 和 2 是实参
x=2
y=3
add(x,y)                            #这里的 x 和 y 是实参
```

4.2.2 参数的传递

在大多数高级语言当中，对参数的传递方式的理解一直是难点和重点，因为它理解起来并不是那么直观明了，但是如果不理解在编写程序时又极容易出错。下面探讨一下 Python 中的函数参数的传递问题。

首先在讨论这个问题之前，需要明确一点，即在 Python 中一切皆对象，变量中存放的是对象的引用。在 Python 中，之前经常用到的字符串常量、整型常量都是对象。例如：

```
x=2
y=2
print(id(2))
print(id(x))
print(id(y))
z='hello'
print(id('hello'))
print(id(z))
```

程序运行结果：

```
1353830160
1353830160
1353830160
51231464
51231464
```

先解释一下函数 id() 的作用。id(object) 函数是返回对象 object 的 id 标识（在内存中的地址），id 函数的参数类型是一个对象，因此对于这个语句 id(2) 没有报错，就可以知道 2 在这里是一个对象。

从结果可以看出，id(x)、id(y) 和 id(2) 的值是一样的，id(z) 和 id('hello') 的值也是一样的。

在 Python 中一切皆对象，像 2、'hello' 这样的值都是对象，只不过 2 是一个整型对象，而 'hello' 是一个字符串对象。上面的 x=2，在 Python 中实际的处理过程是这样的：先申请一段内存分配给一个整型对象来存储整型值 2，然后让变量 x 去指向这个对象，实际上就是指向这段内存（这里和 C 语言中的指针类似）。而 id(2) 和 id(x) 的结果一样，说明 id() 函数在作用于变量时，其返回的是变量指向的对象的地址。在这里可以将 x 看成是对象 2 的一个引用。同理 y=2，变量 y 也指向这个整型对象 2，如图 4-1 所示。

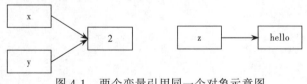

图 4-1　两个变量引用同一个对象示意图

假如执行：

```
x=2        #右边是实实在在的对象，是存在于内存中的
y=x        #右边是一个已经存在的变量，注意它只是个引用，y 也指向这个整型对象 2
x=3
```

则 y 仍指向整型对象 2，而 x 指向整型对象 3。

在使用字典或者列表时，请注意修改它们的值会影响引用它们的变量的值。

```
a=[1,2,3,4,5]
b=a
```

```
a[0]=3
print(b)            #输出[3, 2, 3, 4, 5]
```

由于 a、b 指向同一列表对象,所以 a 列表改变,b 列表也改变。

下面讨论一下函数的参数传递问题。

Python 参数传递采用的是"传对象引用"的方式。如果函数收到的是一个可变对象(比如字典或者列表)的引用,就能修改对象的原始值。如果函数收到的是一个不可变对象(比如数字、字符串或者元组等)的引用,就不能直接修改原始对象。

1. 实参指向不可变对象

在 Python 中实参指向不可变对象,参数传递采用的是值传递,这和 C 语言有点类似。在函数内部直接修改形参的值,实参指向的对象也不会发生变化。例如:

```
def addOne(a):
    a += 1
    print(a)        #输出 4
a = 3
addOne(a)
print(a)            #输出 3
```

变量存储的是引用(对象的内存地址),对变量重新赋值,相当于修改了变量存储的内存地址,在函数体之外的变量,依旧存储的是原来的内存地址,其值自然没有发生改变。

2. 实参指向可变对象

在实参指向可变对象时,可以在函数内部修改实参指向的对象。当传的是字典、列表(list)时,如果是重新对其进行赋值,则不会改变函数外实参的值,如果是对其进行操作,则会改变实参的值。例如:

```
def modify1(m,K):
    m=2
    K=[4,5,6]           #重新对 K 进行赋值,则不会改变函数外实参的值
    return

def modify2(m,K):
    m=2
    K[0]=0              #同时修改了实参的内容
    return
#主程序
n=100
L=[1,2,3]
modify1(n,L)
print(n)
print(L)
modify2(n,L)
print(n)
print(L)
```

程序运行结果:

```
100
[1, 2, 3]
100
[0, 2, 3]
```

从结果可以看出,执行 modify1()之后,n 和 L 都没有发生任何改变;执行 modify2()后,n

还是没有改变，L 发生了改变。因为在 Python 中参数传递采用的是值传递方式，在执行函数 modify1()时，先获取 n 和 L 对象的 id()值，然后为形参 m 和 K 分配空间，让 m 和 K 分别指向对象 100 和对象[1,2,3]。m=2 让 m 重新指向对象 2，而 K=[4,5,6]让 K 重新指向对象[4,5,6]。这种改变并不会影响到实参 n 和 L，所以在执行 modify1()之后，n 和 L 没有发生任何改变。

在执行函数 modify2()时，同理，让 m 和 K 分别指向对象 2 和对象[1,2,3]，然而 K[0]=0 让 K[0]重新指向了对象 0（注意这里 K 和 L 指向的是同一段内存），所以对 K 指向的内存数据进行的任何改变也会影响到 L，因此在执行 modify2()后，L 发生了改变，如图 4-2 所示。

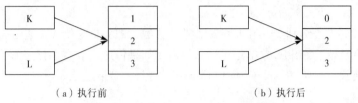

（a）执行前　　　　　　　　　（b）执行后

图 4-2　执行 modify2()前后示意图

下面两个例子也是函数内部修改实参的值。

```
def modify(v, item):        #为列表增加元素
    v.append(item)
#主程序
a = [2]
modify(a,3)
print(a)                    #输出为[2, 3]
```

程序运行结果：

```
[2, 3]
```

再如，修改字典元素值：

```
def modify(d):              #修改字典元素值或为字典增加元素
    d['age'] = 38
#主程序
a = {'name':'Dong', 'age':37, 'sex':'Male'}
print(a)                    #输出为{'age': 37, 'name': 'Dong', 'sex': 'Male'}
modify(a)
print(a)                    #输出为{'age': 38, 'name': 'Dong', 'sex': 'Male'}
```

程序运行结果：

```
{'sex': 'Male', 'age': 37, 'name': 'Dong'}
{'sex': 'Male', 'age': 38, 'name': 'Dong'}
```

4.2.3　函数参数的类型

在 C 语言中，调用函数时必须依照函数定义时的参数个数以及类型来传递参数，否则将会发生错误，这是严格进行规定的。然而，在 Python 中函数参数定义和传递的方式相比而言则比较灵活。

1．默认值参数

默认值参数能够给函数参数提供默认值。例如：

```
def display(a='hello',b='world'):
    print(a+b)
```

```
#主程序
display()
display(b='world')
display(a='hello')
display('world')
```

程序运行结果：

```
helloworld
helloworld
helloworld
worldworld
```

在上面的代码中，分别给 a 和 b 指定了默认参数，即如果不给 a 或者 b 传递参数时，它们就分别采用默认值。在给参数指定了默认值后，如果传递参数时不指定参数名，则会从左到右依次进行传递。例如，display('world')没有指定'world'是传递给 a 还是 b，则默认从左向右匹配，即传递给 a。

默认值参数如果使用不当，会导致很难发现的逻辑错误。

2. 关键字参数

前面接触到的函数参数定义和传递方式称为位置参数，即参数是通过位置进行匹配的，从左到右，依次进行匹配，这对参数的位置和个数都有严格的要求。而在 Python 中还有一种是通过参数名字来匹配的，不需要严格按照参数定义时的位置来传递参数，这种参数称为关键字参数，避免了用户需要牢记位置参数顺序的麻烦。例如：

```
def display(a,b):
    print(a)
    print(b)
#主程序
display('hello','world')
```

这段程序是想输出'hello world'，可以正常运行。如果按下面这样写，结果可能就不是预期的样子：

```
def display(a,b):
    print(a)
    print(b)
#主程序
display('hello')                    #这样会报错，参数不足
display('world','hello')            #这样会输出'world hello'
```

可以看出，在 Python 中默认采用位置参数来传递参数，因此调用函数时必须严格按照函数定义时的参数个数和位置来传递参数，否则将会出现预想不到的结果。下面这段代码采用的就是关键字参数：

```
def display(a,b):
    print(a)
    print(b)
```

下面两句达到的效果是相同的：

```
display(a='world',b='hello')
display(b='hello',a='world')
```

可以看到，通过指定参数名字传递参数时，参数位置对结果是没有影响的。

3. 任意个数参数

一般情况下在定义函数时，函数参数的个数是确定的，然而某些情况下是不能确定的，例如，要存储某个人的名字和它的小名，某些人小名可能有 2 个或者更多个，此时无法确定参数的个数，只需在参数前面加上'*'或者'**'。例如：

```
def storename(name,*nickName):
    print('real name is %s' %name)
    for nickname in nickName:
        print('小名',nickname)
#主程序
storename('张海')
storename('张海','小海')
storename('张海','小海','小豆豆')
```

程序运行结果：

```
real name is 张海
real name is 张海
小名 小海
real name is 张海
小名 小海
小名 小豆豆
```

'*'和'**'表示能够接受 0 到任意多个参数，'*'表示将没有匹配的值都放在同一个元组中，'**'表示将没有匹配的值都放在一个字典中。

假如使用'**'：

```
def demo(**p):
    for item in p.items():
        print(item)
demo(x=1,y=2,z=3)
```

程序运行结果：

```
('x', 1)
('y', 2)
('z', 3)
```

假如使用'*'：

```
def demo(*p):
    for item in p:
        print(item,end=" ")
demo(1,2,3)
```

程序运行结果：

```
1 2 3
```

4.2.4 变量的作用域

当引入函数的概念之后，就出现了变量作用域的问题。变量起作用的范围称为变量的作用域。一个变量在函数外部定义和在函数内部定义，其作用域是不同的。如果用特殊的关键字定义变量，也会改变其作用域。本节讨论变量的作用域规则。

1. 局部变量

在函数内定义的变量只在该函数内起作用，称为局部变量。它们与函数外具有相同名的其他变量没有任何关系,即变量名称对于函数来说是局部的。所有局部变量的作用域是它们被定义的块,从它们的名称被定义处开始。函数结束时,其局部变量被自动删除。下面通过一个例子说明局部变量的使用方法。

```
def fun():
    x=3
    count=2
    while count>0:
        print(x)
        count=count-1
fun()
print(x)                       # 错误: NameError: name 'x' is not defined
```

在函数 fun() 中,定义变量 x,在函数内部定义的变量作用域都仅限于函数内部,在函数外部是不能够调用的,一般称这种变量为局部变量。所以,在函数外 print(x) 出现错误提示。

2. 全局变量

还有一种变量称为全局变量,它是在函数外部定义的,作用域是整个程序。全局变量可以直接在函数中使用,但是如果要在函数内部改变全局变量值,必须使用 global 关键字进行声明。

```
x=2                            #全局变量
def fun1():
    print(x, end=" ")
def fun2():
    global x                   #在函数内部改变全局变量值必须使用 global 关键字
    x=x+1
    print(x, end=" ")
fun1()
fun2()
print(x, end=" ")
```

程序运行结果:

```
2 3 3
```

fun2() 函数中如果没有 global x 声明,则编译器认为 x 是局部变量,而局部变量 x 又没有创建,从而出错。

注意:

(1) 在函数内部直接将一个变量声明为全局变量,而在函数外没有定义,在调用这个函数之后,将变量增加为新的全局变量。

(2) 如果一个局部变量和一个全局变量重名,则局部变量会"屏蔽"全局变量,也就是局部变量起作用。

4.3 闭包和函数的递归调用

4.3.1 闭包

在 Python 中,闭包(closure)指函数的嵌套。可以在函数内部定义一个嵌套函数,将嵌套函数视为一个对象,所以可以将嵌套函数作为定义它的函数的返回结果。

闭包和函数递归参数

【例4-6】 使用闭包的例子。

程序代码：

```
def func_lib():
    def add(x, y):
        return x+y
    return add                    # 返回函数对象

fadd = func_lib()
print(fadd(1, 2))
```

在 func_lib()函数中定义了一个嵌套函数 add(x, y)，并作为 func_lib()函数的返回值。外部的 func_lib()函数称为外函数，内部的 add()函数称为内函数。

程序运行结果：

```
3
```

闭包的作用是什么呢？下面举例说明。

```
def outer(a):
    b = 10                 # 外函数的局部变量b
    print(a+b)
    def inner():           # inner 是内函数
        print(20+b)        # 在内函数中用到了外函数的局部变量b
    return inner           # 外函数的返回值是内函数的引用
output=outer(2)            # 输出 12
output()                   # 输出 30
inner()                    # name 'inner' is not defined 错误，嵌套函数不能被直接调用
```

程序运行结果：

```
12
30
```

一般情况下，函数中的局部变量仅在函数的执行期间可用，一旦函数 outer 执行过后，会认为 b 变量将不再可用。然而，在这里发现 outer(2)执行完之后，在调用 output 时 b 变量的值正常输出了，这就是闭包的作用，闭包使得局部变量在函数外被访问成为可能。

这里的 output 就是一个闭包，闭包本质上是一个函数，它由两部分组成，inner()函数和变量 b。闭包使得这些变量的值始终保存在内存中。Python 提供了__closure__属性用来查看函数是否为闭包(不是返回 None)，且返回一个 cell 对象元组，cell 对象有 cell_contents 属性，包含了闭包使用的外部变量。

```
print(output.__closure__)
print(output.__closure__[0].cell_contents)           # 输出使用的外部变量b
```

程序运行结果：

```
(<cell at 0x0000023505845B28: int object at 0x00007FFCC200E370>,)
10
```

4.3.2 函数的递归调用

1. 递归调用

函数在执行过程中直接或间接调用自己本身，称为递归调用。Python 语言允许递归调用。

【例4-7】 求1到5的平方和。

程序代码：

```
def f(x):
    if x==1:                    #递归调用结束的条件
        return 1
    else:
        return(f(x-1)+x*x)      #调用 f() 函数本身
print(f(5))
```

程序运行结果:
```
55
```

在调用 f() 函数的过程中,又调用了 f()函数,这是直接调用本函数。

如果在调用 f1()函数过程中要调用 f2()函数,而在调用 f2()函数过程中又要调用 f1()函数,这是间接调用本函数,如图 4-3 所示。

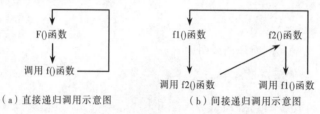

（a）直接递归调用示意图　　　　（b）间接递归调用示意图

图 4-3　函数的递归调用示意图

从图 4-3 可以看到,递归调用都是无终止地调用自己。程序中不应该出现这种无止境的递归调用,而应该出现有限次数、有终止的递归调用。这可以使用 if 语句来控制,当满足某一条件时递归调用结束。例如,求 1 到 5 的平方和中递归调用结束的条件是 x=1。

【例 4-8】从键盘输入一个整数,求该数的阶乘。

根据求一个数 n 的阶乘的定义 $n!=n(n-1)!$,可写成如下形式:

fac(n)=1　　　　　　　　（n=1）
fac(n)=n*fac(n-1)　　　（n>1）

程序代码:
```
def fac(n):
    if n==1:                    #递归调用结束的条件
        p=1
    else:
        p=(fac(n-1)*n)          #调用 fac()函数本身
    return p
x=int(input("输入一个正整数:"))
print(fac(x))
```

程序运行结果:
```
输入一个正整数: 4↙
24
```

思考:根据递归的处理过程,若 fac()函数中没有语句 if n==1:p=1,程序的运行结果将如何?

2. 递归调用的执行过程

递归调用的执行过程分为递推过程和回归过程两部分。这两个过程由递归终止条件控制,即逐层递推,直至递归终止条件,然后逐层回归。递归调用同普通的函数调用一样利用了先进后出的栈结构来实现。每次调用时,在栈中分配内存单元保存返回地址以及参数和局部变量;而与普通函数调用不同的是,由于递推的过程是一个逐层调用的过程,因此存在一个逐层连续的参数入栈过程,调用过程每调用一次自身,把当前参数压栈,每次调用时都首先判断递归终止条件,直到达到递归终止条件为止;接着回归过程不断从栈中弹出当前的参数,直到栈空返回到初始调用处为止。

图 4-4 所示为例 4-8 的递归调用过程。

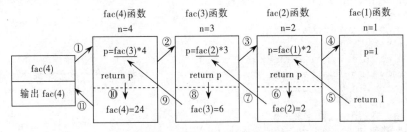

图 4-4 递归调用 n!的执行过程

注意:无论是直接递归还是间接递归都必须保证在有限次调用之后能够结束,即递归必须有结束条件,并且递归能向结束条件发展。例如,fac()函数中的参数 n 在递归调用中每次减 1,总可达到 n==1 的状态而结束。

函数递归调用解决的问题,也可用非递归函数实现,例如例 4-8 中,可用循环实现求 n!。但在许多情形下如果不用递归方法,程序算法将十分复杂,很难编写。

下面的实例显示了递归设计技术的效果。

【例 4-9】汉诺塔(Hanoi)问题。汉诺塔源自于古印度,是非常著名的智力趣题,在很多算法书籍和智力竞赛中都涉及。有 A、B、C 三根柱子(见图 4-5),A 柱上有 n 个大小不等的盘子,大盘在下,小盘在上。要求将所有盘子由 A 柱搬动到 C 柱上,每次只能搬动一个盘子,搬动过程中可以借助任何一根柱子,但必须满足大盘在下,小盘在上。

编程求解汉诺塔问题并打印出搬动的步骤。

图 4-5 汉诺塔

分析:

(1)A 柱只有一个盘子的情况:A 柱→C 柱。

(2)A 柱有两个盘子的情况:小盘 A 柱→B 柱,大盘 A 柱→C 柱,小盘 B 柱→C 柱。

(3)A 柱有 n 个盘子的情况:将此问题看成上面 n–1 个盘子和最下面第 n 个盘子的情况。n–1 个盘子 A 柱→B 柱,第 n 个盘子 A 柱→C 柱,n–1 个盘子 B 柱→C 柱。问题转化成搬动 n–1 个盘子的问题,同样,将 n–1 个盘子看成上面 n–2 个盘子和下面第 n–1 个盘子的情况,进一步转化为搬动 n–2 个盘子的问题……依此类推,一直到最后成为搬动一个盘子的问题。

这是一个典型的递归问题,递归结束于只搬动一个盘子。

算法可以描述为:

(1)n–1 个盘子 A 柱→B 柱,借助于 C 柱。

(2)第 n 个盘子 A 柱→C 柱。

(3)n–1 个盘子 B 柱→C 柱,借助于 A 柱。

其中,步骤(1)和步骤(3)继续递归下去,直至搬动一个盘子为止。由此,可以定义两个函数,一个是递归函数,命名为 hanoi(n, source, temp, target),实现将 n 个盘子从源柱 source 借助中间柱 temp 搬到目标柱 target;另一个命名为 move(source, target),用来输出搬动一个盘子的提示信息。

程序代码：

```
def move(source, target):
    print(source," = = >",target)
def hanoi(n, source, temp, target):
    if(n==1):
        move(source,target)
    else:
        hanoi(n-1,source,target,temp)      #将n-1个盘子搬到中间柱
        move(source,target)                #将最后一个盘子搬到目标柱
        hanoi(n-1,temp,source,target)      #将n-1个盘子搬到目标柱
#主程序
n=int(input("输入盘子数: "))
print("移动 ",n ,"个盘子的步骤是:  ")
hanoi(n,'A','B','C')
```

程序运行结果：

```
输入盘子数: 3
移动 3 个盘子的步骤是:
A = = >C
A = = >B
C = = >B
A = = >C
B = = >A
B = = >C
A = = >C
```

注意：计算一个数的阶乘的问题可以利用递归函数和非递归函数解决，对于 Hanoi 塔问题，为其设计一个非递归程序却不是一件简单的事情。

4.4 内置函数

内置函数又称系统函数，或内建函数，是指 Python 本身所提供的函数，任何时候都可以使用。Python 常用的内置函数有数学运算函数、类型转换函数和反射函数等。想要查所有内置函数名可以在 python 命令行方式输入如下语句：

```
>>> dir(__builtins__)
```

内置函数 builtins

4.4.1 数学运算函数

数学运算函数完成算术运算，见表 4-1。

表 4-1　数学运算函数

函　　数	具 体 说 明
abs(x)	求绝对值。参数可以是整型，也可以是复数；若参数是复数，则返回复数的模
complex([real[, imag]])	创建一个复数
divmod(a, b)	分别取商和余数。例如，divmod(20,6)结果是(3, 2)
float(x)	将一个字符串或数转换为浮点数，如果无参数将返回 0.0。例如，float('123') 结果是 123.0
int([x[, base]])	将一个字符转换为 int 类型，base 表示进制。例如，int('100', base=2) 结果是 4
pow(x, y)	返回 x 的 y 次幂。pow(2,3) 结果是 8
range([start], stop[, step])	产生一个序列，默认从 0 开始
round(x[, n])	对参数 x 的第 n+1 位小数进行四舍五入，返回一个小数位数为 n 的浮点数

续表

函 数	具 体 说 明
sum(iterable[, start])	对集合求和
bool(x)	将 x 转换为 Boolean 类型。例如，bool(5)结果是 True，bool(0)结果是 False
eval(str)	将字符串 str 当成有效的表达式来求值并返回计算结果。例如，eval("1+2*3") 结果是 7

4.4.2 字符串函数

常用的 Python 字符串操作有字符串的替换、删除、截取、复制、连接、比较、查找、分隔等，具体字符串函数见表 4-2。

表 4-2 字符串函数

方 法	描 述
string.capitalize()	把字符串的第一个字符大写
string.count(str, beg=0, end=len(string))	返回 str 在 string 中出现的次数，如果 beg 或者 end 指定则返回指定范围内 str 出现的次数
string.decode(encoding='UTF-8')	以 encoding 指定的编码格式解码 string
string.endswith(obj,beg=0, end=len(string))	检查字符串是否以 obj 结束，如果 beg 或者 end 指定则检查指定的范围内是否以 obj 结束，如果是返回 True,否则返回 False
string.find(str, beg=0, end=len(string))	检测 str 是否包含在 string 中，如果 beg 和 end 指定范围，则检查是否包含在指定范围内，如果是返回开始的索引值，否则返回-1
string.index(str, beg=0, end=len(string))	同 find()方法一样，只不过如果 str 不在 string 中会报一个异常
string.isalnum()	如果 string 至少有一个字符并且所有字符都是字母或数字，则返回 True,否则返回 False
string.isalpha()	如果 string 至少有一个字符并且所有字符都是字母,则返回 True,否则返回 False
string.isdecimal()	如果 string 只包含十进制数字，则返回 True，否则返回 False
string.isdigit()	如果 string 只包含数字，则返回 True，否则返回 False
string.islower()	如果 string 中至少包含一个区分大小写的字符，并且所有这些（区分大小写的）字符都是小写，则返回 True，否则返回 False
string.isnumeric()	如果 string 中只包含数字字符，则返回 True，否则返回 False
string.isspace()	如果 string 中只包含空格，则返回 True，否则返回 False
string.istitle()	如果 string 是标题化的（见 title()）则返回 True，否则返回 False
string.isupper()	如果 string 中至少包含一个区分大小写的字符，并且所有这些（区分大小写的）字符都是大写，则返回 True，否则返回 False
string.join(seq)	以 string 作为分隔符，将 seq 中所有的元素（的字符串表示）合并为一个新的字符串
string.ljust(width)	返回一个原字符串左对齐，并使用空格填充至长度 width 的新字符串
string.lower()	转换 string 中所有大写字符为小写
string.lstrip()	截掉 string 左边的空格
max(str)	返回字符串 str 中最大的字母
min(str)	返回字符串 str 中最小的字母
string.replace(str1, str2, num)	把 string 中 str1 替换成 str2，如果 num 指定则替换不超过 num 次

方法	描述
string.rfind(str, beg=0,end=len(string))	类似于 find()函数，但是从右边开始查找
string.rindex(str, beg=0,end=len(string))	类似于 index()，但是从右边开始
string.rstrip()	删除 string 字符串末尾的空格
string.split(str="", num=string.count(str))	以 str 为分隔符切片 string，如果 num 有指定值，则仅分隔 num 个子字符串
string.startswith(obj, beg=0,end=len(string))	检查字符串是否以 obj 开头，是则返回 True，否则返回 False。如果 beg 和 end 指定值，则在指定范围内检查
string.upper()	转换 string 中的小写字母为大写

例如：分隔字和组合字符串函数应用实例。

```
str1 ="hello world Python"
list1 = str1.split(" ")         #按空格分隔字符串str1，形成列表list1
print(list1);                   #结果是['hello', 'world', 'Python']
str1 ="hello world\nPython"
list1 = str1.splitlines()       #按换行符分隔字符串str1，形成列表list1
print(list1);
list1 = ["hello", "world", "Python"]
str1="#"
print(str1.join(list1))         #用#连接列表元素形成字符串str1
```

程序运行结果：

```
['hello', 'world', 'Python']
['hello world', 'Python']
hello#world#Python
```

4.4.3 反射函数

反射函数主要用于获取类型、对象的标识、基类等操作，见表 4-3。

表 4-3 反射函数

函数	具体说明
getattr(object, name [, defalut])	获取一个类的属性
globals()	返回一个描述当前全局符号表的字典
hasattr(object, name)	判断对象 object 是否包含名为 name 的特性
hash(object)	如果对象 object 为哈希表类型，返回对象 object 的哈希值
id(object)	返回对象的唯一标识
isinstance(object, classinfo)	判断 object 是否为 class 的实例
issubclass(class, classinfo)	判断是否是子类
locals()	返回当前的变量列表
map(function, iterable, ...)	遍历每个元素，执行 function 操作
memoryview(obj)	返回一个内存镜像类型的对象
next(iterator[, default])	类似于 iterator.next()
object()	基类
property([fget[, fset[, fdel[, doc]]]])	属性访问的包装类，设置后可以通过 c.x=value 等来访问 setter 和 getter
reload(module)	重新加载模块
setattr(object, name, value)	设置属性值

续表

函 数	具 体 说 明
repr(object)	将一个对象变换为可打印的格式
staticmethod	声明静态方法，是个注解
super(type[, object-or-type])	引用父类
type(object)	返回该 object 的类型
vars([object])	返回对象的变量，若无参数与 dict()方法类似

4.4.4 I/O 函数

I/O 函数主要用于输入/输出等操作，见表 4-4。

表 4-4 I/O 函数

函 数	描 述
file(filename[,mode[,bufsize]])	file 类型的构造函数，作用为打开一个文件，如果文件不存在且 mode 为写或追加时，文件将被创建。添加'b'到 mode 参数中，将对文件以二进制形式操作。添加'+'到 mode 参数中，将允许对文件同时进行读/写操作
input([prompt])	获取用户输入，输入都是作为字符串处理
open(name[,mode[,buffering]])	打开文件，推荐使用 open()函数。注意 Python 3.5 已经移除 file 函数
print()	打印函数

4.5 模块

模块（Module）能够有逻辑地组织 Python 代码段。把相关的代码分配到一个模块中能让代码更好用、更易懂。简单地说，模块就是一个保存了 Python 代码的文件。模块中能定义函数、类和变量。

导入 Python 中的模块和 C 语言中的头文件同引用 Java 中的包类似，例如，在 Python 中要调用 sqrt()函数，必须用 import 关键字导入 math 这个模块。下面就学习 Python 中的模块。

微 课

模块

4.5.1 import 导入模块

1. 导入模块的方式

在 Python 中用关键字 import 来导入某个模块。方法如下：

```
import 模块名            # 导入模块
```

例如，要引用模块 math，可以在文件最开始的地方用 import math 来导入。

调用模块中函数的方法如下：

```
模块名.函数名
```

例如：

```
import math              #导入 math 模块
print("50 的平方根: ", math.sqrt(50))
```

为什么必须加上模块名进行调用呢？因为可能存在这样一种情况：在多个模块中含有相同名称的函数，此时如果只是通过函数名来调用，解释器无法知道到底要调用哪个函数。所以，如果像上述这样导入模块的时候，调用函数必须加上模块名。

若只需要用到模块中的某个函数，只需要导入该函数即可，导入语句如下：

```
from 模块名 import 函数名1,函数名2...
```

通过这种方式导入，调用函数时只能给出函数名，不能给出模块名，但是当两个模块中含有相同名称函数时，后面一次导入会覆盖前一次导入。

也就是说，假如模块 A 中有函数 fun()，在模块 B 中也有函数 fun()，如果导入 A 中的 fun() 在先、B 中的 fun() 在后，那么当调用 fun() 函数时，会执行模块 B 中的 fun() 函数。

如果想一次性导入 math 中所有的项目，可以通过：

```
from math import *
```

这是一种简单的导入模块中所有项目的方法，然而不建议过多地使用这种方式。

2. 模块位置的搜索顺序

当导入一个模块时，Python 解析器对模块位置的搜索顺序如下：

（1）当前目录。

（2）如果不在当前目录，Python 则搜索在 Python PATH 环境变量下的每个目录。

（3）如果都找不到，Python 会查看由安装过程决定的默认目录。

模块搜索路径存储在 system 模块的 sys.path 变量中。变量中包含当前目录、Python PATH 和由安装过程决定的默认目录。例如：

```
>>> import sys
>>> print(sys.path)
```

输出结果：

```
['','D:\\Python\\Python35-32\\Lib\\idlelib',
'D:\\Python\\Python35-32\\python35.zip','D:\\Python\\Python35-32\\DLLs',
'D:\\Python\\Python35-32\\lib','D:\\Python\\Python35-32',
'D:\\Python\\Python35-32\\lib\\site-packages']
```

3. 列举模块内容

dir(模块名)函数返回一个排好序的字符串列表，内容是模块中定义的变量和函数。例如：

```
import math                      #导入 math 模块
content = dir(math)
print(content)
```

输出结果：

```
['__doc__','__loader__','__name__','__package__','__spec__','acos',
'acosh','asin','asinh','atan','atan2','atanh','ceil','copysign','cos',
'cosh','degrees','e','erf','erfc','exp','expm1','fabs','factorial',
'floor','fmod','frexp','fsum','gamma','gcd','hypot','inf','isclose',
'isfinite','isinf','isnan','ldexp','lgamma','log','log10','log1p',
'log2','modf','nan','pi','pow','radians','sin','sinh','sqrt','tan',
'tanh','trunc']
```

在此，特殊字符串变量 __name__ 指模块的名字，__file__ 指该模块所在文件名，__doc__ 指该模块的文档字符串。

4.5.2 定义自己的模块

在 Python 中，每个 Python 文件都可以作为一个模块，模块的名字就是文件的名字。例如，有这样一个文件 fibo.py，在 fibo.py 中定义了 3 个函数 add()、fib()、fib2()：

```
#fibo.py
#斐波那契(fibonacci)数列模块
def fib(n):              # 定义到 n 的斐波那契数列
    a, b = 0, 1
    while b < n:
        print(b, end=' ')
        a, b = b, a+b
    print()
def fib2(n):             # 返回到 n 的斐波那契数列
    result = []
    a, b = 0, 1
    while b < n:
        result.append(b)
        a, b = b, a+b
    return result
def add(a,b):
    return a+b
```

那么在其他文件（如 test.py）中就可以按如下方式使用：

```
#test.py
import fibo
```

加上模块名称来调用函数：

```
fibo.fib(1000)      #结果是 1 1 2 3 5 8 13 21 34 55 89 144 233 377 610 987
fibo.fib2(100)      #结果是[1, 1, 2, 3, 5, 8, 13, 21, 34, 55, 89]
fibo.add(2,3)       #结果是 5
```

当然，也可以通过 from fibo import add, fib , fib2 来导入。
用直接函数名调用函数：

```
fib(500)            #结果是 1 1 2 3 5 8 13 21 34 55 89 144 233 377
```

如果想列举 fibo 模块中定义的属性列表，可输入如下语句：

```
import fibo
dir(fibo)           #得到自定义模块 fibo 中定义的变量和函数
```

输出结果：

```
['__name__', 'fib', 'fib2', 'add']
```

下面学习一些常用标准模块。

4.5.3 time 模块

在 Python 中，通常有两种方式来表示时间：

（1）时间戳，是从 1970 年 1 月 1 日 00:00:00 开始到现在的秒数。
（2）时间元组 struct_time，其中共有 9 个元素。具体如下：

微 课

Python 常用函数

tm_year（年比如 2011）、tm_mon（月）、tm_mday（日）、tm_hour（小时，0～23）、tm_min（分，0～59）、tm_sec（秒，0～59）、tm_wday（星期，0～6，0 表示周日）、tm_yday（一年中的第几天，1～366）、tm_isdst（是否是夏令时，默认为 1 夏令时）。

time 模块包含既有时间处理的、也有转换时间格式的函数，见表 4-5。

表 4-5 time 模块中的函数

函　　数	描　　述
time.asctime([tupletime])	接受时间元组并返回一个可读的形式为"Tue Dec 11 18:07:14 2008"（2008 年 12 月 11 日 周二 18 时 07 分 14 秒）的 24 个字符的字符串
time.clock()	用以浮点数计算的秒数返回当前的 CPU 时间。用来衡量不同程序的耗时，比 time.time()更有用
time.ctime([secs])	作用相当于 asctime(localtime(secs))，获取当前时间字符串
time.gmtime([secs])	接收时间戳（1970 纪元后经过的浮点秒数）并返回时间元组 t
time.localtime([secs])	接收时间戳（1970 纪元后经过的浮点秒数）并返回当地时间的时间元组 t
time.mktime(tupletime)	接收时间元组并返回时间戳（1970 纪元后经过的浮点秒数）
time.sleep(secs)	推迟调用线程的运行，secs 指秒数
time.strftime(fmt[,tupletime])	接收时间元组，并返回以可读字符串表示的当地时间，格式由 fmt 决定
time.strptime(str,fmt='%a %b %d %H:%M:%S %Y')	根据 fmt 的格式把一个时间字符串解析为时间元组
time.time()	返回当前时间的时间戳（1970 纪元后经过的浮点秒数）

例如：

```
>>> import time
>>> time.localtime()                      #将当前时间转换为 struct_time 时间元组
    time.struct_time(tm_year=2016, tm_mon=7, tm_mday=30, tm_hour=10, tm_min=52, tm_sec=45, tm_wday=5, tm_yday=212, tm_isdst=0)
    >>> time.localtime(1469847200.2749472) #将时间戳转换为 struct_time 时间元组
    time.struct_time(tm_year=2016, tm_mon=7, tm_mday=30, tm_hour=10, tm_min=53, tm_sec=20, tm_wday=5, tm_yday=212, tm_isdst=0)
>>> time.time()                           #返回当前时间的时间戳，是一个浮点数
    1469847200.2749472
>>> time.mktime(time.localtime())   #将一个 struct_time 转换为时间戳
    1469847200.2749472
>>>time.strptime('2016-05-05 16:37:06', '%Y-%m-%d %X')
                                    #把一个格式化时间字符串转换为 struct_time
    time.struct_time(tm_year=2016, tm_mon=5, tm_mday=5, tm_hour=16, tm_min=37, tm_sec=6, tm_wday=3, tm_yday=126, tm_isdst=-1)
#把一个时间元组 struct_time（如由 time.localtime()和 time.gmtime()返回）转换为
#格式化的时间字符串
>>> time.strftime("%Y-%m-%d %X", time.localtime())
    '2016-07-30 10:58:01'
```

4.5.4 calendar 模块

此模块的函数都是与日历相关的，例如打印某月的字符月历。星期一是默认的每周第一天，星期天是默认的最后一天。更改设置需调用 calendar.setfirstweekday()函数。calendar 模块中包含的函数见表 4-6。

表 4-6 calendar 模块中的函数

函数	描述
calendar(year,w=2,l=1,c=6)	返回一个多行字符串格式的 year 年年历，3 个月一行，间隔距离为 c。每日宽度间隔为 w 字符。每行长度为 21*W+18+2*C。l 是每星期行数
firstweekday()	返回当前每周起始日期的设置。默认情况下，首次载入 calendar 模块时返回 0，即星期一
isleap(year)	是闰年返回 True，否则为 False
leapdays(y1,y2)	返回在 y1、y2 两年之间的闰年总数
month(year,month,w=2,l=1)	返回一个多行字符串格式的 year 年 month 月日历，两行标题，一周一行。每日宽度间隔为 w 字符。每行的长度为 7*w+6。l 是每星期的行数
monthcalendar(year,month)	返回一个整数的单层嵌套列表。每个子列表装载代表一个星期的整数。year 年 month 月外的日期都设为 0；范围内的日子都由该月第几日表示，从 1 开始
monthrange(year,month)	返回两个整数。第一个是该月的星期几的日期码，第二个是该月的日期码。日从 0（星期一）到 6（星期日）；月从 1 到 12
setfirstweekday(weekday)	设置每周的起始日期码，0（星期一）到 6（星期日）
timegm(tupletime)	和 time.gmtime 相反：接受一个时间元组形式，返回该时刻的时间戳（1970 纪元后经过的浮点秒数）
weekday(year,month,day)	返回给定日期的日期码。0（星期一）到 6（星期日）。月份为 1（一月）到 12（12 月）。

另外，Python 在提供 datetime 模块支持日期和时间运算的同时，还能更有效地处理和格式化输出。同时该模块还支持时区处理。例如：

```
>>> from datetime import date
>>> now = date.today()              #创建表示今天日期的 date 类对象
>>> now
datetime.date(2016, 7, 30)
>>> now.year
2016
>>> now.timetuple()                 #将当前日期转换为 struct_time 时间元组
time.struct_time(tm_year=2016, tm_mon=7, tm_mday=30, tm_hour=0, tm_min=0, tm_sec=0, tm_wday=5, tm_yday=212, tm_isdst=-1)
>>> birthday = date(1974, 7, 20)    #创建表示日期的 date 类对象
>>> age = now - birthday            # age 是 datetime.timedelta
>>> age.days
15351                               # 两个日期相差的天数
#时间加减
>>> from datetime import datetime, timedelta
>>> now = datetime(2016, 5, 18, 16, 57, 13)  #2016年5月18号16点57分13秒
>>> now + timedelta(hours=10)       #增加 10 小时
datetime.datetime(2016, 5, 19, 2, 57, 13)
>>> now - timedelta(days=1)         #减 1 天
datetime.datetime(2016, 5, 17, 16, 57, 13)
>>> now + timedelta(days=2, hours=12)  #增加 2 天 12 小时
datetime.datetime(2016, 5, 21, 4, 57, 13)
```

4.5.5 random 模块

随机数可以用于数学、游戏等领域，还经常被嵌入到算法中，用以提高算法效率，并提高程序的安全性。随机数函数在 random 模块中，常用的随机数函数见表 4-7。

Python 常用函数-2

表 4-7 常用的随机数函数

函数	描述
random.choice(seq)	从序列的元素中随机挑选一个元素，如 random.choice(range(10))，从 0 到 9 中随机挑选一个整数
random.randrange ([start,] stop [,step])	从指定范围内，按指定 step 递增的集合中获取一个随机数，step 默认值为 1，如 random.randrange(6)，从 0 到 5 中随机挑选一个整数
random.random()	随机生成下一个实数，它在[0,1)范围内
random.seed([x])	改变随机数生成器的种子 seed。如果不了解其原理，不必特别去设置 seed，Python 会帮助选择 seed
random.shuffle(list)	将序列的所有元素随机排序
random.uniform(x, y)	随机生成下一个实数，它在[x,y]范围内
random.randint(x, y)	随机生成下一个整数，它在[x,y]范围内

4.5.6　math 模块和 cmath 模块

math 模块实现了许多对浮点数的数学运算函数，这些函数一般是对 C 语言库中同名函数的简单封装。math 模块的数学运算函数见表 4-8。

表 4-8　math 模块的数学运算函数

函数	说明
math.e	自然常数 e
math.pi	圆周率π
math.degrees(x)	弧度转度
math.radians(x)	度转弧度
math.exp(x)	返回 e 的 x 次方
math.expm1(x)	返回 e 的 x 次方减 1
math.log(x[,base])	返回 x 的以 base 为底的对数，base 默认为 e
math.log10(x)	返回 x 的以 10 为底的对数
math.pow(x,y)	返回 x 的 y 次方
math.sqrt(x)	返回 x 的平方根
math.ceil(x)	返回不小于 x 的整数
math.floor(x)	返回不大于 x 的整数
math.trunc(x)	返回 x 的整数部分
math.modf(x)	返回 x 的小数和整数
math.fabs(x)	返回 x 的绝对值
math.fmod(x,y)	返回 x%y（取余）
math.factorial(x)	返回 x 的阶乘
math.hypot(x,y)	返回以 x 和 y 为直角边的斜边长
math.copysign(x,y)	若 y<0，返回-1 乘以 x 的绝对值；否则，返回 x 的绝对值
math.ldexp(m,i)	返回 m 乘以 2 的 i 次方
math.sin(x)	返回 x（弧度）的三角正弦值
math.asin(x)	返回 x 的反三角正弦值
math.cos(x)	返回 x（弧度）的三角余弦值
math.acos(x)	返回 x 的反三角余弦值
math.tan(x)	返回 x（弧度）的三角正切值
math.atan(x)	返回 x 的反三角正切值
math.atan2(x,y)	返回 x/y 的反三角正切值

例如：

```
>>> import math
>>> math.pow(5,3)        #结果 125.0
>>> math.sqrt(3)         #结果 1.7320508075688772
>>> math.ceil(5.2)       #结果 6.0
>>> math.floor(5.8)      #结果 5.0
>>> math.trunc(5.8)      #结果 5
```

另外，在 Python 中 cmath 模块包含了一些用于复数运算的函数。cmath 模块的函数与 math 模块函数基本一致，区别是 cmath 模块运算的是复数，math 模块运算的是数学运算。

```
>>> import cmath
>>> cmath.sqrt(-1)       #结果 1j
>>> cmath.sqrt(9)        #结果 (3+0j)
>>> cmath.sin(1)         #结果 (0.8414709848078965+0j)
>>> cmath.log10(100)     #结果 (2+0j)
```

4.5.7 包

在创建许多模块后，可能希望将某些功能相近的模块文件组织在同一文件夹下，这里就需要运用包的概念。通常包是一个文件夹，需要注意的是，该文件夹必须存在 _ _init_ _.py 文件。否则，Python 就把这个文件夹当成普通文件夹，而不是一个包。

包里是一些模块文件和子文件夹，假如子文件夹中也有 _ _init_ _.py 那么它就是这个包的子包。_ _init_ _.py（文件内容可以为空）一般用来进行包的某些初始化工作或者设置 _ _all_ _ 列表变量。

从包中导入模块时以"包名.模块名"方式即可。例如，pg1 文件夹下有三个文件，分别是 _ _init_ _.py、ModuleA 和 fibo，同时还有 pg2 子文件夹。结构如下：

```
pg1（文件夹）
|-- __init__.py
|-- ModuleA.py
|-- fibo.py
|-- pg2（文件夹）
     |--__init__.py
     |-- ModuleB.py
```

如果要导入 pg1 包下的 ModuleA、fibo 模块，那么在其他文件（如 test.py）中就可以如下使用：

```
#test.py
import pg1.ModuleA
import pg1.fibo
import pg1.pg2.ModuleB
```

使用时必须用全路径名，加上模块名称来调用函数：

```
pg1.fibo.fib(1000)   #结果是 1 1 2 3 5 8 13 21 34 55 89 144 233 377 610 987
pg1.fibo.fib2(100)   #结果是[1, 1, 2, 3, 5, 8, 13, 21, 34, 55, 89]
```

也可以直接导入模块中的函数，使用方式如下：

```
from 包名.子包名.模块名 import 函数名
from 包名.子包名.模块名 import *
```

例如文件（如 test.py）中：

```
from pg1.fibo import fib
from pg1.fibo import *
from pg1.pg2.ModuleB import *
fib(1000)              #直接函数名来调用函数
```

注意：使用 from pacakge import *时，如果包的__init__.py 定义了一个名为__all__的列表变量，它包含的模块名字的列表将作为被导入的模块列表。例如：

在 pg1 包中的__init__.py 文件中添加__all__变量：

```
__all__ = ['ModuleA',' fibo']
```

如果包的__init__.py 没有定义__all__，from pacakge import *这条语句导入内容为空，不会导入所有的 package 的子模块。

4.6 游戏初步——发牌程序（控制台版）

发牌程序函数

【例 4-10】扑克牌发牌程序。

4 名牌手打牌，计算机随机将 52 张牌（不含大小王）发给 4 名牌手，在屏幕上显示每位牌手的牌。

分析：将要发的 52 张牌按草花 0~12，方块 13~25，红桃 26~38，黑桃 39~51 的顺序编号并存储在 pocker 列表（未洗牌之前）。也就是说，列表某元素存储的是 14，则说明是方块 2；存储的是 26 则说明是红桃 A。gen_pocker(n)随机产生两个位置索引，交换两个位置的牌，进行 100 次随机交换两张牌，从而达到洗牌目的。发牌时，将交换后的 pocker 列表按顺序加到 4 个牌手的列表中。

```
import random
n=52
def gen_pocker(n):                       #交换牌的顺序100次，达到洗牌目的
    x=100
    while(x>0):
        x=x-1
        p1=random.randint(0,n-1)
        p2=random.randint(0,n-1)
        t=pocker[p1]
        pocker[p1]=pocker[p2]
        pocker[p2]=t
    return pocker
def getColor(x):                         #获取牌的花色
    color=["草花","方块","红桃","黑桃"]
    c=int(x/13)
    if c<0 or c>=4:
        return "ERROR!"
    return color[c]
def getValue(x):                         #获取牌的牌面大小
    value=x % 13
    if value==0:
```

```
        return 'A'
    elif value>=1 and value<=9:
        return str(value+1)
    elif value==10:
        return 'J'
    elif value==11:
        return 'Q'
    elif value==12:
        return 'K'

def getPuk(x):
    return getColor(x)+getValue(x)
 #主程序
(a,b,c,d)=([],[],[],[])                     # a、b、c、d四个列表分别存储4个人的牌
pocker=[i for i in range(n)]                #未洗牌之前[0,1,2,3,…,51]
pocker=gen_pocker(n)                        #洗牌目的
print(pocker)
for x in range(13):                         #发牌，每人13张牌
    m=x*4
    a.append(getPuk(pocker[m]))
    b.append(getPuk(pocker[m+1]))
    c.append(getPuk(pocker[m+2]))
    d.append(getPuk(pocker[m+3]))
a.sort()                                    #牌手的牌排序，就是相当于理牌，同花色在一起
b.sort()
c.sort()
d.sort()
print("牌手1",end=":")
for x in a:
    print(x,end=" ")
print("\n牌手2",end=": ")
for x in b:
    print(x,end=" ")
print("\n牌手3",end=": ")
for x in c:
    print(x,end=" ")
print("\n牌手4",end=": ")
for x in d:
    print(x,end=" ")
```

程序运行结果如图4-6所示。

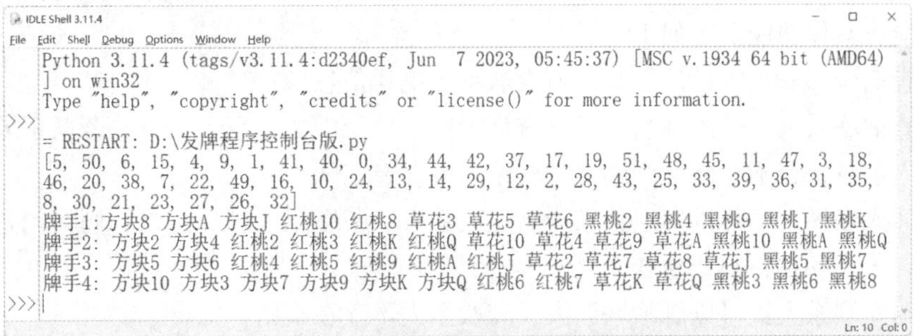

```
Python 3.11.4 (tags/v3.11.4:d2340ef, Jun  7 2023, 05:45:37) [MSC v.1934 64 bit (AMD64)
] on win32
Type "help", "copyright", "credits" or "license()" for more information.
>>>
= RESTART: D:\发牌程序控制台版.py
[5, 50, 6, 15, 4, 9, 1, 41, 40, 0, 34, 44, 42, 37, 17, 19, 51, 48, 45, 11, 47, 3, 18,
46, 20, 38, 7, 22, 49, 16, 10, 24, 13, 14, 29, 12, 2, 28, 43, 25, 33, 39, 36, 31, 35,
8, 30, 21, 23, 27, 26, 32]
牌手1:方块8 方块A 方块J 红桃10 红桃8 草花3 草花5 草花6 黑桃2 黑桃4 黑桃9 黑桃J 黑桃K
牌手2: 方块2 方块4 红桃2 红桃3 红桃K 红桃Q 草花10 草花4 草花9 草花A 黑桃10 黑桃A 黑桃Q
牌手3: 方块5 方块6 红桃4 红桃5 红桃9 红桃A 红桃J 草花2 草花7 草花8 草花J 黑桃5 黑桃7
牌手4: 方块10 方块3 方块7 方块9 方块K 方块Q 红桃6 红桃7 草花K 草花Q 黑桃3 黑桃6 黑桃8
>>>
```

图4-6　扑克牌发牌运行结果

实际上，如果 pocker 列表（未洗牌之前）直接存储扑克牌，而不是扑克牌的编号，则程序更加简单，但是 pocker 列表创建书写麻烦一些。修改后代码如下：

```
#主程序
    (a,b,c,d)=([],[],[],[])                    # a、b、c、d四个列表分别存储4个人的牌
    # pocker= [getPuk(i) for i in range(n)]    #未洗牌之前
    pocker= ['草花 A', '草花 2', '草花 3', '草花 4', '草花 5', '草花 6', '草花 7', '草花 8', '草花 9', '草花 10', '草花 J', '草花 Q', '草花 K', '方块 A', '方块 2', '方块 3', '方块 4', '方块 5', '方块 6', '方块 7', '方块 8', '方块 9', '方块 10', '方块 J', '方块 Q', '方块 K', '红桃 A', '红桃 2', '红桃 3', '红桃 4', '红桃 5', '红桃 6', '红桃 7', '红桃 8', '红桃 9', '红桃 10', '红桃 J', '红桃 Q', '红桃 K', '黑桃 A', '黑桃 2', '黑桃 3', '黑桃 4', '黑桃 5', '黑桃 6', '黑桃 7', '黑桃 8', '黑桃 9', '黑桃 10', '黑桃 J', '黑桃 Q', '黑桃 K']
    #未洗牌之前
    pocker=gen_pocker(n)                       #洗牌目的
    print(pocker)
    for x in range(13):                        #发牌，每人13张牌
        m=x*4
        a.append(pocker[m])
        b.append(pocker[m+1])
        c.append(pocker[m+2])
        d.append(pocker[m+3])
    print("牌手1",end=":")
    for x in a:
        print(x,end=" ")
    print("\n牌手2",end=": ")
    for x in b:
        print(x,end=" ")
    print("\n牌手3",end=": ")
    for x in c:
        print(x,end=" ")
    print("\n牌手4",end=": ")
    for x in d:
        print(x,end=" ")
```

存储 52 张扑克牌可以使用列表生成式实现，参考 3.2.5 节内容。

4.7 函数和字典综合应用案例——通信录程序

【案例】用字典存储数据，实现一个具有基本功能的通信录。具有查询、更新、删除联系人信息功能。具体功能要求如下：

（1）查询全部联系人信息：显示所有联系人电话信息。

（2）查询联系人：输入姓名，可以查询当前通信录中的联系人信息。若联系人存在，则输出联系人信息；若不存在，则输出"联系人不存在"。

（3）插入联系人：可以向通信录中新建联系人，若联系人已经存在，则询问是否修改联系人信息；若不存在，则新建联系人。

（4）删除联系人：可以删除联系人，若联系人不存在，则告知。

案例代码如下：

```python
print("|---欢迎进入通信录程序---|")
print("|---1: 查询全部联系人 ---|")
print("|---2: 查询特定联系人 ---|")
print("|---3: 更新联系人信息 ---|")
print("|---4: 插入新的联系人 ---|")
print("|---5: 删除已有联系人 ---|")
print("|---6: 清除全部联系人 ---|")
print("|---7: 退出通信录程序 ---|")
print("")
#构建字典，存储联系人信息
dict = {'潘明': '139888877**', '张海虹': '138666688**', '吕京': '131432112**',
'赵雪': '130001122**', '刘飞': '133445566**'}
# 定义各功能函数
# 查询所有联系人信息
def queryAll():
    if dict == {}:
        print('通信录无任何联系人信息')
    else:
        i = 1
        for key,value in dict.items():
            print("{0} 姓名: {1}, 电话号码: {2}".format(i,key,value))
            i = i + 1
#查询一个联系人信息
def queryOne():
    name = input('请输入要查询的联系人姓名: ')
    print(name + ":" + dict.get(name, '联系人不存在'))
#更新联系人信息
def update():
    name = input('请输入要修改的联系人姓名: ')
    if (name in dict):
        value = input("请输入电话号码: ")
        dict[name] = value
    else:
        print("联系人不存在")
#插入一个新联系人
def insertOne():
    name = input('请输入要插入的联系人姓名: ')
    if (name in dict):
        print("您输入的姓名在通信录中已存在" + "-->>" + name + ":" + dict[name])
        iis = input("输入'Y'修改用户资料，输入其他字符结束插入联系人")
        if iis in ['YES','yes','Y','y','Yes']:
            value = input("请输入电话号码: ")
            dict[name] = value
    else:
        value = input("请输入电话号码: ")
        dict[name] = value
#删除一个用户
```

```
    def deleteOne():
        name = input("请输入联系人姓名")
        value = dict.pop(name,'联系人不存在')
        if value == '联系人不存在':
            print("联系人不存在")
        else:
            print("联系人"+ name +"已删除" )
#清空通信录
    def  clearAll():
        cis = input("提示: 确认清空通信录吗? 确认操作输入'Y', 输入其他字符退出")
        if cis in ['YES', 'yes', 'Y', 'y', 'Yes']:
            dict.clear()
# 构建无限循环, 实现重复操作
    while True:
        n = input("请根据菜单输入操作序号: ")
        if(n == '1'):
            queryAll()
        elif(n == '2'):
            queryOne()
        elif(n == '3'):
            update()
        elif(n == '4'):
            insertOne()
        elif(n == '5'):
            deleteOne()
        elif(n == '6'):
            clearAll()
        elif(n == '7'):
            print("|---感谢使用通信录程序---|")
            print("")
            break                    #结束循环, 退出程序
```

习题

1. 编写一个函数, 将华氏温度转换为摄氏温度。公式为 $C=(F-32)\times 5/9$。
2. 编写一个函数判断一个数是否为素数, 并通过调用该函数求出所有三位数的素数。
3. 编写一个函数, 求满足以下条件的最大的 n 值:

   $1^2+2^2+3^2+4^2+\cdots+n^2<1000$

4. 编写一个函数 multi(), 参数个数不限, 返回所有参数的乘积。
5. 编写一个函数, 功能是求两个正整数 m 和 n 的最小公倍数。
6. 编写一个函数, 求方程 $ax^2+bx+c=0$ 的根, 用 3 个函数分别求当 b^2-4ac 大于 0、等于 0 和小于 0 时的根, 并输出结果。要求从主函数输入 a、b、c 的值。
7. 编写一个函数, 调用该函数能够打印一个由指定字符组成的 n 行金字塔。其中, 指定打印的字符和行数 n 分别由两个形参表示。

8. 编写一个判断完数的函数。完数是指一个数恰好等于它的因子之和，如 6=1+2+3，6 就是完数。

9. 编写一个将十进制数转换为二进制数的函数。

10. 编写一个判断字符串是否为回文的函数。回文就是一个字符串从左到右读和从右到左读是完全一样的。例如，"level"、"aaabbaaa"、"ABA"、"1234321"都是回文。

11. 编写函数实现统计字符串中单词的个数并返回。

12. 编写函数，获取斐波那契数列第 n 项的值。

13. 编写函数，计算传入的字符串中数字和字母的个数并返回。

14. 编写函数，计算传入的列表中奇数位索引对应的元素，并将其作为列表返回。

实验四　函数

一、实验目的

（1）掌握定义函数和调用函数的方法。

（2）掌握函数实参与形参的对应关系，以及传递的方法。

（3）理解函数的嵌套调用，局部变量和全局变量的区别。

（4）学习在程序设计中运用函数解决实际问题，体会使用函数在提高代码可读性以及程序开发效率方面的重要性。

二、实验内容

（1）编写程序，输出所有两位数中的素数。

提示：本实验要求用函数实现。要找出 10~99 之间的所有素数，需要对这个范围内的每一个数都进行是否为素数的判断。定义一个函数 prime()，判断一个数 x 是否为素数，在主函数中循环调用 prime()函数，实现输出所有两位素数。

（2）输入两个非负整数 m 和 n，编写函数计算组合数 C_n^m。

提示：求组合数的公式为 $C_n^m = \dfrac{n!}{m!(n-m)!}$。把求阶乘与求组合数分别定义为两个函数 fact 和 comb。在求组合数函数 comb 中多次调用求阶乘函数 fact，这就是函数的嵌套调用。

（3）编写函数，返回斐波那契数列的列表。注：斐波那契数列指的是这样一个数列：0,1,1,2,3,5,8,13,21,34,…。在数学上，斐波那契数列以如下递归的方法定义：$F(0)=0$，$F(1)=1$，$F(n)=F(n-1)+F(n-2)$（$n \geq 2$）。

（4）编写函数，计算传入的字符串中数字和字母的个数并返回。

第 5 章 Python 文件

在程序运行时，数据保存在内存的变量里，内存中的数据在程序结束或关机后就会消失。如果想要在下次开机运行程序时使用同样的数据，就需要把数据存储在不易失的存储介质中，如硬盘、光盘或 U 盘等。不易失存储介质上的数据保存在以存储路径命名的文件中。通过读/写文件，程序就可以在运行时保存数据。本章将学习使用 Python 在磁盘上创建、读/写及关闭文件。本章只讲述基本的文件操作函数，更多函数可参考 Python 标准文档。

5.1 文件

文件的基本概念

简单地说，文件是由字节组成的信息，在逻辑上具有完整意义，通常在磁盘上永久保存。Windows 系统的数据文件按照编码方式分为两大类：文本文件和二进制文件。文本文件可以处理各种语言所需的字符，只包含基本文本字符，不包括诸如字体、字号、颜色等信息。它可以在文本编辑器和浏览器中显示，即在任何情况下，文本文件都是可读的。

使用其他编码方式的文件即二进制文件，如 Word 文档、PDF、图像和可执行程序等。如果用文本编辑器打开一个 JPG 文件，会看到一堆乱码，如图 5-1 所示。也就是说，每一种二进制文件都需要自己的处理程序才能打开并操作。

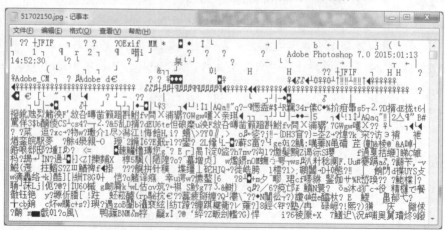

图 5-1　用文本编辑器 Notepad 打开 JPG 文件的效果

本章将重点学习文本文件的操作。当然，二进制文件的处理也可以使用 Python 提供的模块进行处理。

5.2 文件的访问

对文件的访问是指对文件进行读/写操作。使用文件同人们平时生活中使用记事本很相似。使用记事本时,需要先打开本子,使用后要合上。打开记事本后,既可以读取信息,也可以向记事本中写信息。不管哪种情况,都需要知道在哪里进行读/写。在记事本中既可以逐页从头到尾地读,也可以直接跳转到需要的地方。

使用文件工作也是一样。在 Python 中对文件的操作通常按照以下 3 个步骤进行:

(1) 使用 open() 函数打开(或建立)文件,返回一个 file 对象。

(2) 使用 file 对象的读/写方法对文件进行读/写操作。其中,将数据从外存传输到内存的过程称为读操作,将数据从内存传输到外存的过程称为写操作。

(3) 使用 file 对象的 close() 方法关闭文件。

5.2.1 打开(建立)文件

在 Python 中要访问文件,必须打开 Python Shell 与磁盘上文件之间的连接。当使用 open() 函数打开或建立文件时,会建立文件和使用它的程序之间的连接,并返回代表连接的文件对象。通过文件对象,就可以在文件所在磁盘和程序之间传递文件内容,执行文件上所有后续操作。文件对象有时也称为文件描述符或文件流。

当建立了 Python 程序和文件之间的连接后,就创建了"流"数据,如图 5-2 所示。通常程序使用输入流读出数据,使用输出流写入数据,就好像数据流入到程序并从程序中流出。打开文件后,才能读或写(或读并且写)文件内容。

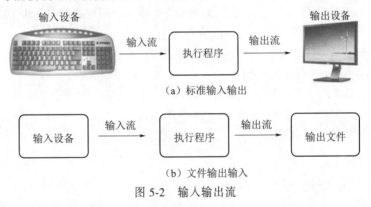

图 5-2 输入输出流

open() 函数用来打开文件。open() 函数需要一个字符串路径,表明希望打开文件,并返回一个文件对象,语法格式如下:

```
fileobj=open(filename[,mode[,buffering]])
```

其中,fileobj 是 open() 函数返回的文件对象。参数 filename 文件名是必写参数,它既可以是绝对路径,也可以是相对路径。mode(模式)和 buffering(缓冲)可选。

mode 是指明文件类型和操作的字符串,常用的值见表 5-1。

表 5-1　open()函数中 mode 参数常用值

值	描述
'r'	读模式，如果文件不存在，则发生异常 FileNotFoundError。默认值
'w'	写模式，如果文件不存在，则创建文件再打开；如果文件存在，则清空文件内容再打开
'a'	追加模式，如果文件不存在，则创建文件再打开；如果文件存在，打开文件后将新内容追加至原内容之后
'x'	创建写模式，如果文件不存在，则创建文件；如果文件存在则返回异常 FileExitError
't'	文本文件模式，默认值
'b'	二进制模式，可添加到其他模式中使用
'+'	读/写模式，可添加到其他模式中使用

说明：

（1）当 mode 参数省略时，可以获得能读取文件内容的文件对象，即'r'是 mode 参数的默认值。

（2）'+'参数指明读和写都是允许的，可以用到其他任何模式中。例如，'r+'可以打开一个文本文件并进行读/写。

（3）'b'参数改变处理文件的方法。通常，Python 处理的是文本文件。当处理二进制文件时（比如声音文件或图像文件），应该在模式参数中增加'b'。例如，可以用'rb'来读取一个二进制文件。

open()函数的第三个参数 buffering 控制缓冲。当参数取 0 或 False 时，输入/输出（I/O）是无缓冲的，所有读/写操作直接针对硬盘（仅用于二进制文件模式）。当参数取 1 或 True 时，I/O 有缓冲，此时 Python 使用内存代替硬盘，使程序运行速度更快，只有使用 flush 或 close 时才会将数据写入硬盘（仅用于文本文件模式）。当参数大于 1 时，表示缓冲区的大小，以字节为单位；负数表示使用默认缓冲区大小。

默认情况下，二进制文件缓冲区大小固定，其值由 io.DEFAULT_BUFFER_SIZE 决定，很多系统是 4096 B 或 8192 B。"交互式"文本文件（即 isatty()函数返回 True 的文件）使用行缓冲，其他文本文件与上述二进制文件相同。

其他参数的使用读者可自行查阅 Python 官网文档。

下面举例说明 open()函数的使用。

先用记事本创建一个文本文件，取名为 hello.txt。输入以下内容保存在文件夹 d:\python 中：

```
Hello!
Henan    Zhengzhou
```

在交互式环境中输入以下代码：

```
>>> helloFile=open("d:\\python\\hello.txt")
```

这条命令将以读取文本文件的方式打开放在 D 盘下 Python 文件夹下的 hello 文件。"读模式"是 Python 打开文件的默认模式。当文件以读模式打开时，只能从文件中读取数据而不能向文件写入或修改数据。

当调用 open()函数时将返回一个文件对象，在本例中文件对象保存在 helloFile 变量中。

```
>>> print(helloFile)
<_io.TextIOWrapper name='d:\\python\\hello.txt' mode='r' encoding='cp936'>
```

打印文件对象时可以看到文件名、读/写模式和编码格式。cp936 就是指 Windows 系统里第 936 号编码格式，即 GB2312 编码。然后，就可以调用 helloFile 文件对象的方法读取文件中的数据。

5.2.2 读取文本文件

用户可以调用文件对象的多种方法读取文件内容。

1. read()方法

不设置参数的 read()方法将整个文件的内容读取为一个字符串。read()方法一次读取文件的全部内容,性能根据文件大小而变化。例如,1 GB 的文件读取时需要使用同样大小的内存。

【例 5-1】调用 read()方法读取 hello 文件中的内容。

程序代码:

```
helloFile=open("d:\\python\\hello.txt")
fileContent=helloFile.read()
helloFile.close()
print(fileContent)
```

程序运行结果:

```
Hello!
Henan  Zhengzhou
```

也可以设置最大读入字符数来限制 read()函数一次返回的大小。

【例 5-2】设置参数每次 3 个字符地读取文件。

程序代码:

```
helloFile=open("d:\\python\\hello.txt")
fileContent=""
while True:
    fragment=helloFile.read(3)
    if fragment=="":           # 或者 if not fragment
        break
    fileContent+=fragment
helloFile.close()
print(fileContent)
```

当读到文件结尾之后,read()方法会返回空字符串,此时 fragment==""成立,退出循环。

2. readline()方法

readline()方法从文件中获取一个字符串,每个字符串就是文件中的每一行。

【例 5-3】调用 readline()方法读取 hello 文件的内容。

程序代码:

```
helloFile=open("d:\\python\\hello.txt")
fileContent=""
while True:
    line=helloFile.readline()
    if line=="":                # 或者 if not line
        break
    fileContent+=line
helloFile.close()
print(fileContent)
```

当读取到文件结尾时,readline()方法同样返回空字符串,使得 line==""成立跳出循环。

3. readlines()方法

readlines()方法返回一个字符串列表，其中的每一项是文件中每一行的字符串。

【例 5-4】使用 readlines()方法读取文件内容。

程序代码：

```
helloFile=open("d:\\python\\hello.txt")
fileContent=helloFile.readlines()
helloFile.close()
print(fileContent)
for line in fileContent:    #输出列表
    print(line)
```

readlines()方法也可以设置参数，指定一次读取的字符数。

5.2.3 写文本文件

写文件与读文件相似，都需要先创建文件对象连接。所不同的是，打开文件时是以"写"模式或"添加"模式打开。如果文件不存在，则创建该文件。

与读文件时不能添加或修改数据类似，写文件时也不允许读取数据。用写模式"w"打开已有文件时，会覆盖文件原有内容，从头开始，就像用一个新值覆写一个变量的值。例如：

```
>>> helloFile=open("d:\\python\\hello.txt","w")
#用写模式打开已有文件时会覆盖文件原有内容
>>> fileContent=helloFile.read()
Traceback (most recent call last):
  File "<pyshell#1>", line 1, in <module>
    fileContent=helloFile.read()
IOError: File not open for reading
>>> helloFile.close()
>>> helloFile=open("d:\\python\\hello.txt")
>>> fileContent=helloFile.read()
>>> len(fileContent)
0
>>> helloFile.close()
```

写文件

由于用写模式打开已有文件，文件原有内容会被清空，所以再次读取内容时长度为 0。

1. write()方法

write()方法将字符串参数写入文件。

【例 5-5】用 write()方法写文件。

程序代码：

```
helloFile=open("d:\\python\\hello.txt","w")
helloFile.write("First line.\nSecond line.\n")
helloFile.close()
helloFile=open("d:\\python\\hello.txt","a")
helloFile.write("third line. ")
helloFile.close()
helloFile=open("d:\\python\\hello.txt")
fileContent=helloFile.read()
helloFile.close()
print(fileContent)
```

程序运行结果：

```
First line.
Second line.
third line.
```

当以写模式打开文件 hello.txt 时，文件原有内容被覆盖。调用 write()方法将字符串参数写入文件，这里"\n"代表换行符。关闭文件之后再次以添加模式打开文件 hello.txt，调用 write()方法写入的字符串"third line."被添加到了文件末尾。最终以读模式打开文件后读取到的内容共有三行字符串。

注意：write()方法不能自动在字符串末尾添加换行符，需要自己添加"\n"。

【例 5-6】完成一个自定义函数 copy_file()，实现文件的复制功能。

分析：copy_file()函数需要两个参数，指定需要复制的文件 oldfile 和文件的备份 newfile。分别以读模式和写模式打开两个文件，从 oldfile 一次读入 50 个字符并写入 newfile。当读到文件末尾时 fileContent==""成立，退出循环并关闭两个文件。

程序代码：

```
def copy_file(oldfile,newfile):
    oldFile=open(oldfile,"r")
    newFile=open(newfile,"w")
    while True:
        fileContent=oldFile.read(50)
        if fileContent=="":      #读到文件末尾时
            break
        newFile.write(fileContent)
    oldFile.close()
    newFile.close()
    return
copy_file("d:\\python\\hello.txt","d:\\python\\hello2.txt")
```

2．writelines ()方法

writelines(sequence)方法向文件写入一个序列字符串列表，如果需要换行则要自己加入每行的换行符。

```
obj = open("log.txt","w")
list02 = ["11","test","hello","44","55"]
obj.writelines(list02)
obj.close()
```

运行结果是生成一个 log.txt 文件，内容是 11testhello4455，可见没有换行。另外，注意 writelines()方法写入的序列必须是字符串序列，整数序列会产生错误。

5.2.4 文件内移动

无论读或写文件，Python 都会跟踪文件中的读/写位置。默认情况下，文件的读/写都从文件的开始位置进行。Python 提供了控制文件读/写起始位置的方法，使得用户可以改变文件读/写操作发生的位置。

当使用 open()函数打开文件时，open()函数在内存中创建缓冲区，将磁盘上的文件内容复制到缓冲区。文件内容复制到文件对象缓冲区后，文件对象将缓冲区视为一个大的列表，其

中的每一个元素都有自己的索引，文件对象按字节对缓冲区索引计数。同时，文件对象对文件当前位置，即当前读/写操作发生的位置进行维护，如图5-3所示。许多方法隐式使用当前位置，例如，调用readline()方法后，文件当前位置移动到下一个回车处。

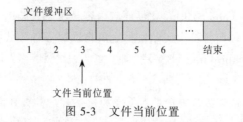

图 5-3　文件当前位置

Python 使用一些函数跟踪文件当前位置。tell()函数可以计算文件当前位置和开始位置之间的字节偏移量。

```
>>> exampleFile=open("d:\\python\\example.txt","w")
>>> exampleFile.write("123456789")
>>> exampleFile.close()
>>> exampleFile=open("d:\\python\\example.txt")
>>> exampleFile.read(2)
'12'
>>> exampleFile.read(2)
'34'
>>> exampleFile.tell()
4
>>> exampleFile.close()
```

这里 exampleFile.tell()函数返回的是一个整数 4，表示文件当前位置和开始位置之间有 4个字节偏移量。因为已经从文件中读取了4个字符，所以有4个字节偏移量。

seek()函数设置新的文件当前位置，允许在文件中跳转，实现对文件的随机访问。

seek()函数有两个参数：第一个参数是字节数；第二个参数是引用点。seek()函数将文件当前指针由引用点移动指定的字节数到指定的位置，语法格式如下：

```
seek(offset[,whence])
```

说明：offset 是一个字节数，表示偏移量。引用点 whence 有 3 个取值。

（1）文件开始处为 0，也是默认取值。意味着使用该文件的开始处作为基准位置，此时字节偏移量必须非负。

（2）如果当前文件位置为1，则使用当前位置作为基准位置，此时偏移量可以取负值。

（3）如果文件结尾处为2，则该文件的末尾将被作为基准位置。

注意：当文件以文本文件方式打开时，只能默认从文件头计算偏移量，即 whence 参数为1或2时，offset 参数只能取0，Python 解释器不接受非零当前偏移；当文件以二进制方式打开时，可以使用上述参数值进行定位。

【例 5-7】用 seek()函数在指定位置写文本文件。

```
exampleFile=open("D:\\Python\\example.txt","w+")
exampleFile.write("123456789")
exampleFile.seek(3)
exampleFile.write("ZUT")
exampleFile.seek(0)
```

```
s=exampleFile.read()
exampleFile.close()
print(s)
```

程序运行结果：

```
'123ZUT789'
```

注意：在追加模式"a"下打开文件，不能使用 seek()函数进行定位追加。改用"a+"模式打开文件，即可使用 seek()函数进行定位。

用 seek()函数在指定位置读二进制文件如下：

```
>>> ex1File=open("d:\\python\\example.txt", "r+b")
>>> ex1File.seek(3)
3
>>> ex1File.seek(-1,1)
2
>>> s=ex1File.read(3)
>>> print(s)
b'345'
```

以二进制文件打开文件时，可以使用 seek()函数按指定参数值移动文件指针读/写文件。

5.2.5 文件的关闭

应该牢记，使用 close()方法关闭文件。关闭文件是取消程序和文件之间连接的过程，内存缓冲区的所有内容将写入磁盘，因此必须在使用文件后关闭文件确保信息不会丢失。

要确保文件关闭，可以使用 try/finally 语句，在 finally 子句中调用 close()方法：

```
helloFile=open("d:\\python\\hello.txt","w")
try :
    helloFile.write("Hello,Sunny Day!")
finally:
    helloFile.close()
```

也可以使用 with 语句自动关闭文件：

```
with open("d:\\python\\hello.txt") as helloFile:
    s=helloFile.read()
print(s)
```

with 语句可以打开文件并赋值给文件对象，之后就可以对文件进行操作。文件会在语句结束后自动关闭，即使是由于异常引起的结束也是如此。

5.2.6 二进制文件的读/写

Python 没有二进制类型，但是可以用 string 字符串类型来存储二进制类型数据，因为 string 是以字节为单位的。

1．数据转换成字节串（以字节为单位的字符串）

pack()方法可以把数据转换成字节串。格式：

```
pack(格式化字符串，数据)
```

格式化字符串中可用的格式字符见表 5-2。例如：

```
import struct
a=20
bytes=struct.pack('i',a)                #将a变为string字符串
print(bytes)
```

结果是：b'\x14\x00\x00\x00'。

此时，bytes 就是一个 string 字符串，字符串按字节同 a 的二进制存储内容相同。结果中 \x 是十六进制的意思，20 的十六进制是 14。

如果是由多个数据构成的，可以按以下方式书写：

```
a='hello'
b='world!'
c=2
d=45.123
bytes=struct.pack('5s6sif',a.encode('utf-8'),b.encode('utf-8'),c,d)
```

其中，'5s6sif'就是格式化字符串，由数字加字符构成。例如，5s 表示占 5 个字符宽度的字符串，2i 表示 2 个整数，等等。表 5-2 所示为可用的格式字符及对应 C 语言、Python 中的类型。

表 5-2 格式字符

格式字符	C 语言的类型	Python 的类型	字 节 数
c	char	string of length 1	1
b	signed char	integer	1
B	unsigned char	integer	1
?	_Bool	bool	1
h	short	integer	2
H	unsigned short	integer	2
i	int	integer	4
I	unsigned int	integer or long	4
l	long	integer	4
L	unsigned long	long	4
q	long long	long	8
Q	unsigned long long	long	8
f	float	float	4
d	double	float	8
s	char[]	string	1
p	char[]	string	1
P	void *	long	与 OS 有关

例如：

```
bytes=struct.pack('5s6sif',a.encode('utf-8'),b.encode('utf-8'),c,d)
```

此时的 bytes 是二进制形式的数据，可以直接写入文件。例如：

```
binfile=open("d:\\python\\hellobin.txt","wb")
binfile.write(bytes)
binfile.close()
```

2. 字节串（以字节为单位的字符串）还原成数据

unpack()方法可以把相应数据的字节串还原成数据。例如：

```
bytes=struct.pack('i',20)        #将20变为string字符串
```

再进行反操作,现有二进制数据bytes(其实就是字符串),将反过来转换成Python的数据类型:

```
a,=struct.unpack('i',bytes)
```

注意：unpack返回的是元组,所以如果只有一个变量:

```
bytes=struct.pack('i',a)
```

那么,解码时需要按以下方式进行。

```
a,=struct.unpack('i',bytes)  或者  (a,)=struct.unpack('i',bytes)
```

如果直接用 a=struct.unpack('i',bytes),那么 a=(20,),是一个元组而不是原来的整数。
例如,把 d:\\python\\hellobin.txt 文件中数据读取并显示。

```
import struct
binfile=open("d:\\python\\hellobin.txt","rb")
bytes=binfile.read()
(a,b,c,d)=struct.unpack('5s6sif',bytes)
#通过struct.unpack()解码成python变量
t=struct.unpack('5s6sif',bytes)           #通过struct.unpack()解码成元组
print(t)
```

程序运行结果：

```
(b'hello', b'world!', 2, 45.12300109863281)
```

5.3 文件夹的操作

文件有两个关键属性:路径和文件名。路径指明了文件在磁盘上的位置。例如,若Python安装在路径 D:\Python35,在这个文件夹下就可以找到 python.exe 文件,运行可以打开 python 的交互界面。文件名句点的后面部分称为扩展名,它指明了文件的类型。

路径中的 D:\称为"根文件夹",它包含了本分区内所有其他文件和文件夹。文件夹可以包含文件和其他子文件夹。Python 35 是 D 盘下的一个子文件夹,它包含了 python.exe 文件。

文件夹的操作

5.3.1 当前工作目录

每个运行在计算机上的程序,都有一个"当前工作目录"。所有没有从根文件夹开始的文件名或路径,都假定工作在当前工作目录下。在交互式环境中输入以下代码:

```
>>> import os
>>> os.getcwd()
```

程序运行结果：

```
'D:\\Python35'
```

在 Python 的 GUI 环境中运行时,当前工作目录是 D:\Python35。路径中多出的一个反斜杠是 Python 的转义字符。

5.3.2 目录操作

在大多数操作系统中,文件被存储在多级目录(文件夹)中。这些文件和目录(文件夹)被称为文件系统。Python 的标准 os 模块可以处理它们。

1. 创建新目录

程序可以用 os.makedirs()函数创建新目录。在交互式环境中输入以下代码:

```
>>> import os
>>> os.makedirs("e:\\python1\\ch5files")
```

os.makedirs()在 E 盘下分别创建了 python1 文件夹及其子文件夹 ch5files,也就是说,路径中所有必需的文件夹都会被创建。

2. 删除目录

当目录不再使用时,可以使用 rmdir()函数删除目录。例如:

```
>>> import os
>>> os.rmdir("e:\\python1")
```

这时出现错误,WindowsError: [Error 145] : 'e:\\python1'。因为 rmdir()函数删除文件夹时要保证文件夹内不包含文件及子文件夹,也就是说,os.rmdir()函数只能删除空文件夹。又如:

```
>>> os.rmdir("e:\\python1\\ch5files")
>>> os.rmdir("e:\\python1")
>>> os.path.exists("e:\\python1")      #运行结果为 False
```

Python 的 os.path 模块包含了许多与文件名及文件路径相关的函数。上面的例子中使用了 os.path.exists()函数判断文件夹是否存在。os.path 是 os 模块中的模块,所以只要执行 import os 就可以将其导入。

3. 列出目录内容

使用 os.listdir()函数可以返回给出路径中文件名及文件夹名的字符串列表。例如:

```
>>> os.mkdir("e:\\python1")
>>> os.listdir("e:\\python1")
[]
>>> os.mkdir("e:\\python1\\ch5files")
>>> os.listdir("e:\\python1")
['ch5files']
>>> dataFile=open("e:\\python1\\ data1.txt","w")
>>> for n in range(26):
    dataFile.write(chr(n+65))
>>> dataFile.close()
>>> os.listdir("e:\\python1")
['ch5files', 'data1.txt']
```

在刚创建 python1 文件夹时,这是个空文件夹,所以返回的是一个空列表。后续在文件夹下分别创建了一个子文件夹 ch5files 和一个文件 data1.txt,列表中返回的是子文件夹名和文件名。

4. 修改当前目录

使用 os.chdir()函数可以更改当前工作目录。例如:

```
>>> os.chdir("e:\\python1")
>>> os.listdir(".")            #.代表当前工作目录
['ch5files', 'data1.txt']
```

5．查找匹配文件或文件夹

使用 glob()函数可以查找匹配文件或文件夹（目录）。glob()函数使用 UNIX Shell 的规则来查找：

（1）*：匹配任意个任意字符。
（2）?：匹配单个任意字符。
（3）[字符列表]：匹配字符列表中的任一个字符。
（4）[!字符列表]：匹配除列表外的其他字符。

```
import glob
glob.glob("d*")            #查找以 d 开头的文件或文件夹
glob.glob("d????")         #查找以 d 开头并且全长为 5 个字符的文件或文件夹
glob.glob("[abcd]*")       #查找以 abcd 中任一字符开头的文件或文件夹
glob.glob("[!abd]*")       #查找不以 abd 中任一字符开头的文件或文件夹
```

5.3.3 文件操作

os.path 模块主要用于文件的属性获取，在编程中经常用到。

1．获取路径和文件名

（1）os.path.dirname(path)：返回 path 参数中的路径名称字符串。
（2）os.path.basename(path)：返回 path 参数中的文件名。
（3）os.path.split(path)：返回参数的路径名称和文件名组成的字符串元组。

例如：

```
>>> helloFilePath="e:\\python\\ch5files\\hello.txt"
>>> os.path.dirname(helloFilePath)
'e:\\python\\ch5files'
>>> os.path.basename(helloFilePath)
'hello.txt'
>>> os.path.split(helloFilePath)
('e:\\python\\ch5files', 'hello.txt')
>>> helloFilePath.split(os.path.sep)
['e:', 'python', 'ch5files', 'hello.txt']
```

如果想要得到路径中每一个文件夹的名字，可以使用字符串方法 split()，通过 os.path.sep 对路径进行正确的分隔。

2．检查路径有效性

如果提供的路径不存在，许多 Python 函数就会崩溃报错。os.path 模块提供了一些函数帮助用户判断路径是否存在。

（1）os.path.exists(path)：判断参数 path 的文件或文件夹是否存在。存在返回 True，否则返回 False。

（2）os.path.isfile(path)：判断参数 path 存在且是一个文件，则返回 True，否则返回 False。

（3）os.path.isdir(path)：判断参数 path 存在且是一个文件夹，则返回 True，否则返回 False。

3. 查看文件大小

os.path 模块中的 os.path.getsize()函数可以查看文件大小。此函数与前面介绍的 os.path.listdir()函数配合可以帮助用户统计文件夹大小。

【例 5-8】统计 d:\\python 文件夹下所有文件的大小。

程序代码：

```
import os
totalSize=0
os.chdir("d:\\python")
for fileName in os.listdir(os.getcwd()):
    totalSize+=os.path.getsize(fileName)
print( totalSize)
```

4. 重命名文件

os.rename()函数可以帮助用户重命名文件。

```
os.rename("d:\\python\\hello.txt","d:\\python\\helloworld.txt")
```

5. 复制文件和文件夹

shutil 模块中提供一些函数，帮助用户复制、移动、改名和删除文件夹，可以实现文件的备份。

（1）shutil.copy(source,destination)：复制文件。

（2）shutil.copytree(source,destination)：复制整个文件夹，包括其中的文件及子文件夹。

例如，将 e:\\python 文件夹复制为新的 e:\\python-backup 文件夹代码。

```
import shutil
shutil.copytree("e:\\python","e:\\python-backup")
for fileName in os.listdir("e:\\python-backup"):
    print(fileName)
```

使用这些函数前先导入 shutil 模块。shutil.copytree()函数复制包括子文件夹在内的所有文件夹。

```
shutil.copy("e:\\python1\\data1.txt","e:\\python-backup")
shutil.copy("e:\\python1\\data1.txt","e:\\python-backup\\data-backup.txt")
```

shutil.copy()函数的第二个参数 destination 可以是文件夹，表示将文件复制到新文件夹中；也可以是包含新文件名的路径，表示复制的同时将文件重命名。

6. 文件和文件夹的移动和改名

shutil.move(source,destination)：shutil.move()函数与 shutil.copy()函数用法相似，参数 destination 既可以是一个包含新文件名的路径，也可以仅包含文件夹。

```
shutil.move("e:\\python1\\data1.txt","e:\\python1\\ch5files")
shutil.move("e:\\python1\\data1.txt","e:\\python1\\ch5files\\data2.txt")
```

注意：不管是 shutil.copy()函数还是 shutil.move()函数，函数参数中的路径必须存在，否则 Python 会报错。

如果参数 destination 中指定的新文件名与文件夹中已有文件重名，则文件夹中的已有文件会被覆盖。因此，使用 shutil.move()函数应当小心。

7. 删除文件和文件夹

os 模块和 shutil 模块都有函数可以删除文件或文件夹。

(1) os.remove(path)/os.unlink(path)：删除参数 path 指定的文件。例如：

```
os.remove("e:\\python-backup\\data-backup.txt")
os.path.exists("e:\\python-backup\\data-backup.txt")    #False
```

(2) os.rmdir(path)：如前所述，os.rmdir()函数只能删除空文件夹。

(3) shutil.rmtree(path)：shutil.rmtree()函数删除整个文件夹，包含所有文件及子文件夹。例如：

```
shutil.rmtree("e:\\python1")
os.path.exists("e:\\python1")   #False
```

这些函数都是从硬盘中彻底删除文件或文件夹，不可恢复，因此使用时应特别谨慎。

8．遍历目录树

想要处理文件夹中（包括子文件夹）的所有文件即遍历目录树，可以使用 os.walk()函数。os.walk()函数将返回该路径下所有文件及子目录信息元组。

【例 5-9】 显示"H:\档案科技表格"文件夹下所有文件及子目录。

程序代码：

```
import os
list_dirs = os.walk("H:\档案科技表格")      #返回一个元组
print(list(list_dirs))
for folderName,subFolders,fileNames in list_dirs:
    print("当前目录: " + folderName)
    for subFolder in subFolders:
        print(folderName +"的子目录" + " 是--" + subFolder)
        for fileName in fileNames:
            print(subFolder +"的文件 " + " 是--" + fileName)
```

5.4 文件应用案例——游戏地图存储

在游戏开发中往往需要存储不同关卡的游戏地图信息，例如推箱子、连连看等游戏。这里以推箱子游戏地图存储为例说明游戏地图信息如何存储到文件中并读取出来。

如图 5-4 所示的推箱子游戏，可以看成 7×7 的表格，这样如果按行/列存储到文件中，就可以把这一关游戏地图存入到文件中。

文件应用案例

图 5-4 推箱子游戏

为了表示方便，每个格子状态值分别用常量 Wall（0）代表墙，Worker（1）代表人，Box（2）代表箱子，Passageway（3）代表路，Destination（4）代表目的地，WorkerInDest（5）代表人在目的地，RedBox（6）代表放到目的地的箱子。文件中存储的原始地图中格子的状态值采用相应的整数形式存放。例如，图 5-4 所示推箱子游戏界面的对应数据如下：

0	0	0	3	0	0	0
3	3	0	3	4	0	0
1	3	3	2	3	3	0
4	2	0	3	3	3	0
3	3	3	0	3	3	0
3	3	3	0	3	3	0
3	0	0	0	0	0	0

5.4.1 地图写入文件

只需要使用 write()方法按行/列（这里按行）存入到文件 map1.txt 中即可。

```
import os
myArray1 = []
#地图写入文件
helloFile=open("map1.txt","w")
helloFile.write("0,0,0,3,3,0,0\n")
helloFile.write("3,3,0,3,4,0,0\n")
helloFile.write("1,3,3,2,3,3,0\n")
helloFile.write("4,2,0,3,3,3,0\n")
helloFile.write("3,3,3,0,3,3,0\n")
helloFile.write("3,3,3,0,0,3,0\n")
helloFile.write("3,0,0,0,0,0,0\n")
helloFile.close()
```

5.4.2 从地图文件读取信息

只需要按行从文件 map1.txt 中读取即可得到地图信息。本例中将信息读取到二维列表中存储。

```
#读文件
helloFile=open("map1.txt","r")
myArray1=[]
while True:
    line=helloFile.readline()
    if line=="":                        # 或者 if not line
        break
    line=line.replace("\n","")          #将读取的1行中最后的换行符去掉
    myArray1.append(line.split(","))
helloFile.close()
print(myArray1)
```

程序运行结果：

[['0', '0', '0', '3', '3', '0', '0'], ['3', '3', '0', '3', '4', '0', '0'], ['1', '3', '3', '2', '3', '3', '0'], ['4', '2', '0', '3', '3', '3', '0'], ['3', '3', '3', '0', '3', '3', '0'], ['3', '3', '3', '0', '0', '3', '0'], ['3', '0', '0', '0', '0', '0', '0']]

在后面图形化推箱子游戏中，根据数字代号用对应图形显示到界面上，即可完成地图读取任务。

5.5 常用格式文件操作

5.5.1 操作 CSV 格式文件

CSV 文件（comma-separated values，逗号分隔值）以纯文本形式存储表格数据。CSV 文件由任意数量的记录组成，记录间以换行符分隔；每条记录由字段组成，字段间的分隔符常见的是逗号或制表符。

1. 直接读写 CSV 文件

CSV 文件是一种特殊的文本文件，且格式简单，可以根据文本文件的读写方法实现操作 CSV 文件。

【例 5-10】直接读取 CSV 格式文件到二维列表。

```
myfile=open('test2.csv', 'r')
ls=[]
for line in myfile:
    line=line.replace('\n','')        #换行符去掉
    ls.append(line.split(','))        #将一行中以','分隔的多个数据转换成数据元素的列表
print(ls)
myfile.close()                        #close 文件
```

以上代码将一行转换成一个列表，多行数据就组成一个每个元素都是列表的列表，即二维列表。

运行结果类似如下：

```
[['序号', '姓名', '年龄'], ['3', '张海峰', '25'], ['4', '李伟', '38'], ['5', '赵大强', '36']]
```

【例 5-11】直接将二维列表写入 CSV 格式文件。

```
myfile=open('test2new.csv', 'w')              #新建 CSV 文件并以写模式打开
ls=[['序号', '姓名', '年龄'], ['3', '张海峰', '25'], ['4', '李伟', '38'],
    ['5', '赵大强', '36'], ['6', '程海鹏', '28']]
for line in ls:
    myfile.write(','.join(line)+"\n")         #在同一行的数据元素之间加上逗号间隔
myfile.close()
```

在写入过程中，与读取数据时的处理相反，需要借助字符串的 join()方法，在同一行的数据元素之间加上逗号间隔。同时行尾加上换行符"\n"。

2. 使用 CSV 模块读写 CSV 文件

Python 自带的 CSV 模块可以处理 CSV 文件，与读写 Excel 文件相比，CSV 文件的读写是相当方便的。

读取 CSV 文件使用 reader 对象。格式如下：

```
reader(csvfile[, dialect='excel'][, fmtparam])
```

参数 csvfile：通常的文件（file）对象，或者列表（list）对象都是适用的。

dialect：编码风格，默认为 excel 方式，也就是逗号（,）分隔。另外，CSV 模块也支持 excel-tab 风格，也就是制表符（tab）分隔。

fmtparam：格式化参数，用来覆盖之前 dialect 对象指定的编码风格。

reader 对象是可以迭代的，line_num 参数表示当前行数；reader 对象还提供一些 dialect、next() 方法。

写入 CSV 文件使用 writer 对象。格式如下：

```
writer(csvfile, dialect='excel', fmtparams)
```

参数的意义同上，这里不再赘述。这个对象有两个函数 writerow() 和 writerows()，可实现写入 CSV 文件。例如：

```
with open('1.csv','w',newline='') as f:
    head = ['标题列1','标题列2']
    rows = [ ['张三',80],['李四',90] ]
    writer = csv.writer(f)
    writer.writerow(head)                #写入一行数据
    writer.writerows(rows)               #写入多行数据
```

【例 5-12】将人员信息写入 CSV 文件并读取出来。

```
import csv
#写入一个文件
myfile = open('test2.csv', 'w', newline='')    #'a'追加，'w'写方式
mywriter = csv.writer(myfile)                   #返回一个 Writer 对象
mywriter.writerow(['序号', '姓名', '年龄'])     #加入标题行
mywriter.writerow([3, '张海峰', 25])            #加入一行
mywriter.writerow([4, '李伟', 38])
mywriter.writerows([[5, '赵大强', 36],[6, '程海鹏', 28]]) #加入多行
myfile.close()
#读取一个 CSV 文件
myfilepath = 'test2.csv'
#这里用到的 open 都要加上 newline='' 否则会多一个换行符（参见标准库文档）
myfile = open(myfilepath, 'r', newline='')
myreader = csv.reader(myfile)                   #返回一个 Reader 对象
for row in myreader:
    if myreader.line_num == 1 :                 #line_num 是从 1 开始计数的
        continue                                #第一行不输出
    for i in row :                              #row 是一个列表
        print(i, end=' ')
    print()
myfile.close()                                  #close 文件
```

该程序涉及两个函数：Writer.writerow(list) 用于将 list 列表以一行形式添加；Writer.writerows(list) 可写入多行。

程序运行显示结果如下：

```
3 张海峰 25
4 李伟 38
5 赵大强 36
6 程海鹏 28
```

并生成与显示同样内容的 test2.csv 文件，不过还有序号、姓名、年龄这样的标题行信息。

5.5.2 操作 Excel 文档

Excel 是电子表格，包含文本、数值、公式和格式。第三方的 xlrd 和 xlwt 两个模块分别用来读和写 Excel，只支持.xls 和.xlsx 格式，Python 默认情况下不包含这两个模块。这两个模块之间相互独立，没有依赖关系，也就是说可以根据需要只安装其中一个。在命令行下安装 xlrd 和 xlwt 模块的命令如下：

```
pip install xlrd
pip install xlwt
```

当看到类似 Successfully 字样时，表明已经安装成功。

1. 使用 xlrd 模块读取 Excel

xlrd 提供的接口比较多，常用的如下：
open_workbook()：打开指定的 Excel 文件，返回一个 Book 工作簿对象。

```
data = xlrd.open_workbook('excelFile.xls')    #打开 Excel 文件
```

①Book 工作簿对象。通过 Book 工作簿对象可以得到各个 Sheet 工作表对象（一个 Excel 文件可以有多个 Sheet，每个 Sheet 就是一张表格）。Book 工作簿对象的属性和方法如下：
Book.nsheets 返回 Sheet 的数目。
Book.sheets()返回所有 Sheet 对象的 list。
Book.sheet_by_index(index)返回指定索引处的 Sheet。相当于 Book.sheets()[index]。
Book.sheet_names()返回所有 Sheet 对象名字的 list。
Book.sheet_by_name(name)根据指定 Sheet 对象名字返回 Sheet。
例如：

```
table = data.sheets()[0]                    #通过索引顺序获取 Sheet
table = data.sheet_by_index(0)              #通过索引顺序获取 Sheet
table = data.sheet_by_name('Sheet1')        #通过名称获取 Sheet
```

②Sheet 工作表对象。通过 Sheet 工作表对象可以获取各个单元格，每个单元格是一个 Cell 对象。Sheet 工作表对象的属性和方法如下：
Sheet.name 返回表格的名称。
Sheet.nrows 返回表格的行数。
Sheet.ncols 返回表格的列数。
Sheet.row(r)获取指定行，返回 Cell 对象的 list。
Sheet.row_values(r)获取指定行的值，返回 list。
Sheet.col(c)获取指定列，返回 Cell 对象的 list。
Sheet.col_values(c)获取指定列的值，返回 list。
Sheet.cell(r, c)根据位置获取 Cell 对象。
Sheet.cell_value(r, c)根据位置获取 Cell 对象的值。例如：

```
cell_A1 = table.cell(0,0).value             #获取 A1 单元格的值
cell_C4 = table.cell(2,3).value             #获取 C4 单元格的值
```

例如，循环输出表数据：

```
nrows = table.nrows                         #表格的行数
ncols = table.ncols                         #表格的列数
```

```
for i in range(nrows):
    print(table.row_values(i) )
```

③Cell 对象。Cell 对象的 Cell.value 返回单元格的值。

【例 5-13】读取图 5-5 所示的 Excel 文件'test.xls'示例。

```
import xlrd
wb = xlrd.open_workbook('test.xls')    #打开文件
sheetNames = wb.sheet_names()          #查看包含的工作表
print(sheetNames)                      #输出所有工作表的名称, ['sheet_test']
#获得工作表的两种方法
sh = wb.sheet_by_index(0)
sh = wb.sheet_by_name('sheet_test')    #通过名称'sheet_test'获取对应的 Sheet
#单元格的值
cellA1 = sh.cell(0,0)
cellA1Value = cellA1.value
print(cellA1Value)                     #王海
#第一列的值
columnValueList = sh.col_values(0)
print(columnValueList)                 #['王海', '程海鹏']
```

程序运行结果如下：

```
['sheet_test']
王海
['王海', '程海鹏']
```

2. 使用 xlwt 模块写 Excel

相对来说，xlwt 提供的接口就没有 xlrd 那么多了，主要如下：

Workbook()是构造函数，返回一个工作簿的对象。

Workbook.add_sheet(name)添加了一个名为 name 的表，类型为 Worksheet。

Workbook.get_sheet(index)可以根据索引返回 Worksheet。

Worksheet.write(r, c, vlaue)是将 vlaue 填充到指定位置。

Worksheet.row(n)返回指定的行。

Row.write(c, value)在某一行的指定列写入 value。

Worksheet.col(n)返回指定的列。

通过对 Row.height 或 Column.width 赋值可以改变行或列默认的高度或宽度（单位：0.05 pt，即 1/20 pt）。

Workbook.save(filename)保存文件。

表的单元格默认是不可重复写的，如果有需要，在调用 add_sheet()方法的时候指定参数 cell_overwrite_ok=True 即可。

【例 5-14】写入 Excel 示例代码。

```
import xlwt
book = xlwt.Workbook(encoding='utf-8')
sheet = book.add_sheet('sheet_test', cell_overwrite_ok=True)   #单元格可重复写
sheet.write(0, 0, '王海')
sheet.row(0).write(1, '男')
sheet.write(0, 2, 23)
sheet.write(1, 0, '程海鹏')
```

```
sheet.row(1).write(1, '男')
sheet.write(1, 2, 41)
sheet.col(2).width = 4000              #单位 1/20 pt
book.save('test.xls')
```

程序运行生成如图 5-5 所示。

	A	B	C
1	王海	男	23
2	程海鹏	男	41
3			
4			

图 5-5　'test.xls'文件

5.5.3　操作 JSON 格式文件

JSON（JavaScript object notation）是一种轻量级的数据交换格式，比 XML 更小、更快、更易解析，具有易于读写且占用带宽小，网络传输速度快的特性，适用于数据量大，不要求保留原有类型的情况。它是 JavaScript 的子集，易于人阅读和编写。

前端和后端进行数据交互，往往通过 JSON 进行。因为 JSON 易于被识别的特性，常作为网络请求的返回数据格式。在爬取动态网页时，会经常遇到 JSON 格式的数据，Python 中可以使用 json 模块对 JSON 数据进行解析。

1. JSON 的结构

常见形式为“名称/值”对的集合。

例如：

```
{"firstName": "Brett", "lastName": "McLaughlin"}
```

JSON 允许使用数组，采用方括号[]实现。

例如，用 JSON 表示中国部分省市数据如下，其中省份采用的是数组。

```
{
    "name": "中国",
    "province": [{
        "name": "黑龙江",
        "cities": {
            "city": ["哈尔滨", "大庆"]
        }
    }, {
        "name": "广东",
        "cities": {
            "city": ["广州", "深圳", "珠海"]
        }
    } ]
}
```

2. json 模块中常用的方法

在使用 json 模块前，首先要导入 json 库：

```
import json
```

json 模块主要提供了四个方法，即 dumps、dump、loads、load，见表 5-3。

表 5-3 json 模块中常用的方法

方法	功能描述
json.dumps()	将 Python 对象转换成 JSON 字符串
json.loads()	将 JSON 字符串转换成 Python 对象
json.dump()	将 Python 类型数据序列化为 JSON 对象后写入文件
json.load()	读取文件中 JSON 形式的字符串并转化为 Python 类型数据

下面通过例子演示四个方法的使用。

（1）json.dumps()：其作用是将 Python 对象转换成 JSON 字符串。例如：

```
import json
data = {'name':'nanbei','age':18}
s = json.dumps(data)              #将 Python 对象编码成 JSON 字符串
print(s)
```

运行结果：

```
{"name": "nanbei", "age": 18}
```

JSON 注意事项：
- 名称必须用双引号（即"name"）来包括。
- 值可以是字符串、数字、true、false、null、数组或子对象。

从运行结果可见，原先的'name'、'age'单引号已经变成双引号"name"、"age"。

（2）json.loads()：其作用是将 JSON 字符串转换成 Python 对象。例如：

```
import json
data = "{'name':'nanbei','age':18}"
a = json.dumps(data)
print(json.loads(a))              #将 JSON 字符串编码成 Python 对象，即 dict 字典
```

运行结果：

```
{'name': 'nanbei', 'age': 18}
```

对于一个 JSON 文件，需要先读文件，然后才能转换成 Python 对象。

```
import json
f=open('stus.json',encoding='utf-8')    #'stus.json'是一个 JSON 文件
content=f.read()                         #使用 loads()方法，需要先读文件成字符串
user_dic=json.loads(content)             #转换成 Python 的字典对象
print(user_dic)
```

（3）json.load()方法：其作用是读取文件中 JSON 形式的字符串并转化为 Python 类型数据。例如：

```
import json
f=open('stus.json',encoding='utf-8')
user_dic=json.load(f)                    #f 是文件对象
print(user_dic)
```

可见 loads()传入的是字符串，而 load()传入的是文件对象。使用 loads()时需要先读文件成字符串再使用，而 load()则不用先读文件成字符串而是直接传入文件对象。

（4）json.dump()：其作用是将 Python 类型数据序列化为 JSON 对象后写入文件。例如：

```
stus={ 'xiaojun':88, 'xiaohei':90, 'lrx':100}
f=open('stus2.json','w',encoding='utf-8')    #以写方式打开 stus2.json 文件
json.dump(stus,f)                            #写入 stus2.json 文件
f.close()                                    #文件关闭
```

5.6 文件应用案例——词频统计

对文章内容进行统计，从中找出出现频率高的词语，从而概要分析文章内容，是经常遇到的需求；对网络信息进行自动检索及归档，也是同样的需求。这就是"词频统计"问题。

以英文文章为例，将文章作为文件读取其内容，对文章中的每一个单词设计其计数器，每出现一次其计数器进行加 1，最后得出每个单词出现的次数。这里可以使用字典类型，以单词作为键，其次数为值，形成（单词，次数）的键值对。而英文文章以空格或标点符号进行单词的分隔，因此获得单词并统计数量相对容易。下面对程序进行分析：

词频统计问题的 IPO 描述如下：

（1）程序输入：选取李某给刚上大学女儿的一封英文信并保存在 letter.txt 文件中，从文件中读取文章。

（2）处理：使用字典类型，分词并统计每一个单词出现的次数。

（3）程序输出：显示统计的结果，每一个单词及其出现的次数。

将文件内容读取并保存在字符串中，首先需要分词。这里先使用 string.lower()函数将所有单词转为小写形式，保证同一个单词不同大小写形式统计一致；然后用 string.replace()方法将特殊字符统一替换为空格，为后面的分词做准备，提取单词。英文文章分词比较简单，由于单词间有空格，所以 string.split()按空格分隔就可以实现文章分隔成单词的列表 words。

使用字典类型 wdCountDict 进行单词的计数。对于已经出现在字典中的单词其计数器加 1；没有出现的单词添加并将键值设置为 1，新建键值对。对应的代码如下：

```
for word in words:
    if word in wdCountDict:
        wdCountDict[word]=wdCountDict[word]+1
    else:
        wdCountDict[word]=1
```

也可以使用 wdCountDict.get()方法将上述代码替换为：

```
wdCountDict[word]=wdCountDict.get(word,0)+1
```

将词频结果从大到小倒序排序并输出。字典类型是无序的，因此必须先将字典转换为列表，对列表进行排序。为了使用 sort()方法排序，转换列表时需要将每个字典项（键，值）转换为新元组（值，键）添加到列表中。这是因为 sort()方法对复合对象，比较的是每个元素的第一个值。代码如下：

```
valKeyList=[]
for key,val in wdCountDict.items():
    valKeyList.append((val,key))
```

也可以使用以下代码进行更简洁的替换：

```
valKeyList=[(val,key) for key,val in wdCountDict.items()]
```

全部代码如下：

```python
#letter.py
def getFileText():
    with open("C:\\lynn\\Python\\letter.txt","r") as letterFile:
        filTxt=letterFile.read()
    filTxt=filTxt.lower()
    for ch in '!"#$%&()*+-*/,.:;<=>?@[]\\^_{}|~':
        filTxt=filTxt.replace(ch," ")
    return filTxt
letterTxt=getFileText()
words=letterTxt.split()
wdCountDict={}
for word in words:
    wdCountDict[word]=wdCountDict.get(word,0)+1
valKeyList=[(val,key) for key,val in wdCountDict.items()]
valKeyList.sort( reverse=True)
print("{0:<10}{1:>5}".format("word","count"))
print("*"*21)
for val,key in valKeyList:
    print("{0:<10}{1:>5}".format(key,val))
```

注意：使用sort()方法排序时，若第一个值相同，它会使用复合对象的其他元素排序。因此，出现次数相同的单词以单词字母倒序输出。

观察结果可以发现，在列表中会出现很多常见且对文章分析无意义的，如and、you、or、it等，这些词被称为停止词。停止词表可以在网上找到，通常可以设置停止词列表，并将它们从字典中排除。代码如下：

```python
excludes={"the","of","you","your","that","will","this","don't"}
for word in excludes:
    del(wdCountDict[word])
```

该示例列表中的单词并不完整，读者可以试着完善列表。

更简单的方法是排除长度小于3的单词。并在最终的结果中将出现次数小于2次的单词也排除，完善输出结果。完整代码如下：

```python
#letter.py
def getFileText():
    with open("C:\\lynn\\Python\\letter.txt","r") as letterFile:
        filTxt=letterFile.read()
    filTxt=filTxt.lower()
    for ch in '!"#$%&()*+-*/,.:;<=>?@[]\\^_{}|~':
        filTxt=filTxt.replace(ch," ")
    return filTxt
letterTxt=getFileText()
words=letterTxt.split()
wdCountDict={}
excludes={"the","of","you","your","that","will","this","don't"}
for word in words:
    wdCountDict[word]=wdCountDict.get(word,0)+1
for word in excludes:
    del(wdCountDict[word])
items=list(wdCountDict.items())              #将字典转换为列表
items.sort(key=lambda x:x[1],reverse=True)   #按记录第2列排序
```

```
print("{0:<10}{1:>5}".format("word","count"))
print("*"*21)
for key,val in items:
    if len(key)>3 and val>2:
        print("{0:<10}{1:>5}".format(key,val))
```

此后，在最终的结果中就可以看到单词出现的次数。

习　题

1. 编写程序，打开任意的文本文件，读出其中的内容，判断该文件中某些给定关键字，如"程序"出现的次数。

2. 编写程序，打开任意的文本文件，在指定的位置产生一个相同文件的副本，即实现文件的复制功能。

3. 用 Windows "记事本"创建一个文本文件，其中每行包含一段英文。试读出文件的全部内容，并判断：

（1）该文本文件共有多少行？

（2）文件中以大写字母 P 开头的有多少行？

（3）一行中包含字符最多的及包含字符最少的分别在第几行？

4. 统计 test.txt 文件中大写字母、小写字母和数字出现的次数。

5. 编写程序统计调查问卷各评语出现的次数，将最终统计结果放入字典。

调查问卷结果：

不满意，一般，满意，一般，很满意，满意，一般，一般，不满意，满意，满意，满意，满意，一般，很满意，一般，满意，不满意，一般，不满意，满意，满意，满意，满意，满意，满意，很满意，不满意，满意，不满意，不满意，一般，很满意

要求：问卷调查结果用文本文件 result.txt 保存并编写程序读取该文件后统计各评语出现的次数，将字典最终统计结果追加至 result.txt 文件中。

6. 文件 src.txt 存储的是一篇英文文章，将其中所有大写字母转换成小写字母输出。

假如 src.txt 中的存储内容为：　　This is a Book

则输出内容应为：　　this is a book

7. 文件 score.txt 中存储了歌手大奖赛中 10 名评委给每一个歌手打的分，10 个分数在一行，形式如下：

歌手 1，8.92，7.89，8.23，8.93，7.89，8.52，7.99，8.83，8.99，8.89

歌手 2，8.95，8.86，8.24，8.63，7.66，8.53，8.59，8.82，8.93，8.89

……

从文件中读取数据，存入列表中，计算该名歌手的最终得分，最终得分的计算方式是 10 个评分去掉一个最高分，去掉一个最低分，然后求平均分。最终得分保留两位小数，输出到屏幕。

实验五　文件操作

一、实验目的

（1）掌握文件的打开（或建立）和关闭方法。
（2）掌握文件的读写方法。
（3）掌握文件和文件夹（目录）的操作方法。

二、实验内容

1．编程实现文件读写操作，完成以下功能：

（1）随机生成 100 个 100~500 之间的整数，每 10 个整数占一行，写入 test.txt 文件。
（2）读取 test.txt 文件，显示每行数据并计算出每行最大值。
（3）统计偶数的个数并写入 test.txt 文件中。

2．有一个文件 temp.txt，分两行保存一周以来每天的最高最低温度，其中第一行为每天最高温度，第二行为每天的最低温度，文件内容形式如下：

```
34 30 28 33 32 35 29
24 20 19 22 22 26 21
```

编写程序，计算一周以来最高最低温度，并计算全周的平均气温（每天平均温度的平均值）。

提示：读取第 1 行最高温度到 L1 列表，读取第 2 行最低温度到 L2 列表，由于 split(' ') 按空格分隔分解出来的是字符串列表，计算温度时需要转换成整数。

第6章 面向对象程序设计

面向对象程序设计（object oriented programming，OOP）的思想主要针对大型软件设计而提出，使得软件设计更加灵活，能够很好地支持代码复用和设计复用，并且使得代码具有更好的可读性和可扩展性。面向对象程序设计的一个关键性观念是将数据以及对数据的操作封装在一起，组成一个相互依存、不可分割的整体，即对象。对于相同类型的对象进行分类、抽象后，得出共同的特征而形成了类，面向对象程序设计的关键就是如何合理地定义和组织这些类以及类之间的关系。这里在介绍面向对象程序设计的基本特性基础上还介绍了类和对象的定义，类的继承、派生与多态。

6.1 面向对象程序设计基础

面向对象程序设计是相对于结构化程序设计而言的，它把一个新的概念——对象，作为程序代码的整个结构的基础和组成元素。它将数据及对数据的操作结合在一起，作为相互依存、不可分割的整体来处理；它采用数据抽象和信息隐藏技术，将对象及对象的操作抽象成一种新的数据类型——类，并且考虑不同对象之间的联系和对象类的重用性。简而言之，对象就是现实世界中的一个实体，而类就是对象的抽象和概括。

微 课

类和对象

现实生活中的每一个相对独立的事物都可以看作一个对象，例如，一个人、一辆车、一台计算机等。对象是具有某些特性和功能的具体事物的抽象。每个对象都具有描述其特征的属性及附属于它的行为。例如，一辆车有颜色、车轮数、座椅数等属性，也有起动、行驶、停止等行为。一个人是由姓名、性别、年龄、身高、体重等特征描述，也有走路、说话、学习、开车等行为；一台计算机由主机、显示器、键盘、鼠标等部件组成。

当人们生产一台计算机时，并不是先要生产主机再生产显示器，再生产键盘、鼠标，即不是顺序执行的，而是分别生产设计主机、显示器、键盘、鼠标等，最后把它们组装起来。这些部件通过事先设计好的接口进行连接，以便协调地工作，这就是面向对象程序设计的基本思路。

每个对象都有一个类型，类是创建对象实例的模板，是对对象的抽象和概括，它包含对所创建对象的属性描述和行为特征的定义。例如，人们在马路上看到的汽车都是一个一个的汽车对象，它们都归属于一个汽车类，那么车身颜色就是该类的属性，开动是它的方法，该保养了或者该报废了就是它的事件。

面向对象程序设计是一种计算机编程架构，它具有以下3个基本特性：

（1）封装性（encapsulation）：就是将一个数据和与这个数据有关的操作集合放在一起，形成一个实体——对象，用户不必知道对象行为的实现细节，只需根据对象提供的外部特性接口访问对象即可。其目的在于将对象的用户与设计者分开，用户不必知道对象行为的细节，只需用设计者提供的协议命令对象去做就可以。也就是可以创建一个接口，只要该接口保持不变，即使完全重写了指定方法中的代码，应用程序也可以与对象进行交互。

例如，电视机是一个类，用户家里的电视机是这个类的一个对象，它有声音、颜色、亮度等一系列属性。如果需要调节它的属性（如声音），只需要通过调节一些按钮或旋钮即可。用户也可以通过这些按钮或旋钮来控制电视的开、关、换台等功能（方法）。当进行这些操作时，并不需要知道这台电视机的内部构成，而是通过生产厂家提供的通用开关、按钮等接口来实现。

面向对象方法的封装性使对象以外的事物不能随意获取对象的内部属性（公有属性除外），有效地避免了外部错误对它产生的影响，大大减轻了软件开发过程中查错的工作量，减小了排错的难度；隐蔽了程序设计的复杂性，提高了代码重用性，降低了软件开发的难度。

（2）继承性（inheritance）：在面向对象程序设计中，根据既有类（基类）派生出新类（派生类）的现象称为类的继承机制，亦称为继承性。

派生类无须重新定义在父类（基类）中已经定义的属性和行为，而是自动地拥有其父类的全部属性与行为。派生类既具有继承下来的属性和行为，又具有自己新定义的属性和行为。当派生类又被它更下层的子类继承时，它继承的及自身定义的属性和行为又被下一级子类继承。面向对象程序设计的继承机制实现了代码重用，有效地缩短了程序的开发周期。

（3）多态性（polymorphism）：面向对象程序设计的多态性是指基类中定义的属性或行为，被派生类继承之后，可以具有不同的数据类型或表现出不同的行为特性，使得同样的消息可以根据发送消息对象的不同而采用多种不同的行为方式。

Python完全采用了面向对象程序设计的思想，是真正面向对象的高级动态编程语言，完全支持面向对象的基本功能，如封装、继承、多态以及对基类方法的覆盖或重写。但与其他面向对象程序设计语言不同的是，Python中对象的概念很广泛，Python中的一切内容都可以称为对象。例如，字符串、列表、字典、元组等内置数据类型都具有和类完全相似的语法和用法。

6.2 类和对象

Python使用class关键字来定义类，class关键字之后是一个空格，接着是类的名字，然后是一个冒号，最后换行并定义类的内部实现方法。类名的首字母一般要大写，当然也可以按照自己的习惯定义类名，但是一般推荐参考惯例来命名，并在整个系统的设计和实现中保持风格一致，这一点对于团队合作尤其重要。

6.2.1 定义和使用类

1. 定义类

创建类时用变量形式表示的对象属性称为数据成员或属性（成员变量），用函数形式表示的对象行为称为成员函数（成员方法），成员属性和成员方法统称为类的成员。

定义类的最简单形式如下：

```
class 类名:
    属性(成员变量)
    属性
    …
    …
    成员函数(成员方法)
```

【例6-1】定义一个Person人员类。

程序代码：

```
class Person:
    num=0                        #成员变量（属性）
    def SayHello(self):          #成员函数
        print("Hello!")
```

在Person类中定义一个成员函数SayHello(self)，用于输出字符串"Hello!"。同样，Python使用缩进标识类的定义代码。

（1）成员函数（成员方法）：在Python中，函数和成员方法（成员函数）是有区别的。成员方法一般指与特定实例绑定的函数，通过对象调用成员方法时，对象本身将被作为第一个参数传递过去，普通函数并不具备这个特点。

（2）self：可以看到，在成员函数SayHello()中有一个参数self。这也是类的成员函数（方法）与普通函数的主要区别。类的成员函数必须有一个参数self，而且位于参数列表的开头。self就代表类的实例（对象）自身，可以使用self引用类中的属性和成员函数。在类的成员函数中访问实例属性时需要以self为前缀，但在外部通过对象名调用对象成员函数时并不需要传递这个参数。如果在外部通过类名调用对象成员函数则需要显式为self参数传值。

2．定义对象

对象是类的实例。如果人类是一个类，那么某个具体的人就是一个对象。只有定义了具体的对象，并通过"对象名.成员"的方式来访问其中的数据成员或成员方法。

Python创建对象的语法格式如下：

```
对象名 = 类名()
```

例如，下面的代码定义了一个类Person的对象p：

```
p = Person()
p.SayHello()                    #访问成员函数SayHello()
```

程序运行结果：

```
Hello!
```

6.2.2 构造函数__init__()

类可以定义一个特殊的称为__init__()的方法（构造函数，以两个下画线"_"开头和结束）。一个类定义了__init__()方法以后，类实例化时就会自动为新生成的类实例调用__init__()方法。构造函数一般用于完成对象数据成员设置初值或进行其他必要的初始化工作。如果用户未定义构造函数，Python将提供一个默认的构造函数。

【例6-2】定义一个复数类Complex，构造函数完成对象变量初始化工作。

```
class Complex:
    def __init__(self, realpart, imagpart):
```

```
        self.r = realpart
        self.i = imagpart
x = Complex(3.0,-4.5)
print(x.r, x.i)
```

程序运行结果：

```
3.0 -4.5
```

6.2.3 析构函数

Python 中类的析构函数是__del__()，用来释放对象占用的资源，在 Python 收回对象空间之前自动执行。如果用户未定义析构函数，Python 将提供一个默认的析构函数进行必要的清理工作。例如：

```
class Complex:
    def __init__(self, realpart, imagpart):
        self.r = realpart
        self.i = imagpart
    def __del__(self):
        print("Complex 不存在了")
x = Complex(3.0,-4.5)
print(x.r, x.i)
print(x)
del x                              #删除 x 对象变量
```

程序运行结果：

```
3.0 -4.5
<__main__.Complex object at 0x01F87C90>
Complex 不存在了
```

说明：在删除 x 对象变量之前，x 是存在的，在内存中的标识为 0x01F87C90，执行"del x"语句后，x 对象变量不存在了，系统自动调用析构函数，所以出现"Complex 不存在了"。

6.2.4 实例属性和类属性

属性（成员变量）有两种：一种是实例属性；另一种是类属性（类变量）。实例属性是在构造函数__init__（以两个下画线"__"开头和结束）中定义的，定义时以 self 作为前缀；类属性是在类中方法之外定义的属性。在主程序中（在类外部），实例属性属于实例（对象）只能通过对象名访问；类属性属于类可通过类名访问，也可以通过对象名访问，为类的所有实例共享。

【例 6-3】定义含有实例属性（姓名 name、年龄 age）和类属性（人数 num）的 Person 人员类。

程序代码：

```
class Person:
    num=0                          #类属性
    def __init__(self, str,n):     #构造函数
        self.name = str            #实例属性
        self.age=n
        Person.num=1               #修改类属性
    def SayHello(self):            #成员函数
```

```
            print("Hello!")
        def PrintName(self):              #成员函数
            print("姓名: ", self.name, "年龄: ", self.age)
        def PrintNum(self):               #成员函数
            print(Person.num)             #由于是类属性，所以不写self.num
#主程序
P1= Person("夏敏捷",42)
P2= Person("王琳",36)
P1.PrintName()
P2.PrintName()
Person.num=2                              #修改类属性
P1.PrintNum()
P2.PrintNum()
```

程序运行结果：

```
姓名：  夏敏捷 年龄： 42
姓名：  王琳 年龄： 36
2
2
```

其中，num 变量是一个类变量，它的值将在这个类的所有实例之间共享。用户可以在类内部或类外部使用 Person.num 访问。

在类的成员函数（方法）中可以调用类的其他成员函数（方法），可以访问类属性、对象实例属性。

在 Python 中比较特殊的是，可以动态地为类和对象增加成员，这一点是和很多面向对象程序设计语言不同的，也是 Python 动态类型特点的一种重要体现。

【例 6-4】为 Person 人员类动态增加工作单位属性 work 和成员方法 setAge()。

程序代码：

```
import types                              #导入types模块
class Person:
    num=0                                 #类属性
    def __init__(self, str,n):            #构造函数
        self.name = str                   #实例属性
        self.age=n
        Person.num+=1                     #修改类属性
    def SayHello(self):                   #成员函数
        print("Hello!")
    def PrintName(self):                  #成员函数
        print("姓名: ", self.name, "年龄: ", self.age)
    def PrintNum(self):                   #成员函数
        print(Person.num)                 #由于是类属性，所以不写self.num
#主程序
P1= Person("夏敏捷",42)
P2= Person("王琳",36)
Person.work = '中原工学院'                 #增加类属性
P1.age = 43                               #修改实例属性
print(P1.name,"年龄: ", P1.age,"人数: ",Person.num,"单位: ",Person.work)
print(P2.name,"年龄: ", P2.age,"人数: ",Person.num,"单位: ",Person.work)
def setAge(self, s):
    self.age = s
```

```
P2.setAge = types.MethodType(setAge,Person)     #动态为对象增加成员函数
P2.setAge(35)                                   #调用对象的成员函数
print(P2.name, "年龄: ",P2.age)
```

程序运行结果：

```
夏敏捷 年龄: 43 人数: 2 单位: 中原工学院
王琳 年龄: 36 人数: 2 单位: 中原工学院
王琳 年龄: 35
```

说明：

（1）Python 中也可以使用以下函数来访问属性：

getattr(obj, name)：访问对象的属性。

hasattr(obj,name)：检查是否存在一个属性。

setattr(obj,name,value)：设置一个属性。如果属性不存在，会创建一个新属性。

delattr(obj, name)：删除属性。

例如：

```
hasattr(P1, 'age')        #如果存在 'age' 属性返回 True
getattr(P1, 'age')        #返回 'age' 属性的值
setattr(P1, 'age', 38)    #添加属性 'age' 值为 38
delattr(P1, 'age')        #删除属性 'age'
```

（2）Python 中内置了一些类属性：

__dict__：类的属性（包含一个字典，由类的数据属性组成）。

__doc__：类的文档字符串。

__name__：类名。

__module__：类定义所在的模块（类的全名是'__main__.className'，如果类位于一个导入模块 mymod 中，那么 className.__module__ 结果为 mymod）。

__bases__：类的所有父类组成的元组。

Python 内置类属性调用实例如下：

```
class Employee:
    '所有员工的基类'
    empCount = 0

    def __init__(self, name, salary):
        self.name = name
        self.salary = salary
        Employee.empCount += 1
    def displayCount(self):
        print("Total Employee %d" % Employee.empCount)
    def displayEmployee(self):
        print("Name : ", self.name, ", Salary: ", self.salary)
print("Employee.__doc__:", Employee.__doc__)
print("Employee.__name__:", Employee.__name__)
print("Employee.__module__:", Employee.__module__)
print("Employee.__bases__:", Employee.__bases__)
```

程序运行结果：

```
Employee.__doc__ : 所有员工的基类
Employee.__name__ : Employee
```

```
Employee.__module__ : __main__
Employee.__bases__ : (<class 'object'>,)
```

6.2.5 私有成员与公有成员

Python 并没有对私有成员提供严格的访问保护机制。在定义类的属性时，如果属性名以两个下画线"__"开头则表示是私有属性，否则是公有属性。私有属性在类的外部不能直接访问，需要通过调用对象的公有成员方法来访问，或者通过 Python 支持的特殊方式来访问。Python 提供了访问私有属性的特殊方式，可用于程序的测试和调试，对于成员方法也具有同样的性质。这种方式如下：

```
对象名._类名+私有成员
```

例如：访问 Person 类私有成员__weight

```
car1._Person__weight
```

私有属性是为了数据封装和保密而设的属性，一般只能在类的成员方法（类的内部）中进行访问。虽然 Python 支持一种特殊的方式来从外部直接访问类的私有成员，但是并不推荐这样做。公有属性是可以公开使用的，既可以在类的内部进行访问，也可以在外部程序中使用。

【例 6-5】为 Person 类定义私有成员 weight。

程序代码：

```
class Person:
    num=0                              #类属性
    def __init__(self, str,n,w):       #构造函数
        self.name = str                #定义公有属性
        self.age=n                     #定义公有属性
        self.__weight= w               #定义私有属性__weight
        Person.num+=1                  #修改类属性
#主程序
P1= Person("夏敏捷",42,120)
P2= Person("张海",39,80)
print(P1.name)
print(P1._Person__weight)
print(P1.__weight)                     #AttributeError
```

程序运行结果：

```
夏敏捷
120
AttributeError: 'Person ' object has no attribute '__weight'
```

最后一句由于不能直接访问私有属性，所以出现 AttributeError: 'Person' object has no attribute '__weight'错误提示。而公有属性 name 可以直接访问。

在 IDLE 环境中，在对象或类名后面加上一个圆点"."，稍后则会自动列出其所有公开成员，模块也具有同样的特点。而如果在圆点"."后面再加一个下画线"_"，则会列出该对象或类的所有成员，包括私有成员。

说明：在 Python 中，以下画线开头的变量名和方法名有特殊的含义，尤其是在类的定义中。用下画线作为变量名和方法名前缀和后缀来表示类的特殊成员。

（1）_xxx：这样的对象称为保护成员，不能用'from module import *'导入，只有类和子类

内部成员方法（函数）能访问这些成员。

（2）__xxx__：系统定义的特殊成员。

（3）__xxx：类中的私有成员，只有类自己内部成员方法（函数）能访问，子类内部成员方法也不能访问到这个私有成员，但在对象外部可以通过"对象名._类名__xxx"这样的特殊方式来访问。Python中不存在严格意义上的私有成员。

6.2.6 方法

在类中定义的方法可以粗略分为三大类：公有方法、私有方法、静态方法。其中，公有方法、私有方法都属于对象，私有方法的名字以两个下画线"__"开始，每个对象都有自己的公有方法和私有方法，在这两类方法中可以访问属于类和对象的成员；公有方法通过对象名直接调用，私有方法不能通过对象名直接调用，只能在属于对象的方法中通过 self 调用或在外部通过 Python 支持的特殊方式来调用。如果通过类名来调用属于对象的公有方法，需要显式为该方法的 self 参数传递一个对象名，用来明确指定访问哪个对象的数据成员。**静态方法可以通过类名和对象名调用，但不能直接访问属于对象的成员，只能访问属于类的成员。**

【例6-6】公有方法、私有方法、静态方法的定义和调用。

程序代码：

```
class Person:
    num=0                              #类属性
    def __init__(self, str,n,w):       #构造函数
        self.name = str                #对象实例属性（成员）
        self.age=n
        self.__weight= w               #定义私有属性__weight
        Person.num += 1
    def __outputWeight(self):          #定义私有方法 outputWeight()
        print("体重: ",self.__weight)  #访问私有属性__weight
    def PrintName(self):               #定义公有方法（成员函数）
        print("姓名: ", self.name, "年龄: ", self.age, end=" ")
        self.__outputWeight()          #调用私有方法 outputWeight()
    def PrintNum(self):                #定义公有方法（成员函数）
        print(Person.num)              #由于是类属性，所以不写 self.num
    @staticmethod
    def getNum():                      #定义静态函数 getNum()
        return Person.num
#主程序
P1= Person("夏敏捷",42,120)
P2= Person("张海",39,80)
#P1.outputWeight()   #错误'Person' object has no attribute 'outputWeight'
P1.PrintName()
P2.PrintName()                         #或者 Person.PrintName(P2)调用
print("人数: ",Person.getNum())
print("人数: ",P1.getNum())
```

程序运行结果：

姓名: 夏敏捷 年龄: 42 体重: 120
姓名: 张海 年龄: 39 体重: 80
人数: 2
人数: 2

6.3 类的继承和多态

继承是为代码复用和设计复用而设计的,是面向对象程序设计的重要特性之一。当设计一个新类时,如果可以继承一个已有的设计良好的类然后进行二次开发,无疑会大幅减少开发工作量。

6.3.1 类的继承

类继承的语法格式如下:

```
class 派生类名(基类名):         #基类名写在括号里
    派生类成员
```

在继承关系中,已有的、设计好的类称为父类或基类,新设计的类称为子类或派生类。派生类可以继承父类的公有成员,但是不能继承其私有成员。

在 Python 中继承的一些特点:

(1)在继承中基类的构造函数(__init__()方法)不会被自动调用,它需要在其派生类的构造中专门调用。

(2)如果需要在派生类中调用基类的方法时,通过"基类名.方法名()"的方式来实现,需要加上基类的类名前缀,且需要带上 self 参数变量,而在类中调用普通函数时并不需要带上 self 参数。也可以使用内置函数 super()实现这一目的。

(3)Python 总是首先查找对应类型的方法,如果它不能在派生类中找到对应的方法,才开始到基类中逐个查找。(先在本类中查找调用的方法,找不到才去基类中找)

【例 6-7】类的继承应用。

程序代码:

```python
class Parent:                          #定义父类
    parentAttr = 100
    def __init__(self):
        print("调用父类构造函数")
    def parentMethod(self):
        print("调用父类方法")
    def setAttr(self, attr):
        Parent.parentAttr = attr
    def getAttr(self):
        print( "父类属性:", Parent.parentAttr)

class Child(Parent):                   #定义子类
    def __init__(self):
        print("调用子类构造函数")
    def childMethod(self):
        print("调用子类方法 child method")
#主程序
c = Child()                            #实例化子类
c.childMethod()                        #调用子类的方法
c.parentMethod()                       #调用父类的方法
c.setAttr(200)                         #再次调用父类的方法
c.getAttr()                            #再次调用父类的方法
```

程序运行结果：

```
调用子类构造函数
调用子类方法 child method
调用父类方法
父类属性: 200
```

【例 6-8】 设计 Person 类，并根据 Person 派生 Student 类，分别创建 Person 类与 Student 类的对象。

```python
#定义基类: Person 类
import types
class Person(object):    #基类必须继承于 object，否则在派生类中将无法使用 super()
                         #函数
    def __init__(self, name = '', age = 20, sex = 'man'):
        self.setName(name)
        self.setAge(age)
        self.setSex(sex)
    def setName(self, name):
        if type(name) != str:        #内置函数 type()返回被测对象的数据类型
            print('姓名必须是字符串.')
            return
        self.__name = name
    def setAge(self, age):
        if type(age) != int:
            print('年龄必须是整型.')
            return
        self.__age = age
    def setSex(self, sex):
        if sex != '男' and sex != '女':
            print('性别输入错误')
            return
        self.__sex = sex
    def show(self):
        print('姓名: ',self.__name,'年龄: ',self.__age,'性别: ',self.__sex)
#定义子类（Student 类），其中增加一个入学年份私有属性（数据成员）
class Student (Person):
    def __init__(self, name='', age = 20, sex = 'man', schoolyear = 2016):
        #调用基类构造方法初始化基类的私有数据成员
        super(Student, self).__init__(name, age, sex)
        #Person.__init__(self, name, age, sex)    #也可以这样初始化基类私
                                                  #有数据成员
        self.setSchoolyear(schoolyear)            #初始化派生类的数据成员
    def setSchoolyear(self, schoolyear):
        self.__schoolyear = schoolyear
    def show(self):
        Person.show(self)                         #调用基类 show()方法
        #super(Student, self).show()              #也可以这样调用基类 show()方法
        print('入学年份: ', self.__schoolyear)
#主程序
if __name__ =='__main__':
    zhangsan = Person('张三', 19, '男')
```

```
        zhangsan.show()
        lisi = Student ('李四', 18, '男', 2015)
        lisi.show()
        lisi.setAge(20)                    #调用继承的方法修改年龄
        lisi.show()
```

程序运行结果：

```
姓名： 张三 年龄： 19 性别： 男
姓名： 李四 年龄： 18 性别： 男
入学年份： 2015
姓名： 李四 年龄： 20 性别： 男
入学年份： 2015
```

当需要判断类之间的关系或者某个对象实例是哪个类的对象时，可以使用 issubclass()或者 isinstance()方法来检测。

（1）issubclass(sub,sup)：布尔函数，判断一个类 sub 是另一个类 sup 的子类或者子孙类，是则返回 True。

（2）isinstance(obj, Class)：布尔函数，如果 obj 是 Class 类或者是 Class 子类的实例对象，是则返回 True。

例如：

```
class Foo(object):
    pass
class Bar(Foo):
    pass
a=Foo()
b=Bar()
print(type(a) == Foo)              #True，type()函数返回对象的类型
print(type(b) == Foo)              #False
print(isinstance(b,Foo))           #True
print(issubclass(Bar,Foo))         #True
```

6.3.2 类的多继承

Python 的类可以继承多个基类。继承的基类列表跟在类名之后。类的多继承语法格式如下：

```
class SubClassName(ParentClass1[, ParentClass2, ...]):
    派生类成员
```

例如，定义 C 类继承 A、B 两个基类如下：

```
class A:                           #定义类 A
...

class B:                           #定义类 B
...

class C(A, B):                     #派生类 C 继承类 A 和 B
...
```

6.3.3 方法重写

重写必须出现在继承中。它是指当派生类继承了基类的方法之后，如果基类方法的功能不能满足需求，需要对基类中的某些方法进行修改。可以在派生类重写基类的方法，这就是重写。

【例 6-9】 重写父类（基类）的方法。

```
class Animal:                           #定义父类
    def run(self):
        print("Animal is running...")   #调用父类方法
class Cat(Animal):                      #定义子类
    def run(self):
        print("Cat is running...")      #调用子类方法
class Dog(Animal):                      #定义子类
    def run(self):
        print("Dog is running...")      #调用子类方法

c = Dog()                               #子类实例
c.run()                                 #子类调用重写方法
```

程序运行结果：

```
Dog is running...
```

当子类 Dog 和父类 Animal 都存在相同的 run()方法时，子类的 run()覆盖了父类的 run()，在代码运行时，总是会调用子类的 run()。这样，就获得了继承的另一个优点：多态。

6.3.4 多态

微课
多态

要理解什么是多态，首先要对数据类型再做一点说明。当定义一个类时，实际上就定义了一种数据类型。定义的数据类型和 Python 自带的数据类型（如 string、list、dict）没什么区别。例如：

```
a = list()                              #a 是 list 类型
b = Animal()                            #b 是 Animal 类型
c = Dog()                               #c 是 Dog 类型
```

判断一个变量是否为某个类型，可以用 isinstance()判断：

```
>>> isinstance(a, list)
True
>>> isinstance(b, Animal)
True
>>> isinstance(c, Dog)
True
```

a、b、c 对应着 list、Animal、Dog 这三种类型。

```
>>> isinstance(c, Animal)
True
```

因为 Dog 是从 Animal 继承下来的，当创建了一个 Dog 的实例 c 时，认为 c 的数据类型是 Dog 没错，但 c 同时也是 Animal 也没错，Dog 本来就是 Animal 的一种。

所以，在继承关系中，如果一个实例的数据类型是某个子类，那它的数据类型也可以被看作父类。但是，反过来就不行：

```
>>> b = Animal()
>>> isinstance(b, Dog)
False
```

其中，Dog 可以看成 Animal，但 Animal 不可以看成 Dog。

要理解多态的优点，还需要再编写一个函数，这个函数接受一个 Animal 类型的变量：

```
def run_twice(animal):
    animal.run()
    animal.run()
```

当传入 Animal 的实例时，run_twice()就打印出：

```
>>> run_twice(Animal())
Animal is running...
Animal is running...
```

当传入 Dog 的实例时，run_twice()就打印出：

```
>>> run_twice(Dog())
Dog is running...
Dog is running...
```

当传入 Cat 的实例时，run_twice()就打印出：

```
>>> run_twice(Cat())
Cat is running...
Cat is running...
```

现在，如果再定义一个 Tortoise 类型，也从 Animal 派生：

```
class Tortoise(Animal):
    def run(self):
        print('Tortoise is running slowly...')
```

当调用 run_twice()时，传入 Tortoise 的实例：

```
>>> run_twice(Tortoise())
Tortoise is running slowly...
Tortoise is running slowly...
```

此时，会发现新增一个 Animal 的子类，不必对 run_twice()做任何修改。实际上，任何依赖 Animal 作为参数的函数或者方法都可以不加修改地正常运行，原因就在于多态。

多态的好处：当需要传入 Dog、Cat、Tortoise……时，只需要接收 Animal 类型即可，因为 Dog、Cat、Tortoise……都是 Animal 类型，然后，按照 Animal 类型进行操作即可。由于 Animal 类型有 run()方法，因此，传入的任意类型，只要是 Animal 类或者子类，就会自动调用实际类型的 run()方法，这就是多态的意思。

对于一个变量，只需要知道它是 Animal 类型，无须确切地知道它的子类型，就可以放心地调用 run()方法，而具体调用的 run()方法是作用在 Animal、Dog、Cat 还是 Tortoise 对象上，由运行时该对象的确切类型决定，这就是多态真正的作用：调用方只管调用，不管细节，而当新增一种 Animal 的子类时，只要确保 run()方法编写正确，不用管原来的代码是如何调用的。这就是著名的"开闭"原则：

（1）对扩展开放：允许新增 Animal 子类。

（2）对修改封闭：不需要修改依赖 Animal 类型的 run_twice()等函数。

6.3.5 运算符重载

在 Python 中可以通过运算符重载来实现对象之间的运算。Python 把运算符与类的方法关联起来，每个运算符对应一个函数，因此重载运算符就是实现函数。常用运算符与函数方法的对应关系见表6-1。

表6-1 常用运算符与函数方法的对应关系表

函数方法	重载的运算符	说明	调用举例
__add__	+	加法	Z=X+Y,X+=Y
__sub__	-	减法	Z=X-Y,X-=Y
__mul__	*	乘法	Z=X*Y,X*=Y
__div__	/	除法	Z=X/Y,X/=Y
__lt__	<	小于	X<Y
__eq__	==	等于	X==Y
__len__	长度	对象长度	len(X)
__str__	输出	输出对象时调用	print(X), str(X)
__or__	或	或运算	X|Y,X|=Y

所以，在Python中定义类时，可以通过实现一些函数来实现重载运算符。

【例6-10】对Vector类重载运算符。

程序代码：

```
class Vector:
    def __init__(self, a, b):
        self.a = a
        self.b = b
    def __str__(self):                #重写print()方法，打印Vector对象实例信息
        return 'Vector (%d, %d)' % (self.a, self.b)
    def __add__(self,other):         #重载加法+运算符
        return Vector(self.a + other.a, self.b "+" other.b)
    def __sub__(self,other):         #重载减法-运算符
        return Vector(self.a - other.a, self.b "-" other.b)
#主程序
v1 = Vector(2,10)
v2 = Vector(5,-2)
print(v1 + v2)
```

程序运行结果：

```
Vector(7,8)
```

可见，Vector类中只要实现__add__()方法就可以实现Vector对象实例间的"+"运算。读者可以如例子所示实现复数的加减乘除四则运算。

6.4 面向对象应用案例——扑克牌类设计

【例6-11】采用扑克牌类设计扑克牌发牌程序。

4名牌手打牌，计算机随机将52张牌（不含大小王）发给4名牌手，在屏幕上显示每位牌手的牌。程序运行结果如图6-1所示。

扑克牌类的发牌程序

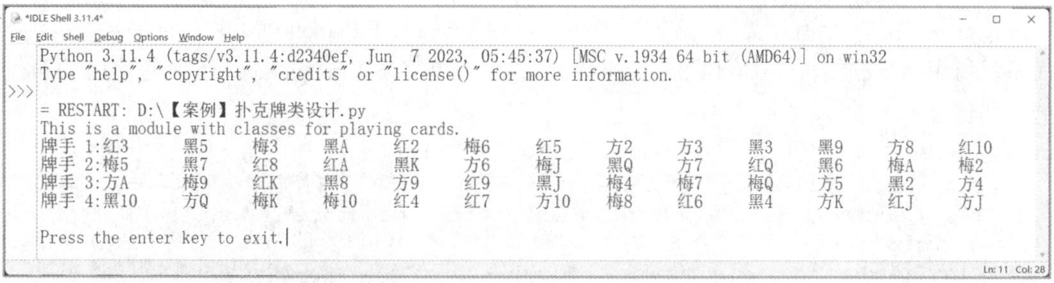

```
*IDLE Shell 3.11.4
File Edit Shell Debug Options Window Help
Python 3.11.4 (tags/v3.11.4:d2340ef, Jun 7 2023, 05:45:37) [MSC v.1934 64 bit (AMD64)] on win32
Type "help", "copyright", "credits" or "license()" for more information.
>>>
= RESTART: D:\【案例】扑克牌类设计.py
This is a module with classes for playing cards.
牌手1:红3    梅5    黑3    梅A    黑2    梅6    红5    方2    方3    黑3    黑9    方8    红10
牌手2:梅5    黑7    红8    红A    黑K    方6    梅J    黑Q    方7    红Q    黑6    梅A    梅2
牌手3:方A    梅9    红K    黑8    方9    红9    黑J    梅4    梅7    梅Q    方5    黑2    方4
牌手4:黑10   方Q    梅K    梅10   红4    红7    方10   梅8    红6    黑4    方K    红J    方J
Press the enter key to exit.
```

图 6-1 扑克牌发牌运行结果

6.4.1 关键技术——random 模块

random 模块可以产生一个随机数，它的常用方法和使用例子如下：

1. random.random

random.random()用于生成一个 0 到 1 的随机小数：0 <= n < 1.0。

```
import random
random.random()
```

以上代码输出结果：

0.85415370477785668

2. random.uniform

random.uniform(a, b)用于生成一个指定范围内的随机小数，两个参数其中一个是上限，一个是下限。如果 a <b，则生成的随机数（n）：a <= n <= b；如果 a > b，则 b <= n <= a。例如：

```
import random
print(random.uniform(10, 20))
print(random.uniform(20, 10))
```

以上代码输出结果：

14.247256006293084
15.53810495673216

3. random.randint

random.randint(a, b)用于随机生成一个指定范围内的整数。其中，参数 a 是下限，参数 b 是上限，生成的随机数（n）：a <= n <= b。

```
import random
print(random.randint(12, 20) )          #生成的随机数(n)：12 <= n <= 20
print(random.randint(20, 20) )          #结果永远是20
# print(random.randint(20, 10) )        #该语句是错误的。下限必须小于上限
```

4. random.randrange

random.randrange([start], stop[, step])，从指定范围内，按指定基数递增的集合中获取一个随机数。例如，random.randrange(10, 100, 2)，结果相当于从[10, 12, 14, 16, …, 96, 98]序列中获取一个随机数。random.randrange(10, 100, 2)在结果上与 random.choice(range(10, 100, 2) 等效。

5. random.choice

random.choice 从序列中获取一个随机元素。其函数原型为：random.choice(sequence)。参

数 sequence 表示一个有序类型。这里要说明一下：sequence 在 Python 中不是一种特定的类型，而是泛指序列数据结构。list 列表、tuple 元组、字符串都属于 sequence。下面是使用 choice 的一些例子：

```
import random
print(random.choice("学习 Python"))                      #在字符串中随机取一个字符
print(random.choice(["JGood", "is", "a", "handsome", "boy"]))
#在list列表中随机取一个字符
print(random.choice(("Tuple", "List", "Dict")))  #tuple元组中随机取一个字符
```

以上代码输出结果：

```
学
is
Dict
```

这里每次的运行结果都不一样。

6. random.shuffle

random.shuffle(x[, random])用于将一个列表中的元素打乱。例如：

```
p = ["Python", "is", "powerful", "simple", "and so on..."]
random.shuffle(p)
print(p)
```

以上代码输出结果：

```
['powerful', 'simple', 'is', 'Python', 'and so on...']
```

这个发牌游戏案例中使用此方法打乱牌的顺序实现洗牌功能。

7. random.sample

random.sample(sequence, k)从指定序列中随机获取指定长度的片段。sample()函数不会修改原有序列。

```
list = [1, 2, 3, 4, 5, 6, 7, 8, 9, 10]
slice = random.sample(list, 5)  #从list中随机获取5个元素，作为一个片段返回
print(slice)
print(list)                     #原有序列并没有改变
```

以上代码输出结果：

```
[5, 2, 4, 9, 7]
[1, 2, 3, 4, 5, 6, 7, 8, 9, 10]
```

以下是常用情况举例：

（1）随机字符：

```
>>> import random
>>> random.choice('abcdefg&#%^*f')
```

输出结果：

```
'd'
```

（2）多个字符中选取特定数量的字符：

```
>>> import random
>>>random.sample('abcdefghij', 3)
```

输出结果：

['a', 'd', 'b']

（3）多个字符中选取特定数量的字符组成新字符串：

```
>>> import random
>>> " ".join(random.sample(['a','b','c','d','e','f','g','h','i','j'],3)
).replace(" ","")
```

输出结果：

```
'ajh'
```

（4）随机选取字符串：

```
>>> import random
>>> random.choice ( ['apple', 'pear', 'peach', 'orange', 'lemon'] )
```

输出结果

```
'lemon'
```

（5）洗牌：

```
>>> import random
>>> items = [1, 2, 3, 4, 5, 6]
>>> random.shuffle(items)
>>> items
```

输出结果：

```
[3, 2, 5, 6, 4, 1]
```

（6）随机选取 0～100 间的偶数：

```
>>> import random
>>> random.randrange(0, 101, 2)
```

输出结果：

```
42
```

（7）随机选取小数 1～100 之间小数：

```
>>> random.uniform(1, 100)
```

输出结果：

```
5.4221167969800881
```

6.4.2　程序设计的思路

设计三个类：Card 类、Hand 类和 Poke 类。

1. Card 类

Card 类代表一张牌，其中 FaceNum 字段指的是牌面数字 1～13，Suit 字段指的是花色，值"草"为草花，"方"为方块，"红"为红心，"黑"为黑桃。

其中：

（1）Card 构造函数根据参数初始化封装的成员变量，实现牌面大小和花色的初始化，以及是否显示牌面，默认 True 为显示牌正面。

（2）__str__()方法用来输出牌面大小和花色。

(3) pic_order()方法获取牌的顺序号,牌面按草花 1~13,方块 14~26,红桃 27~39,黑桃 40~52 顺序编号(未洗牌之前)。也就是说,梅花 2 顺序号为 2,方块 A 顺序号为 14,方块 K 顺序号为 26。这个方法为图形化显示牌面预留的方法。

(4) flip()是翻牌方法,改变牌面是否显示的属性值。

```python
# Cards Module
class Card():
    """ A playing card. """
    RANKS = ["A", "2", "3", "4", "5", "6", "7",
             "8", "9", "10", "J", "Q", "K"]      #牌面数字 1~13
    SUITS = ["草", "方", "红", "黑"] #"草"为草花,"方"为方块,"红"为红心,"黑"
                                      #为黑桃

    def __init__(self, rank, suit, face_up = True):
        self.rank = rank                #指的是牌面数字 1~13
        self.suit = suit                #suit 指的是花色
        self.is_face_up = face_up       #是否显示牌正面,True 为正面 False 为牌背面

    def __str__(self):                  #重写 print()方法,打印一张牌的信息
        if self.is_face_up:
            rep = self.suit + self.rank
        else:
            rep = "XX"
        return rep

    def pic_order(self):                #牌的顺序号
        if self.rank=="A":
            FaceNum=1
        elif self.rank=="J":
            FaceNum=11
        elif self.rank=="Q":
            FaceNum=12
        elif self.rank=="K":
            FaceNum=13
        else:
            FaceNum=int(self.rank)
        if self.suit=="梅":
            Suit=1
        elif self.suit=="方":
            Suit=2
        elif self.suit=="红":
            Suit=3
        else:
            Suit=4
        return (Suit - 1) * 13 + FaceNum

    def flip(self):                     #翻牌方法
        self.is_face_up = not self.is_face_up
```

2. Hand 类

Hand 类代表一手牌(一个牌手手里拿的牌),可以认为是一位牌手手里的牌,其中 cards 列表变量存储牌手手里的牌。可以增加牌、清空手里的牌、把一张牌给别的牌手。

```python
class Hand( ):
    """ A hand of playing cards. """
    Def _init_(self):
        self.cards = []                          #cards列表变量存储牌手的牌
    def __str__(self):                           #重写print()方法，打印出牌手的所有牌
        if self.cards:
            rep = ""
            for card in self.cards:
                rep += str(card) + "\t"
        else:
            rep = "无牌"
        return rep
    def clear(self):                             #清空手里的牌
        self.cards = []
    def add(self, card):                         #增加牌
        self.cards.append(card)
    def give(self, card, other_hand):            #把一张牌给别的牌手
        self.cards.remove(card)
        other_hand.add(card)
```

3. Poke 类

Poke 类代表一副牌，一副牌可以看作有 52 张牌的牌手，所以继承 Hand 类。由于其中 cards 列表变量要存储 52 张牌，而且要进行发牌、洗牌操作，所以增加如下方法：

（1）populate(self)生成存储了 52 张牌的一手牌，当然这些牌是按梅花 1~13、方块 14~26、红桃 27~39、黑桃 40~52 的顺序（未洗牌之前）存储在 cards 列表变量。

（2）shuffle(self)洗牌，使用 random.shuffle( )打乱牌的存储顺序即可。

（3）deal(self, hands, per_hand = 13)是完成发牌动作，发给 4 个牌手，每人默认 13 张牌。当然，如果给 per_hand 传 10，则每人发 10 张牌，只不过牌没发完。

```python
#Poke类
class Poke(Hand):
    """ A deck of playing cards. """
    def populate(self):                          #生成一副牌
        for suit in Card.SUITS:
            for rank in Card.RANKS:
                self.add(Card(rank, suit))
    def shuffle(self):                           #洗牌
        import random
        random.shuffle(self.cards)               #打乱牌的顺序
    def deal(self, hands, per_hand = 13):        #发牌，发给牌手，每人默认13张牌
        for rounds in range(per_hand):
            for hand in hands:
                if self.cards:
                    top_card = self.cards[0]
                    self.cards.remove(top_card)
                    hand.add(top_card)
                    #self.give(top_card, hand)#上两句可以用此语句替换
                else:
                    print("不能继续发牌了，牌已经发完！")
```

4. 主程序

主程序比较简单，因为 4 个牌手，所以生成 players 列表存储初始化的 4 位牌手。生成 1 副牌对象实例 poke1，调用 populate()方法生成有 52 张牌的一副牌，调用 shuffle()方法洗牌打乱顺序，调用 deal(players,13)方法发给玩家每人 13 张牌，最后显示 4 位牌手所有的牌。

```python
#主程序
if __name__ == "__main__":
    print("This is a module with classes for playing cards.")
    #四个玩家
    players = [Hand(),Hand(),Hand(),Hand()]
    poke1 = Poke()
    poke1.populate()                  #生成一副牌
    poke1.shuffle()                   #洗牌
    poke1.deal(players,13)            #发给牌手每人 13 张牌
    #显示 4 位牌手的牌
    n=1
    for hand in players:
        print("牌手",n ,end=":")
        print(hand)
        n=n+1
    input("\n Press the enter key to exit.")
```

习 题

1. 简述面向对象程序设计的概念及类和对象的关系。在 Python 语言中如何声明类和定义对象？

2. 面向对象程序设计中继承与多态性的作用是什么？

3. 定义一个圆柱体类 Cylinder，包含底面半径和高两个属性（数据成员）；包含一个可以计算圆柱体积的方法，然后编写相关程序测试相关功能。

4. 定义一个学生类，包括学号、姓名和出生日期 3 个属性（数据成员）；包括一个用于给定数据成员初始值的构造函数；包含一个可计算学生年龄的方法。编写该类并对其进行测试。

5. 请为学校图书管理系统设计一个管理员类和一个学生类。其中，管理员信息包括工号、年龄、姓名和工资；学生信息包括学号、年龄、姓名、所借图书和借书日期。最后编写一个测试程序对产生的类的功能进行验证。建议：尝试引入一个基类，使用继承来简化设计。

6. 定义一个 Circle 类，根据圆的半径求周长和面积，再由 Circle 类创建两个圆对象，其半径分别为 5、10，要求输出各自的周长和面积。

7. 建立一个汽车 car 类，包括：

属性：汽车颜色 color，车身质量 weight、速度 speed。

构造函数：能初始化各个属性值（speed 初始值设为 50）。

方法：

speedup()：将属性值 speed+10 并显示 speed 值；

speedCut()：将属性值 speed−10 并显示 speed 值；

show()：显示属性值 color、weight、speed。

在主程序中创建实例并初始化属性值，调用 show 方法、加速、减速方法。

实验六 面向对象程序设计

一、实验目的
（1）理解面向对象的编程思想。
（2）掌握类的定义方法和创建对象的方法。
（3）理解并掌握继承的方法。

二、实验内容
（1）定义一个类 Bank 模拟 ATM 存取款，实现银行存取款功能。运行效果如下：

菜单
    0：退出
    1：存款
    2：取款
请根据菜单输入操作编号：1
请输入存款金额：200
转入 200 元 余额为 1200

（2）文件 data8-1.txt 中保存了多个学生的成绩数据，如下所示。

学号,姓名,成绩
191001,吴姣,78
191002,张思思,89
201021,蔡鸿羽,75
202022,甘雨婷,97

编写程序，定义一个类 student 表示学生，从文件读取数据，用类的实例对象表示每个学生的数据，按成绩从高到低对数据进行排序，输出结果。

要求：实例对象的 xh、xm 和 cj 字段分别用于保存学号、姓名和成绩，为类定义构造函数，用文件中的数据初始化对象。定义一个方法 GetCName() 返回学生的班级名称。学号的前 2 位为 2 位的年份，第 3 位为班级序号。例如，学号 202022 的对应班级为"2020 级 2 班"。

第 7 章

Tkinter 图形界面设计

到目前为止，本书中所有的输入和输出都是简单的文本，但现代计算机和程序都会使用大量的图形。因此，本章以 Tkinter 模块为例学习建立一些简单的 GUI（图形用户界面），使编写的程序像大家平常看到的那些程序一样，有窗体、按钮之类的图形界面。以后章节的游戏界面也都使用 Tkinter 开发。

7.1　Python 图形开发库

Python 提供了多个图形开发界面的库，几个常用的 Python GUI 库如下：

微课
图形开发库

（1）Tkinter：Tkinter 模块（Tk 接口）是 Python 的标准 Tk GUI 工具包的接口。Tkinter 可以在大多数的 UNIX 平台下使用，同样也可以应用在 Windows 和 Macintosh 操作系统中。Tk8.0 的后续版本可以实现本地窗口风格，并良好地运行在绝大多数平台上。

（2）wxPython：wxPython 是一款开源软件，是 Python 语言的一套优秀的 GUI 库，允许 Python 程序员很方便地创建完整的、功能键全的图形用户界面。

（3）Jython：Jython 程序可以和 Java 无缝集成。除了一些标准模块，Jython 使用 Java 的模块。Jython 几乎拥有标准的 Python 中不依赖于 C 语言的全部模块，例如，Jython 的用户界面使用 Swing、AWT 或者 SWT。Jython 可以被动态或静态地编译成 Java 字节码。

Tkinter 是 Python 的标准 GUI 库。Tkinter 内置到 Python 的安装包中，只要安装好 Python 就能导入 Tkinter 库；而且 IDLE 也是用 Tkinter 编写而成，对于简单的图形界面 Tkinter 能应付自如；使用 Tkinter 可以快速地创建 GUI 应用程序。

7.1.1　创建 Windows 窗口

【例 7-1】用 Tkinter 创建一个 Windows 窗口的 GUI 程序。
程序代码：

```
import tkinter                          #导入Tkinter模块
win = tkinter.Tk()                      #创建Windows窗口对象
win.title('我的第一个GUI程序')           #设置窗口标题
win.mainloop()                          #进入消息循环，也就是显示窗口
```

程序运行结果如图 7-1 所示。可见 Tkinter 可以很方便地创建 Windows 窗口。

在创建 Windows 窗口对象后，可以使用 geometry()方法设置窗口的大小。格式如下：

```
窗口对象.geometry(size)
```

其中，size 用于指定窗口大小，格式如下：

```
宽度 x 高度    （注：x 是小写字母 x，不是乘号）
```

【例 7-2】显示一个 Windows 窗口，初始大小为 800×600 像素。

图 7-1　Tkinter 创建一个窗口

程序代码：

```
from tkinter import *
win = Tk()
win.geometry("800x600")
win.mainloop()
```

还可以使用 minsize()方法设置窗口的大小，方法如下：

```
窗口对象.minsize(最小宽度,最小高度)
窗口对象.maxsize(最大宽度,最大高度)
```

例如：

```
win.minsize(400,600)
win.maxsize(1440,800)
```

Tkinter 包含许多组件供用户使用，在 7.2 节将学习这些组件的用法。

7.1.2　几何布局管理器

Tkinter 几何布局管理器（geometry manager）用于组织和管理父组件（往往是窗口）中子组件的布局方式。Tkinter 提供了 3 种不同风格的几何布局管理器：pack、grid 和 place。

1．pack 几何布局管理器

pack 几何布局管理器采用块的方式组织组件。pack 布局根据子组件创建生成的顺序，将其放在快速生成界面设计中而广泛采用。

调用子组件的方法 pack()，则该子组件在其父组件中采用 pack 布局：

```
pack( option = value,... )
```

pack()方法提供表 7-1 所示的若干参数选项。

表 7-1　pack()方法提供的参数选项

选项	描述	取值范围
side	停靠在父组件的哪一边	'top'(默认值)、'bottom'、'left'、'right'
anchor	停靠位置，对应于东南西北以及 4 个角	'n'、's'、'e'、'w'、'nw'、'sw'、'se'、'ne'、'center'（默认值）
fill	填充空间	'x'、'y'、'both'、'none'
expand	扩展空间	0 或 1
ipadx，ipady	组件内部在 x/y 方向上填充的空间大小	单位为 c(厘米)、m(毫米)、i(英寸)、p(打印机的点)
padx，pady	组件外部在 x/y 方向上填充的空间大小	单位为 c(厘米)、m(毫米)、i(英寸)、p(打印机的点)

【例 7-3】编写用 pack 几何布局管理器的 GUI 程序。

程序代码：

```
import tkinter
root=tkinter.Tk()
label=tkinter.Label(root,text='hello ,python')
label.pack()                                    #将 Label 组件添加到窗口中显示
button1=tkinter.Button(root,text='BUTTON1')     #创建文字是'BUTTON1'的
                                                #Button 组件
button1.pack(side=tkinter.LEFT)                 #将 button1 组件添加到窗口中显示，左停靠
button2=tkinter.Button(root,text='BUTTON2')     #创建文字是'BUTTON2'的
                                                #Button 组件
button2.pack(side=tkinter.RIGHT)                #将 button2 组件添加到窗口中显示，右停靠
root.mainloop()
```

程序运行结果如图 7-2 所示。

图 7-2 pack 几何布局管理

2. grid 几何布局管理器

grid 几何布局管理采用表格结构组织组件。子组件的位置由行/列确定的单元格决定，子组件可以跨越多行/列。每一列中，列宽由这一列中最宽的单元格确定。grid 几何布局管理器适合于表格形式的布局，可以实现复杂的界面，因而被广泛应用。

调用子组件的 grid()方法，则该子组件在其父组件中采用 grid 几何布局：

```
grid( option = value,... )
```

grid()方法提供表 7-2 所示的若干参数选项。

表 7-2 grid()方法提供参数选项

选项	描述	取值范围
sticky	组件紧贴所在单元格的某一边角，对应于东南西北以及 4 个角	'n', 's', 'e', 'w', 'nw', 'sw', 'se', 'ne', 'center'（默认值）
row	单元格行号	整数
column	单元格列号	整数
rowspan	行跨度	整数
columnspan	列跨度	整数
ipadx, ipady	组件内部在 x/y 方向上填充的空间大小	单位为 c (厘米)、m(毫米)、i (英寸)、p (打印机的点)
padx, pady	组件外部在 x/y 方向上填充的空间大小	单位为 c (厘米)、m(毫米)、i (英寸)、p (打印机的点)

grid 有两个最为重要的参数：一个是 row；另一个是 column。它们用来指定将子组件放置到什么位置，如果不指定 row，会将子组件放置到第一个可用的行上；如果不指定 column，则使用第 0 列（首列）。

【例 7-4】grid 几何布局管理器的 GUI 程序。

程序代码：

```python
from tkinter import *
root = Tk()
# 200x200 代表了初始化时主窗口的大小，280、280 代表了初始化时窗口所在的位置
root.geometry('200x200+280+280')
root.title('计算器示例')
# Grid 网格布局
L1 = Button(root, text = '1', width=5, bg = 'yellow')
L2 = Button(root, text = '2', width=5)
L3 = Button(root, text = '3', width=5)
L4 = Button(root, text = '4', width=5)
L5 = Button(root, text = '5', width=5, bg = 'green')
L6 = Button(root, text = '6', width=5)
L7 = Button(root, text = '7', width=5)
L8 = Button(root, text = '8', width=5)
L9 = Button(root, text = '9', width=5, bg = 'yellow')
L0 = Button(root, text = '0')
Lp = Button(root, text = '.')
L1.grid(row = 0, column = 0)         #按钮放置在0行0列
L2.grid(row = 0, column = 1)         #按钮放置在0行1列
L3.grid(row = 0, column = 2)         #按钮放置在0行2列
L4.grid(row = 1, column = 0)         #按钮放置在1行0列
L5.grid(row = 1, column = 1)         #按钮放置在1行1列
L6.grid(row = 1, column = 2)         #按钮放置在1行2列
L7.grid(row = 2, column = 0)         #按钮放置在2行0列
L8.grid(row = 2, column = 1)         #按钮放置在2行1列
L9.grid(row = 2, column = 2)         #按钮放置在2行2列
L0.grid(row = 3, column = 0,columnspan=2,sticky=E+W )   #跨2列，左右贴紧
Lp.grid(row = 3, column = 2,sticky=E+W )                #左右贴紧
root.mainloop()
```

程序运行结果如图 7-3 所示。

图 7-3　grid 几何布局管理

3. place 几何布局管理器

place 几何布局管理允许指定组件的大小与位置。place 的优点是可以精确控制组件的位置，不足之处是改变窗口大小时，子组件不能随之灵活改变大小。

调用子组件的方法 place()，则该子组件在其父组件中采用 place 布局：

```
place( option = value,... )
```

place()方法提供表 7-3 所示的若干参数选项，可以直接给参数选项赋值加以修改。

表7-3 place()方法提供的参数选项

选项	描述	取值范围
x,y	将组件放到指定位置的绝对坐标	从0开始的整数
relx, rely	将组件放到指定位置的相对坐标	取值范围0~1.0
height,width	高度和宽度，单位为像素	
anchor	对齐方式，对应于东南西北以及4个角	'n', 's', 'e', 'w', 'nw', 'sw', 'se', 'ne', 'center'（默认值为'center'）

例如，以下代码将1个Label标签放置在中央相对坐标(0.5,0.5)处，将另一个Label标签放置在(50, 0)位置上。注意：Python的坐标系是左上角为原点(0, 0)位置，向右是x坐标正方向，向下是y坐标正方向，这和数学的几何坐标系不同，一定要注意此点。

```
from tkinter import *
root = Tk()
lb = Label(root,text = 'hello Place')
# 使用相对坐标(0.5,0.5)将Label放置到(0.5*sx,0.5*sy)位置上
lb.place(relx = 0.5,rely = 0.5,anchor = CENTER)
lb2 = Label(root,text = 'hello Place2')
# 使用绝对坐标将Label放置到(50, 0)位置上
lb2.place(x = 50,y = 0)
root.mainloop()
```

【例7-5】place几何布局管理器的GUI示例程序。

程序代码：

```
from tkinter import *
root = Tk()
root.title("登录")
root['width']=200;root['height']=80
Label(root,text = '用户名',width = 6).place(x = 1,y = 1)      #绝对坐标(1,1)
Entry(root,width = 20).place(x=45,y = 1)                      #绝对坐标(45,1)
Label(root,text = '密码',width = 6).place(x = 1,y = 20)       #绝对坐标(1,20)
Entry(root,width = 20, show = '*').place(x = 45,y = 20)       #绝对坐标(45,20)
Button(root,text = '登录',width=8).place(x = 40,y = 40)       #绝对坐标(40,40)
Button(root,text = '取消',width=8).place(x = 110,y = 40)      #绝对坐标(110,40)
root.mainloop()
```

程序运行结果如图7-4所示。

7.2 常用Tkinter组件的使用

图7-4 place几何布局管理示例

7.2.1 Tkinter组件

Tkinter提供各种组件（控件），如按钮、标签和文本框，在GUI应用程序中使用，这些组件通常被称为控件或者部件。常用的Tkinter控件见表7-4。

通过组件类的构造函数可以创建其对象实例。例如：

```
from tkinter import *
root = Tk()
button1= Button(root, text = "确定")                #按钮组件的构造函数
```

表 7-4 常用的 Tkinter 组件

控 件	描 述
Button	按钮控件，在程序中显示按钮
Canvas	画布控件，显示图形元素，如线条或文本
Checkbutton	复选框控件，用于在程序中提供多项选择
Entry	输入控件，用于显示简单的文本内容
Frame	框架控件，在屏幕上显示一个矩形区域，多用来作为容器
Label	标签控件，可以显示文本和位图
Listbox	列表框控件，是用来显示一个字符串列表
Menubutton	菜单按钮控件，用于显示菜单项
Menu	菜单控件，显示菜单栏、下拉菜单和弹出菜单
Message	消息控件，用来显示多行文本，与 label 比较类似
Radiobutton	单选按钮控件，显示一个单选的按钮状态
Scale	范围控件，显示一个数值刻度，为输出限定范围的数字区间
Scrollbar	滚动条控件，当内容超过可视化区域时使用，如列表框
Text	文本控件，用于显示多行文本
Toplevel	容器控件，用来提供一个单独的对话框，和 Frame 比较类似
Spinbox	输入控件，与 Entry 类似，但是可以指定输入范围值
PanedWindow	窗口布局管理插件，可以包含一个或者多个子控件
LabelFrame	简单的容器控件，常用于复杂的窗口布局
tkMessageBox	用于显示应用程序的消息框

7.2.2 标准属性

组件标准属性也就是所有组件（控件）的共同属性，如大小、字体和颜色等。常用的组件标准属性见表 7-5。

表 7-5 常用的组件标准属性

属 性	描 述
dimension	组件大小
color	组件颜色
font	组件字体
anchor	锚点（内容停靠位置），对应于东南西北以及 4 个角
relief	组件样式
bitmap	位图，内置位图包括：error、gray75、gray50、gray25、gray12、info、questhead、hourglass、questtion 和 warning，自定义位图为.xbm 格式文件
cursor	光标
text	显示文本内容
state	设置组件状态，正常（normal）、激活（active）、禁用（disabled）

可以通过下列方式设置组件属性：

```
button1= Button(root, text = "确定")     #按钮组件的构造函数
button1.config( text = "确定")           #组件对象的config()方法的命名参数
button1["text"]= "确定"                  #组件对象的属性赋值
```

7.2.3 Label 标签组件

Label 组件用于在窗口中显示文本或位图，其常用属性见表 7-6。

表 7-6 Label 组件常用属性

属 性	说 明
width	宽度
height	高度
compound	指定文本与图像如何在 Label 上显示，默认为 None。当指定 image/bitmap 时，文本（text）将被覆盖，只显示图像。可以使用的值如下： left：图像居左。 right：图像居右。 top：图像居上。 bottom：图像居下。 center：文字覆盖在图像上
wraplength	指定多少单位后开始换行，用于多行显示文本
justify	指定多行的对齐方式，可以使用的值为 LEFT（左对齐）或 RIGHT（右对齐）
anchor	指定文本（Text）或图像（Bitmap/Image）在 Label 中的显示位置（如图 7-5 所示，其他组件同此）。对应于东南西北以及 4 个角，可用值如下： e：垂直居中，水平居右。 w：垂直居中，水平居左。 n：垂直居上，水平居中。 s：垂直居下，水平居中。 ne：垂直居上，水平居右。 se：垂直居下，水平居右。 sw：垂直居下，水平居左。 nw：垂直居上，水平居左。 center（默认值）：垂直居中，水平居中
image 和 bm	显示自定义图片如 .png、.gif
bitmap	显示内置的位图

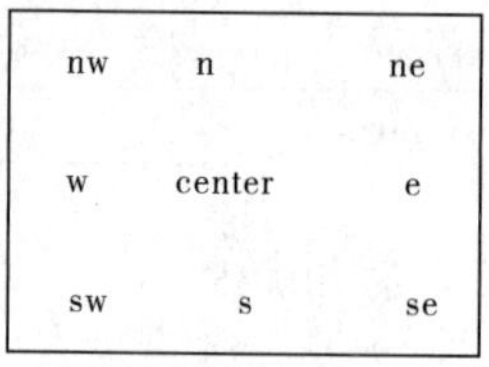

图 7-5 anchor 地理方位

【例 7-6】Label 组件示例。

程序代码：

```
from tkinter import *
win = Tk();                                      #创建窗口对象
win.title("我的窗口")                              #设置窗口标题
lab1 = Label(win,text = '你好',anchor= 'nw')      #创建文字是"你好"的Label组件
lab1.pack()                                      #显示Label组件
#显示内置的位图
lab2 = Label(win, bitmap = 'question')            #创建显示疑问图标Label组件
lab2.pack()                                      #显示Label组件
#显示自选的图片
bm = PhotoImage(file = r'J:\2016书稿\aa.png')
lab3 = Label(win,image = bm)
lab3.bm = bm
lab3.pack()                                      #显示Label组件
win.mainloop()
```

程序运行结果如图 7-6 所示。

图 7-6　Label 组件示例

7.2.4　Button 按钮组件

Button 组件是一个标准的 Tkinter 部件，用于实现各种按钮。按钮可以包含文本或图像，可以通过 command 属性将 Python 函数或方法关联到按钮上。Tkinter 的按钮被按下时，会自动调用该函数或方法。该按钮可以只显示一个单一字体的文本，但文本可能跨越多行。此外，一个字符可以有下画线，例如，标记的键盘快捷键。Tkinter Button 按钮的属性和方法见表 7-7 和表 7-8。

表 7-7　Tkinter Button 按钮的属性

属性	功能描述
text	显示文本内容
command	指定 Button 的事件处理函数
compound	指定文本与图像的位置关系
bitmap	指定位图
focus_set	设置当前组件得到的焦点
master	代表了父窗口
bg	设置背景颜色
fg	设置前景颜色
font	设置字体大小
height	设置显示高度，如果未设置此项，其大小适应内容标签
relief	指定外观装饰边界附近的标签，默认是平的，可以设置的参数：flat、groove、raised、ridge、solid、sunken
width	设置显示宽度，如果未设置此项，其大小自动适应内容标签
wraplength	将此选项设置为所需的数量限制每行的字符,数量默认为 0
state	设置组件状态，正常（normal）、激活（active）、禁用（disabled）
anchor	设置 Button 文本在控件上的显示位置，可用值:n（north）、s（south）、w（west）、e（east）以及 ne、nw、se、sw
bd	设置 Button 的边框大小，bd（bordwidth）默认为 1 或 2 个像素
textvariable	设置 Button 可变的文本内容对应的变量

表 7-8　Tkinter Button 按钮的方法

方法	描述
flash()	按钮在正常颜色和激活颜色之间闪烁几次，disabled 状态无效
invoke()	调用按钮的 command 指定的回调函数

Button 对象

【例 7-7】创建一个含有 4 个按钮（button）的示例程序。创建 4 个按钮后设置 width、height、relief、bg、bd、fg、state、bitmap、command、anchor 等不同的属性。

程序代码：

```
# Filename:7-7.py
from tkinter import *
from tkinter.messagebox import *
root = Tk()
root.title("Button Test")
def callback():
    showinfo("Python command","人生苦短、我用 Python")
#创建 4 个 Button 按钮，并设置 width、height、relief、bg、bd、fg、state、bitmap、
#command、anchor
Button(root, text="外观装饰边界附近的标签", width=19,relief=GROOVE,bg="red").pack()
Button(root, text="设置按钮状态",width=21,state=DISABLED).pack()
Button(root, text="设置 bitmap 放到按钮左边位置", compound="left",bitmap="error").pack()
Button(root, text="设置 command 事件调用命令", fg="blue",bd=2,width=28,command=callback).pack()
Button(root, text ="设置高度宽度以及文字显示位置",anchor = 'sw',width = 30,height = 2).pack()
root.mainloop()
```

程序运行结果如图 7-7 所示。

如果想获取组件的所有属性，可通过如下命令列举：

```
from tkinter import *
root = Tk()
button1= Button(root, text = "确定")
     #按钮组件的构造函数
print(button1.keys())
     #keys()方法列举组件的所有的属性
```

图 7-7　Tkinter Button 示例程序

输出结果：

```
['activebackground', 'activeforeground', 'anchor', 'background', 'bd', 'bg',
'bitmap', 'borderwidth', 'command', 'compound', 'cursor', 'default',
'disabledforeground','fg','font','foreground','height','highlightbackground',
'highlightcolor', 'highlightthickness', 'image', 'justify', 'overrelief',
'padx', 'pady', 'relief', 'repeatdelay', 'repeatinterval', 'state', 'takefocus',
'text', 'textvariable', 'underline', 'width', 'wraplength']
```

7.2.5　单行文本框（Entry）和多行文本框（Text）

Entry 单行文本框主要用于输入单行内容和显示文本，可以方便地向程序传递用户参数。

微　课

Entry 对象

1. 创建和显示 Entry 对象

创建 Entry 对象的基本方法如下：

```
Entry 对象 = Entry (Windows 窗口对象)
```

显示 Entry 对象的方法如下：

```
Entry 对象.pack()
```

2. 获取 Entry 组件的内容

其中，get()方法用于获取 Entry 单行文本框内输入的内容。

3. Entry 的常用属性

（1）show：如果设置为字符"*"，则输入文本框内显示为"*"，用于密码输入。

（2）insertbackground：插入光标的颜色，默认为黑色。

（3）selectbackground 和 selectforeground：选中文本的背景色与前景色。

（4）width：组件的宽度（所占字符个数）。

（5）fg：字体前景颜色。

（6）bg：背景颜色。

（7）state：设置组件状态，默认为 normal，可设置为：disabled 禁用组件，readonly 只读。

【例 7-8】 转换摄氏度和华氏度的程序。

```
import tkinter as tk
def  btnHelloClicked():                    #事件函数
    cd = float(entryCd.get())              #获取文本框内输入的内容,并转换成浮点数
    labelHello.config(text = "%.2f C = %.2f F" %(cd, cd*1.8+32))

root = tk.Tk()
root.title("Entry Test")
labelHello = tk.Label(root, text = "转换°C to °F...", height = 5, width = 20, fg = "blue")
labelHello.pack()
entryCd = tk.Entry(root)                   #Entry 组件
entryCd.pack()
btnCal = tk.Button(root, text = "转换温度", command = btnHelloClicked)
#按钮
btnCal.pack()
root.mainloop()
```

程序运行结果如图 7-8 所示。

图 7-8　转换摄氏度和华氏度的程序

程序中新建了一个 Entry 组件 entryCd，当"转换温度"按钮按下后，通过 entryCd.get() 获取输入框中的文本内容，该内容为字符串类型，需要通过 float()函数转换成数字，然后再进行换算并更新 label 显示内容。

设置或者获取 Entry 组件内容也可以使用 StringVar()对象来完成，把 Entry 的 textvariable 属性设置为 StringVar()变量，再通过 StringVar()变量的 get()和 set()函数可以读取和输出相应文本内容。例如：

```
s=StringVar()                              #一个 StringVar()对象
s.set("大家好，这是测试")                    #设置文本内容
```

```
entryCd = Entry(root, textvariable=s)    #Entry 组件显示"大家好，这是测试"
print(s.get())                            #打印出"大家好，这是测试"
```

同样，Python 提供输入多行文本框 Text，用于输入多行内容和显示文本。使用方法类似 Entry，请读者参考 Tkinter 手册。

7.2.6 Listbox 列表框组件

Listbox 组件用于显示多个项目，并且允许用户选择一个或多个项目。

1．创建和显示 Listbox 对象

创建 Listbox 对象的基本方法如下：

```
Listbox 对象 = Listbox (Tkinter Windows 窗口对象)
```

显示 Listbox 对象的方法如下：

```
Listbox 对象.pack()
```

2．插入文本项

可以使用 insert()方法向列表框组件中插入文本项。方法如下：

```
Listbox 对象.insert(index,item)
```

其中，index 是插入文本项的位置，如果在尾部插入文本项，则可以使用 END；如果在当前选中处插入文本项，则可以使用 ACTIVE。item 是要插入的文本项。

3．返回选中项索引

```
Listbox 对象.curselection()
```

返回当前选中项目的索引，结果为元组。

注意：索引号从 0 开始，0 表示第一项。

4．删除文本项

```
Listbox 对象.delete(first,last)
```

删除指定范围(first,last)的项目，不指定 last 时，删除 1 个项目。

5．获取项目内容

```
Listbox 对象.get(first,last)
```

返回指定范围(first,last)的项目，不指定 last 时，仅返回 1 个项目。

6．获取项目个数

```
Listbox 对象.size()
```

7．获取 Listbox 内容

需要使用 listvariable 属性为 Listbox 对象指定一个对应的变量。例如：

```
m = StringVar()
listb = Listbox (root, listvariable = m)
listb.pack()
root.mainloop()
```

指定后就可以使用 m.get()方法获取 Listbox 对象中的内容。

注意：如果允许用户选择多个项目，需要将 Listbox 对象的 selectmode 属性设置为

MULTIPLE 表示多选，而设置为 SINGLE 为单选。

【例 7-9】Tkinter 创建一个获取 Listbox 组件内容的程序。

程序代码：

```
from tkinter import *
root = Tk()
m = StringVar()
def callbutton1():
    print(m.get())
def callbutton2():
    for i in lb.curselection():          #返回选中项索引形成的元组
        print(lb.get(i))

root.title("使用 Listbox 组件的例子")      #设置窗口标题
lb = Listbox(root, listvariable = m)       #将一字符串 m 与 Listbox 的值绑定
for item in ['北京','天津','上海']:
    lb.insert(END,item)
lb.pack()
b1 = Button (root,text = '获取 Listbox 的所有内容', command=callbutton1, width=20)                                   #创建 Button 组件
b1.pack()#显示 Button 组件
b2 = Button (root,text = '获取 Listbox 的选中内容', command=callbutton2, width=20)                                   #创建 Button 组件
b2.pack()                                  #显示 Button 组件
root.mainloop()
```

程序运行结果如图 7-9 所示。

图 7-9 获取 Listbox 组件内容的 GUI 程序

单击"获取 Listbox 的所有内容"按钮，则输出：('北京', '天津', '上海')

选中上海后，单击"获取 Listbox 的选中内容"按钮则输出：上海。

【例 7-10】创建从一个列表框选择内容添加到另一个列表框组件的 GUI 程序。

程序代码：

```
from tkinter import *                     #导入 Tkinter 库
root = Tk()                                #创建窗口对象
def callbutton1():
    for i in listb.curselection():         #遍历选中项
        listb2.insert(0,listb.get(i))      #添加到右侧列表框
```

```
def callbutton2():
    for i in listb2.curselection():      #遍历选中项
        listb2.delete(i)                  #从右侧列表框中删除
# 创建两个列表
li = ['C','python','php','html','SQL','java']
listb = Listbox(root)                     #创建两个列表框组件
listb2 = Listbox(root)
for item in li:                           #左侧列表框组件插入数据
    listb.insert(0,item)
listb.grid(row=0,column=0,rowspan=2)      #将列表框组件放置到窗口对象中
b1 = Button (root,text = '添加>>', command=callbutton1, width=20)
                                          #创建 Button 组件
b2 = Button (root,text = '删除<<', command=callbutton2, width=20)
                                          #创建 Button 组件
b1.grid(row=0,column=1,rowspan=2)         #显示 Button 组件
b2.grid(row=1,column=1,rowspan=2)         #显示 Button 组件
listb2.grid(row=0,column=2,rowspan=2)
root.mainloop()                           #进入消息循环
```

程序运行结果如图 7-10 所示。

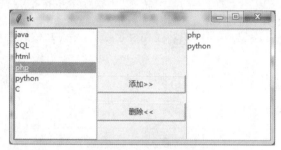

图 7-10 含有两个列表框组件的 GUI 程序

7.2.7 单选按钮（Radiobutton）和复选框（Checkbutton）

单选按钮和复选框分别用于实现选项的单选和复选功能。Radiobutton 用于同一组单选按钮中选择一个单选按钮（不能同时选定多个）。Checkbutton 用于选择一项或多项。

1. 创建和显示 Radiobutton 对象

创建 Radiobutton 对象的基本方法如下：

Radiobutton 对象 = Radiobutton (Windows 窗口对象,text = Radiobutton 组件显示的文本)

显示 Radiobutton 对象的方法如下：

Radiobutton 对象.pack()

可以使用 variable 属性为 Radiobutton 组件指定一个对应的变量。如果将多个 Radiobutton 组件绑定到同一个变量，则这些 Radiobutton 组件属于一个分组。分组后需要使用 value 设置每个 Radiobutton 组件的值，以标识该项目是否被选中。

2. Radiobutton 组件的常用属性

（1）variable：单选按钮索引变量，通过变量的值确定哪个单选按钮被选中。一组单选按钮使用同一个索引变量。

（2）value：单选按钮选中时变量的值。
（3）command：单选按钮选中时执行的命令（函数）。

3．Radiobutton 组件的方法
（1）deselect()：取消选择。
（2）select()：选择。
（3）invoke()：调用单选按钮（command）指定的回调函数。

4．创建和显示 Checkbutton 对象
创建 Checkbutton 对象的基本方法如下：

```
Checkbutton 对象 = Checkbutton(Tkinter Windows 窗口对象,text = Checkbutton 组件显示的文本, command = 单击 Checkbutton 按钮所调用的回调函数)
```

显示 Checkbutton 对象的方法如下：

```
Checkbutton 对象.pack()
```

5．Checkbutton 组件的常用属性
（1）variable：复选框索引变量，通过变量的值确定哪些复选框被选中。每个复选框使用不同的变量，使复选框之间相互独立。
（2）onvalue：复选框选中（有效）时变量的值。
（3）offvalue：复选框未选中（无效）时变量的值。
（4）command：复选框选中时执行的命令（函数）。

Checkbutton 对象

6．获取 Checkbutton 的状态
为了获取 Checkbutton 组件是否被选中，需要使用 variable 属性为 Checkbutton 组件指定一个对应变量。例如：

```
c = tkinter.IntVar()
c.set(2)
check = tkinter.Checkbutton(root,text = '喜欢',variable = c,onvalue = 1,offvalue = 2)                    #1 选中，2 未选中
check.pack()
```

指定变量 c 后，可以使用 c.get()获取复选框的状态值，也可以使用 c.set()设置复选框的状态。例如，设置 check 复选框对象为未选中状态，代码如下：

```
c.set(2)                    #1 选中，2 未选中，设置为 2 就是未选中状态
```

获取单选按钮（Radiobutton）的状态方法同上。

【例 7-11】创建使用单选按钮（Radiobutton）组件选择国家的程序。
程序代码：

```
import tkinter
root=tkinter.Tk()
r=tkinter.StringVar()               #创建 StringVar 对象
r.set('1')                          #设置初始值为'1',初始选中'中国'
radio=tkinter.Radiobutton(root,variable=r,value='1',text='中国')
radio.pack()
radio=tkinter.Radiobutton(root,variable=r,value='2',text='美国')
radio.pack()
```

```
radio=tkinter.Radiobutton(root,variable=r,value='3',text='日本')
radio.pack()
radio=tkinter.Radiobutton(root,variable=r,value='4',text='加拿大')
radio.pack()
radio=tkinter.Radiobutton(root,variable=r,value='5',text='韩国')
radio.pack()
root.mainloop()
print(r.get())                    #获取被选中单选按钮变量值
```

程序运行结果如图 7-11 所示。

图 7-11　单选按钮（Radiobutton）示例程序

【例 7-12】通过单选按钮、复选框设置文字样式的功能。

程序代码：

```
import tkinter as tk
def colorChecked():
    label_1.config(fg = color.get())
def typeChecked():
    textType = typeBlod.get() + typeItalic.get()
    if textType == 1:
        label_1.config(font = ("Arial", 12, "bold"))
    elif textType == 2:
        label_1.config(font = ("Arial", 12, "italic"))
    elif textType == 3:
        label_1.config(font = ("Arial", 12, "bold italic"))
    else :
        label_1.config(font = ("Arial", 12))
root = tk.Tk()
root.title("Radio & Check Test")
label_1 = tk.Label(root, text = "Check the format of text.", height = 3, font=("Arial", 12))
label_1.config(fg = "blue")        #初始颜色设置为蓝色
label_1.pack()
color = tk.StringVar()             #3种颜色 Radiobutton 定义了同样的变量 color
color.set("blue")
tk.Radiobutton(root, text = "红色", variable = color, value = "red", command = colorChecked).pack(side = tk.LEFT)
tk.Radiobutton(root, text = "蓝色", variable = color, value = "blue", command = colorChecked).pack(side = tk.LEFT)
tk.Radiobutton(root, text = "绿色", variable = color, value = "green", command = colorChecked).pack(side = tk.LEFT)
typeBlod = tk.IntVar()             #定义 typeBlod 变量表示文字是否为粗体
typeItalic = tk.IntVar()           #定义 typeItalic 变量表示文字是否为斜体
tk.Checkbutton(root, text = "粗体", variable = typeBlod, onvalue = 1, offvalue = 0, command = typeChecked).pack(side = tk.LEFT)
```

```
        tk.Checkbutton(root, text = "斜体", variable = typeItalic, onvalue = 2,
offvalue = 0, command = typeChecked).pack(side = tk.LEFT)
        root.mainloop()
```

程序运行结果如图 7-12 所示。

在代码中，文字的颜色通过 Radiobutton 来选择，同一时间只能选择一种颜色。在"红色"、"蓝色"和"绿色"3 个单选按钮中，定义了同样的变量参数 color，选择不同的单选按钮会为该变量赋予不同的字符串值，内容即为对应的颜色。

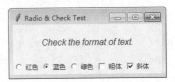

图 7-12　设置字体样式运行结果

任何单选按钮被选中都会触发 colorChecked()函数，将标签修改为对应单选按钮表示的颜色。

文字的粗体、斜体样式则由复选框实现，分别定义了 typeBlod 和 typeItalic 变量来表示文字是否为粗体和斜体。

当某个复选框的状态改变时会触发 typeChecked()函数。该函数负责判断当前哪些复选框被选中，并将字体设置为对应的样式。

7.2.8　菜单组件（menu）

图形用户界面应用程序通常提供菜单，菜单包含各种按照主题分组的基本命令。图形用户界面应用程序包括两种类型的菜单。

（1）主菜单：提供窗体的菜单系统。通过单击可下拉出子菜单，选择命令可执行相关的操作。常用的主菜单通常包括文件、编辑、视图、帮助等。

（2）上下文菜单（又称快捷菜单）：通过右击某个对象而弹出的菜单，一般为与该对象相关的常用菜单命令。例如，剪切、复制、粘贴等。

菜单和对话框组件

1．创建和显示 Menu 对象

创建 Menu 对象的基本方法如下：

```
Menu 对象 = Menu(Windows 窗口对象)
```

将 Menu 对象显示在窗口中的方法如下：

```
Windows 窗口对象['menu'] = Menu 对象
Windows 窗口对象.mainloop()
```

【例 7-13】使用 Menu 组件的简单例子。

程序代码：

```
from tkinter import *
root = Tk()
def hello():                              #菜单项事件函数，可以每个菜单项单独写
    print("你单击主菜单")
m = Menu(root)
for item in ['文件','编辑','视图']:         #添加菜单项
    m.add_command(label =item, command = hello)
root['menu'] = m                          #附加主菜单到窗口
root.mainloop()
```

程序运行结果如图 7-13 所示。

2．添加下拉菜单

前面介绍的 Menu 组件只创建了主菜单，默认情况并不包含下拉菜单。可以将一个 Menu 组件作为另一个 Menu 组件的下拉菜单。方法如下：

```
Menu对象1.add_cascade(label = 菜单文本,menu = Menu对象2)
```

图 7-13　使用 Menu 组件主菜单运行结果

上面的语句将 Menu 对象 2 设置为 Menu 对象 1 的下拉菜单。在创建 Menu 对象 2 时也要指定它是 Menu 对象 1 的子菜单。方法如下：

```
Menu对象2= Menu(Menu对象1)
```

【例 7-14】使用 add_cascade()方法给"文件""编辑"添加下拉菜单。

程序代码：

```
from tkinter import *
def hello():
    print("I'm a child menu")
root = Tk()
m1 = Menu(root)                                    #创建主菜单
filemenu = Menu(m1)                                #创建下拉菜单
editmenu = Menu(m1)                                #创建下拉菜单
for item in ['打开','关闭','退出']:                 #添加菜单项
    filemenu.add_command(label =item, command = hello)
for item in ['复制','剪切','粘贴']:                 #添加菜单项
    editmenu.add_command(label =item, command = hello)
m1.add_cascade(label ='文件', menu = filemenu)     #把filemenu作为文件下拉菜单
m1.add_cascade(label ='编辑', menu = editmenu)     #把editmenu作为编辑下拉菜单
root['menu'] = m1                                  #附加主菜单到窗口
root.mainloop()
```

程序运行结果如图 7-14 所示。

图 7-14　添加下拉菜单运行结果

3．在菜单中添加复选框

使用 add_checkbutton()可以在菜单中添加复选框。方法如下：

```
菜单对象.add_checkbutton(label = 复选框的显示文本,command = 菜单命令函数,variable = 与复选框绑定的变量)
```

【例 7-15】在菜单中添加复选框"自动保存"。

程序代码：
```
from tkinter import *
def hello():
    print(v.get())
root = Tk()
v = StringVar()
m = Menu(root)
filemenu = Menu(m)
for item in ['打开','关闭','退出']:
    filemenu.add_command(label =item, command = hello)
m.add_cascade(label = '文件', menu = filemenu)
filemenu.add_checkbutton(label = '自动保存',command = hello,variable = v)
root['menu'] = m
root.mainloop()
```

程序运行结果如图 7-15 所示。

4. 在菜单中的当前位置添加分隔符

使用 add_separator() 可以在菜单中添加分隔符。方法如下：

```
菜单对象.add_separator()
```

【例 7-16】在菜单项间添加分隔符。

程序代码：

```
from tkinter import *
def hello():
    print("I'm a child menu")
root = Tk()
m = Menu(root)
filemenu = Menu(m)
filemenu.add_command(label = '打开', command = hello)
filemenu.add_command(label = '关闭', command = hello)
filemenu.add_separator()          #'关闭'和'退出'之间添加分隔符
filemenu.add_command(label = '退出', command = hello)
m.add_cascade(label = '文件', menu = filemenu)
root['menu'] = m
root.mainloop()
```

图 7-15　添加复选框运行结果

程序运行结果如图 7-16 所示。

5. 创建上下文菜单

创建上下文菜单一般遵循下列步骤：

（1）创建菜单（与创建主菜单相同）。例如：

```
menubar =Menu( root)
menubar.add_command(label ='剪切', command = hello1)
menubar.add_command(label ='复制', command = hello2)
menubar.add_command(label ='粘贴', command = hello3)
```

图 7-16　添加分隔符运行结果

（2）绑定鼠标右击事件，并在事件处理函数中弹出菜单。例如：

```
def  popup(event):                              #事件处理函数
    menubar.post( event.x_root, event.y_root)   #在鼠标右键位置显示菜单
root.bind('<Button-3>',popup)                   #绑定事件
```

【例 7-17】 上下文菜单示例。

程序代码：

```
from tkinter import *
def  popup(event):                                    #右击事件处理函数
     menubar. post( event.x_root, event.y_root)       #在鼠标右键位置显示菜单
def hello1():                                         #菜单事件处理函数
    print("我是剪切命令")
def hello2():
    print("我是复制命令")
def hello3():
    print("我是粘贴命令")

root = Tk()
root.geometry("300x150")
menubar = Menu(root)
menubar.add_command(label ='剪切', command = hello1)
menubar.add_command(label ='复制', command = hello2)
menubar.add_command(label ='粘贴', command = hello3)
#创建Entry组件界面
s=StringVar()                                         #一个StringVar()对象
s.set("大家好，这是测试上下文菜单")
entryCd = Entry(root, textvariable=s)                 #Entry组件
entryCd.pack()
root.bind('<Button-3>',popup)                         #绑定右击事件
root.mainloop()
```

程序运行结果如图 7-17 所示。

图 7-17　上下文菜单运行效果

7.2.9　对话框

对话框用于与用户交互和检索信息。tkinter 模块中的子模块 messagebox、filedialog、colorchooser、simpledialog 包括一些通用的预定义对话框；用户也可以通过继承 TopLevel 创建自定义对话框。

1. 文件对话框

模块 tkinter 的子模块 filedialog 包含用于打开文件对话框的函数 askopenfilename()。文件对话框供用户选择某文件夹下的文件。格式如下：

```
askopenfilename(title='标题', filetypes=[('所有文件','.*'),('文本文件','.txt')])
```

（1）filetypes：文件过滤器，可以筛选某种格式的文件。

（2）title：设置打开文件对话框的标题。

同时，还有文件保存对话框函数 asksaveasfilename()。格式如下：

```
asksaveasfilename(title='标题', initialdir='d:\mywork', initialfile=
'hello.py')
```

（1）initialdir：默认保存路径，如'd:\mywork'。
（2）initialfile：默认保存的文件名，如'hello.py'。

【例7-18】演示打开和保存文件对话框的程序。

程序代码：

```
from tkinter import *
from tkinter.filedialog import *
def openfile():                                    #按钮事件处理函数
    #显示打开文件对话框，返回选中文件名及路径
    r = askopenfilename(title=' 打开文件 ', filetypes=[('Python', '*.py *.pyw'), ('All Files', '*')])
    print(r)
def savefile():                                    #按钮事件处理函数
    #显示保存文件对话框
    r = asksaveasfilename(title=' 保存文件 ', initialdir='d:\mywork', initialfile='hello.py')
    print(r)
root = Tk()
root.title('打开文件对话框示例')                     # title属性用来指定标题
root.geometry("300x150")
btn1 = Button(root, text='File Open', command=openfile)  #创建Button组件
btn2 = Button(root, text='File Save', command=savefile)  #创建Button组件
btn1.pack(side='left')
btn2.pack(side='left')
root.mainloop()
```

程序运行结果如图7-18所示。

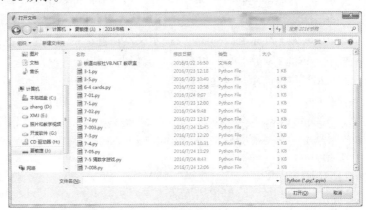

图7-18　"打开文件"对话框的运行结果

2．颜色对话框

模块tkinter的子模块colorchooser包含用于打开颜色对话框的函数askcolor()。颜色对话框供用户选择某颜色。

【例7-19】演示使用颜色对话框的程序。

程序代码：

```
'''使用颜色对话框'''
from tkinter import *
```

```
from tkinter.colorchooser import *      # 引入 colorchooser 模块
root = Tk()
# 调用 askcolor 返回选中颜色的(R,G,B)颜色值及#RRGGBB 表示
print(askcolor())
root.mainloop()
```

程序运行结果如图 7-19 所示。

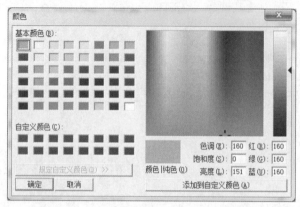

图 7-19　打开"颜色"对话框的运行效果

在图 7-19 选择某种颜色后，打印出如下结果：

```
((160, 160, 160), '#a0a0a0')
```

3. 简单对话框

模块 tkinter 的子模块 simpledialog 中，包含用于打开输入对话框的函数。

（1）askfloat(title, prompt, 选项)：打开输入对话框，输入并返回浮点数。

（2）askinteger(title, prompt, 选项)：打开输入对话框，输入并返回整数。

（3）askstring(title, prompt, 选项)：打开输入对话框，输入并返回字符串。

其中，title 为窗口标题，prompt 为提示文本信息；"选项"是指各种选项，包括 initialvalue（初始值）、minvalue（最小值）和 maxvalue（最大值）。

【例 7-20】演示简单对话框的程序。

程序代码：

```
import tkinter
from tkinter import simpledialog
def inputStr():
    r = simpledialog.askstring('Python Tkinter', 'Input String', initialvalue = 'Python Tkinter')
    print(r)
def inputInt():
    r = simpledialog.askinteger('Python Tkinter', 'Input Integer')
    print(r)
def inputFloat():
    r = simpledialog.askfloat('Python Tkinter', 'Input Float')
    print(r)
root = tkinter.Tk()
btn1 = tkinter.Button(root, text='Input String', command=inputStr)
btn2 = tkinter.Button(root, text='Input Integer', command=inputInt)
btn3 = tkinter.Button(root, text='Input Float', command=inputFloat)
```

```
btn1.pack(side='left')
btn2.pack(side='left')
btn3.pack(side='left')
root.mainloop()
```

程序运行结果如图 7-20 所示

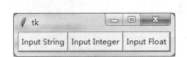

图 7-20 打开简单对话框的运行效果

7.2.10 消息框

消息框（messagebox）用于弹出提示框向用户进行告警，或让用户选择下一步如何操作。消息框包括很多类型，常用的有 info、warning、error、yesno、okcancel 等，包含不同的图标、按钮以及弹出提示音。

【例 7-21】演示各消息框的程序。

程序代码：

```
import tkinter as tk
from tkinter import messagebox as msgbox
def btn1_clicked():
    msgbox.showinfo("Info", "Showinfo test.")
def btn2_clicked():
    msgbox.showwarning("Warning", "Showwarning test.")
def btn3_clicked():
    msgbox.showerror("Error", "Showerror test.")
def btn4_clicked():
    msgbox.askquestion("Question", "Askquestion test.")
def btn5_clicked():
    msgbox.askokcancel("OkCancel", "Askokcancel test.")
def btn6_clicked():
    msgbox.askyesno("YesNo", "Askyesno test.")
def btn7_clicked():
    msgbox.askretrycancel("Retry", "Askretrycancel test.")
root = tk.Tk()
root.title("MsgBox Test")
btn1 = tk.Button(root, text = "showinfo", command = btn1_clicked)
btn1.pack(fill = tk.X)
btn2 = tk.Button(root, text = "showwarning", command = btn2_clicked)
btn2.pack(fill = tk.X)
btn3 = tk.Button(root, text = "showerror", command = btn3_clicked)
btn3.pack(fill = tk.X)
btn4 = tk.Button(root, text = "askquestion", command = btn4_clicked)
btn4.pack(fill = tk.X)
btn5 = tk.Button(root, text = "askokcancel", command = btn5_clicked)
btn5.pack(fill = tk.X)
btn6 = tk.Button(root, text = "askyesno", command = btn6_clicked)
btn6.pack(fill = tk.X)
```

```
btn7 = tk.Button(root, text = "askretrycancel", command = btn7_clicked)
btn7.pack(fill = tk.X)
root.mainloop()
```

程序运行结果如图 7-21 所示。

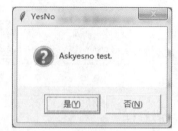

图 7-21 消息窗口运行效果

7.2.11 Frame 框架组件

Frame 框架组件在进行分组组织其他组件的过程中是非常重要的，负责安排其他组件的位置。Frame 组件在屏幕上显示为一个矩形区域，作为显示其他组件的容器。

1. 创建和显示 Frame 对象

创建 Frame 对象的基本方法如下：

```
Frame对象 = Frame(窗口对象, height = 高度,width = 宽度,bg = 背景色, ...)
```

例如，创建第 1 个 Frame 组件，其高为 100，宽为 400，背景色为绿色。

```
f1 = Frame(root, height= 100,width = 400,bg ='green')
```

显示 Frame 对象的方法如下：

```
Frame对象.pack()
```

2. 向 Frame 组件中添加组件

在创建组件时可以指定其容器为 Frame 组件。例如：

```
Label(Frame对象,text = 'Hello').pack()    #向 Frame 组件添加一个 Label 组件
```

3. LabelFrame 组件

LabelFrame 组件是有标题的 Frame 组件,可以使用 text 属性设置 LabelFrame 组件的标题，方法如下：

```
LabelFrame(窗口对象, height = 高度,width = 宽度,text = 标题).pack()
```

【例 7-22】使用 2 个 Frame 组件和 1 个 LabelFrame 组件的例子。
程序代码：

```
from tkinter import *
root = Tk()                                 #创建窗口对象
root.title("使用 Frame 组件的例子")          #设置窗口标题
f1 = Frame(root)                            #创建第 1 个 Frame 组件
f1.pack()
f2 = Frame(root)                            #创建第 2 个 Frame 组件
```

```
f2.pack()
f3 = LabelFrame(root,text = '第3个Frame')  #第3个LabelFrame组件,放置在窗
                                           #口底部
f3.pack( side = BOTTOM )
redbutton = Button(f1, text="Red", fg="red")
redbutton.pack( side = LEFT)
brownbutton = Button(f1, text="Brown", fg="brown")
brownbutton.pack( side = LEFT )
bluebutton = Button(f1, text="Blue", fg="blue")
bluebutton.pack( side = LEFT )
blackbutton = Button(f2, text="Black", fg="black")
blackbutton.pack()
greenbutton = Button(f3, text="Green", fg="Green")
greenbutton.pack()
root.mainloop()
```

程序运行结果如图 7-22 所示。

图 7-22　Frame 框架运行结果

此时，通过 Frame 框架把 5 个按钮分成 3 个区域：第一个区域 3 个按钮；第二个区域 1 个按钮；第三个区域 1 个按钮。

4．刷新 Frame

用 Python 做 GUI 图形界面，可以使用 after()方法每隔几秒刷新 GUI 图形界面。例如，下面代码实现计数器效果，并且文字背景色不断改变。

```
from tkinter import *
colors = ('red', 'orange', 'yellow', 'green', 'blue', 'purple')
root = Tk()
f = Frame(root, height=200, width=200)
f.color = 0
f['bg'] = colors[f.color]                    #设置框架背景色
lab1=Label(f,text = '0')
lab1.pack()
def foo():
    f.color = (f.color+1)%(len(colors))
    lab1['bg'] = colors[f.color]
    lab1['text'] = str(int(lab1['text'])+1)
    f.after(500, foo)                        #隔500ms执行foo函数刷新屏幕
f.pack()
f.after(500, foo)
root.mainloop()
```

例如，开发移动电子广告效果就可以使用 after()方法实现不断移动的效果。

```
from tkinter import *
root = Tk()
f = Frame(root, height = 200, width = 200)
```

```
lab1 = Label(f,text = '欢迎参观中原工学院')
x = 0
def foo():
    global x
    x=x+10
    if x>200:
        x = 0
    lab1.place(x = x,y = 0)
    f.after(500, foo)              #隔 500ms 执行 foo()函数刷新屏幕

f.pack()
f.after(500, foo)
root.mainloop()
```

运行程序可见"欢迎参观中原工学院"不停地从左向右移动,出了窗口右侧以后重新从左侧出现。利用此技巧可以开发类似贪吃蛇游戏,可以借助 after()方法实现不断改变蛇的位置,从而达到蛇移动的效果。

7.2.12 Scrollbar 滚动条组件

Scrollbar 组件是滚动条组件,Scrollbar 组件用于滚动一些组件的可见范围,根据方向可分为垂直滚动条和水平滚动条。Scrollbar 组件常常被用于实现文本、画布和列表框的滚动。

Scrollbar 组件通常与 Text 组件、Canvas 组件和 Listbox 组件一起使用,水平滚动条还能与 Entry 组件配合。

在某个组件上添加垂直滚动条,需要 2 个步骤:

(1)设置该组件的 yscrollbarcommand 选项为 Scrollbar 组件的 set()方法。

(2)设置 Scrollbar 组件的 command 选项为该组件的 yview()方法。

【例 7-23】向列表框加入垂直滚动条,并且列表框显示 100 项内容。

程序代码:

```
from tkinter import *
def print_item(event):                    #鼠标松开事件打印出当前选中项内容
    print(mylist.get(mylist.curselection()))

root = Tk()
mylist = Listbox(root)                    #创建列表框
mylist.bind('<ButtonRelease-1>', print_item)
for line in range(100):
    mylist.insert(END, "This is line number " + str(line))
                                          #列表框内追加 100 项内容

mylist.pack( side = LEFT, fill = BOTH )
scrollbar = Scrollbar(root)
scrollbar.pack( side = RIGHT, fill=Y )
scrollbar.config( command = mylist.yview )
mylist.configure(yscrollcommand = scrollbar.set)
root.mainloop()
```

程序运行结果如图 7-23 所示。鼠标滚动右侧的 scrollbar,左边列表框也会随之向下移动,用方向键移动列表框中的值向下移动,右侧的 scrollbar 也会跟着移动。

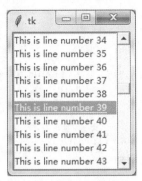

图 7-23 向列表框加入垂直滚动条运行效果

同样,也可以添加一个水平方向的 Scrollbar,只需要设置好 xscrollcommand 和 xview 即可。

7.3 图形绘制

7.3.1 Canvas 画布组件

Canvas(画布)是一个长方形的区域,用于图形绘制或复杂的图形界面布局。可以在画布上绘制图形、文字,放置各种组件和框架。

可以使用下面的方法创建一个 Canvas 对象:

```
Canvas 对象 = Canvas(窗口对象, 选项, ...)
```

图形绘制

Canvas 画布常用选项见表 7-9。

表 7-9 Canvas 画布常用选项

选项	说明
bd	指定画布的边框宽度,单位是像素
bg	指定画布的背景颜色
confine	指定画布在滚动区域外是否可以滚动。默认为 True,表示不能滚动
cursor	指定画布中的鼠标指针,例如 arrow、circle、dot
height	指定画布的高度
highlightcolor	选中画布时的背景色
relief	指定画布的边框样式,可选值包括 SUNKEN、RAISED、GROOVE、RIDGE
scrollregion	指定画布的滚动区域的元组(w,n,e,s)

显示 Canvas 对象的方法如下:

```
Canvas 对象.pack()
```

例如,创建一个白色背景、宽为 300 像素、高为 120 像素的 Canvas 画布。

```
from tkinter import *
root = Tk()
cv = Canvas(root, bg = 'white', width = 300, height = 120)
cv. create_line(10,10,100,80,width=2, dash=7)      #绘制直线
cv.pack()                                           #显示画布
root.mainloop()
```

7.3.2 Canvas 上的图形对象

1. 绘制图形对象

Canvas 画布上可以绘制各种图形对象。通过调用如下绘制函数实现：

（1）create_arc()：绘制圆弧。
（2）create_line()：绘制直线。
（3）create_bitmap()：绘制 Python 内置的位图。
（4）create_image()：绘制位图图像。
（5）create_oval()：绘制椭圆。
（6）create_polygon()：绘制多边形。
（7）create_window()：绘制子窗口。
（8）create_text()：创建一个文字对象。

Canvas 上每个绘制对象都有一个标识 id（整数），使用绘制函数创建绘制对象时，返回绘制对象 id。例如：

```
id1 = cv.create_line(10,10,100,80,width = 2, dash = 7)      #绘制直线
```

id1 可以得到绘制对象直线 id。

在创建图形对象时可以使用属性 tags 设置图形对象的标记（tag）。例如：

```
rt = cv.create_rectangle(10,10,110,110, tags = 'r1')
```

上面的语句指定矩形对象 rt 具有一个标记 r1。

也可以同时设置多个标记（tag）。例如：

```
rt = cv.create_rectangle(10,10,110,110, tags = ('r1','r2','r3'))
```

上面的语句指定矩形对象 rt 具有 3 个标记 r1、r2、r3。

指定标记后，使用 find_withtag() 方法可以获取指定 tag 的图形对象，然后设置图形对象的属性。find_withtag() 方法的语法格式如下：

```
Canvas对象.find_withtag(tag名)
```

find_withtag() 方法返回一个图形对象数组，其中包含所有具有 tag 名的图形对象。

使用 itemconfig() 方法可以设置图形对象的属性，语法格式如下：

```
Canvas对象.itemconfig(图形对象,属性1=值1,属性2=值2…)
```

【例 7-24】使用属性 tags 设置图形对象标记的例子。

程序代码：

```
from tkinter import *
root = Tk()
# 创建一个 Canvas，设置其背景色为白色
cv = Canvas(root, bg = 'white', width = 200, height = 200)
# 使用 tags 给第 1 个矩形指定 3 个 tag
rt = cv.create_rectangle(10,10,110,110, tags = ('r1','r2','r3'))
cv.pack()
cv.create_rectangle(20,20,80,80, tags = 'r3')     #使用 tags 给第 2 个矩形指定
                                                   #1 个 tag
# 将所有与 tag('r3')绑定的 item 边框颜色设置为蓝色
for item in cv.find_withtag('r3'):
```

```
            cv.itemconfig(item,outline = 'blue')
root.mainloop()
```

程序运行结果如图 7-24 所示。

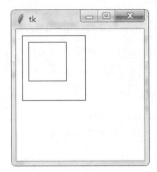

图 7-24 设置图形对象标记运行结果

下面学习使用绘制函数绘制各种图形对象。

2．绘制圆弧

使用 create_arc()方法可以创建一个圆弧对象，可以是一个和弦、饼图扇区或者一个简单的弧。具体语法格式如下：

```
Canvas 对象. create_arc(弧外框矩形左上角的 x 坐标, 弧外框矩形左上角的 y 坐标, 弧外框矩形右下角的 x 坐标, 弧外框矩形右下角的 y 坐标, 选项, ...)
```

创建圆弧常用选项：outline——指定圆弧边框颜色；fill——指定填充颜色；width——指定圆弧边框的宽度；start——代表起始角度；extent——代表指定角度偏移量，而不是终止角度。

【**例 7-25**】使用 create_ arc()方法创建圆弧的例子。

程序代码：

```
from tkinter import *
root = Tk()
# 创建一个 Canvas，设置其背景色为白色
cv = Canvas(root,bg = 'white')
cv.create_arc((10,10,110,110),)         # 使用默认参数创建一个圆弧,结果为 90°的扇形
d = {1:PIESLICE,2:CHORD,3:ARC}
for i in d:
    # 使用 3 种样式，分别创建了扇形、弓形和弧形
    cv.create_arc((10,10 + 60*i,110,110 + 60*i),style = d[i])
    print(i,d[i])
#使用 start/extent 指定圆弧起始角度与偏移角度
cv.create_arc(
        (150,150 ,250,250),
        start = 10,                     #指定起始角度
        extent = 120                    #指定角度偏移量(逆时针)
        )
cv.pack()
root.mainloop()
```

程序运行结果如图 7-25 所示。

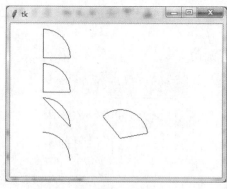

图 7-25 创建圆弧对象运行结果

3. 绘制线条

使用 create_line()方法可以创建一个线条对象。具体语法格式如下：

```
line = canvas.create_line(x0, y0, x1, y1, ..., xn, yn, 选项)
```

其中，参数 x0, y0, x1, y1, …, xn, yn 是线段的端点。

创建线段常用选项：width——指定线段宽度；arrow——指定是否使用箭头（没有箭头 none，起点有箭头 first，终点有箭头 last，两端有箭头 both）；fill——指定线段颜色；dash——指定线段为虚线（其整数值决定虚线的样式）。

【例 7-26】使用 create_line()方法创建线条对象的例子。

程序代码：

```python
from tkinter import *
root = Tk()
cv = Canvas(root, bg = 'white', width = 200, height = 100)
cv.create_line(10, 10, 100, 10, arrow='none')      #绘制没有箭头线段
cv.create_line(10, 20, 100, 20, arrow='first')     #绘制起点有箭头线段
cv.create_line(10, 30, 100, 30, arrow='last')      #绘制终点有箭头线段
cv.create_line(10, 40, 100, 40, arrow='both')      #绘制两端有箭头线段
cv. create_line(10,50,100,100,width=3, dash=7)     #绘制虚线
cv.pack()
root.mainloop()
```

程序运行结果如图 7-26 所示。

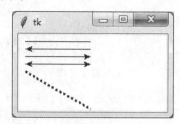

图 7-26 创建线条对象运行结果

4. 绘制矩形

使用 create_rectangle ()方法可以创建矩形对象。具体语法格式如下：

```
Canvas 对象.create_rectangle(矩形左上角的 x 坐标, 矩形左上角的 y 坐标, 矩形右下角的 x 坐标, 矩形右下角的 y 坐标, 选项, ...)
```

创建矩形对象时的常用选项：outline——指定边框颜色；fill——指定填充颜色；width——指定边框的宽度；dash——指定边框为虚线；stipple——使用指定自定义画刷填充矩形。

【例 7-27】使用 create_rectangle()方法创建矩形对象的例子。

```
from tkinter import *
root = Tk()
# 创建一个 Canvas，设置其背景色为白色
cv = Canvas(root, bg = 'white', width = 200, height = 100)
cv.create_rectangle(10,10,110,110, width =2,fill = 'red')
#指定矩形的填充色为红色，宽度为 2
cv.create_rectangle(120, 20,180, 80, outline = 'green')
#指定矩形的边框颜色为绿色
cv.pack()
root.mainloop()
```

程序运行结果如图 7-27 所示。

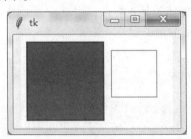

图 7-27　创建矩形对象运行结果

5. 绘制多边形

使用 create_polygon()方法可以创建一个多边形对象，可以是一个三角形、矩形或者任意一个多边形。具体语法格式如下：

Canvas 对象.create_polygon(顶点 1 的 x 坐标，顶点 1 的 y 坐标，顶点 2 的 x 坐标，顶点 2 的 y 坐标，…，顶点 n 的 x 坐标，顶点 n 的 y 坐标，选项，...)

创建多边形对象时的常用选项：outline——指定边框颜色；fill——指定填充颜色；width——指定边框的宽度；smooth——指定多边形的平滑程度（等于 0 表示多边形的边是折线，等于 1 表示多边形的边是平滑曲线）。

【例 7-28】创建三角形、正方形、对顶三角形对象的例子。

程序代码：

```
from tkinter import *
root = Tk()
cv = Canvas(root, bg = 'white', width = 300, height = 100)
cv.create_polygon (35,10,10,60,60,60, outline = 'blue', fill = 'red', width=2)                                    #等腰三角形
   cv.create_polygon (70,10,120,10,120,60, outline = 'blue', fill = 'white', width=2)                                    #直角三角形
   cv.create_polygon (130,10,180,10,180,60, 130,60, width=4)
                                           #黑色填充正方形
   cv.create_polygon (190,10,240,10,190,60, 240,60, width=1)
                                           #对顶三角形
cv.pack()
root.mainloop()
```

程序运行结果如图 7-28 所示。

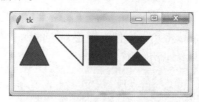

图 7-28　创建三角形运行结果

6. 绘制椭圆

使用 create_oval() 方法可以创建一个椭圆对象。具体语法格式如下：

> Canvas 对象.create_oval(包裹椭圆的矩形左上角 x 坐标,包裹椭圆的矩形左上角 y 坐标,包裹椭圆的矩形右下角 x 坐标,包裹椭圆的矩形右下角 y 坐标,选项,...)

创建椭圆对象时的常用选项：outline——指定边框颜色；fill——指定填充颜色；width——指定边框的宽度；如果包裹椭圆的矩形是正方形，则绘制一个圆形。

【例 7-29】创建椭圆和圆形的例子。

程序代码：

```
from tkinter import *
root = Tk()
cv = Canvas(root, bg = 'white', width = 200, height = 100)
cv.create_oval (10,10,100,50, outline = 'blue', fill = 'red', width=2)
#椭圆
cv.create_oval (100,10,190,100, outline = 'blue', fill = 'red', width=2)
#圆形
cv.pack()
root.mainloop()
```

程序运行结果如图 7-29 所示。

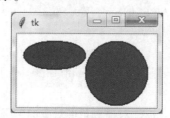

图 7-29　创建椭圆和圆形运行结果

7. 绘制文字

create_text() 方法用于创建一个文字对象。具体语法格式如下：

> 文字对象 = Canvas 对象.create_text((文本左上角的 x 坐标,文本左上角的 y 坐标),选项,...)

创建文字对象时的常用选项：text —— 指定是文字对象的文本内容；fill —— 指定文字颜色；anchor —— 控制文字对象的位置（其取值'w'表示左对齐,'e'表示右对齐,'n'表示顶对齐,'s'表示底对齐,'nw'表示左上对齐,'sw'表示左下对齐,'se'表示右下对齐,'ne'表示右上对齐,'center'表示居中对齐, anchor 默认值为'center'）；justify —— 设置文字对象中文本的对齐方式（其取值'left'表示左对齐, 'right'表示右对齐, 'center'表示居中对齐，justify 默认值为'center'）。

【例7-30】创建文本的例子。

程序代码：

```
from tkinter import *
root = Tk()
cv = Canvas(root, bg = 'white', width = 200, height = 100)
cv.create_text((10,10), text = 'Hello Python', fill = 'red', anchor='nw')
cv.create_text((200,50), text = '你好，Python', fill = 'blue', anchor='se')
cv.pack()
root.mainloop()
```

程序运行结果如图7-30所示。

select_from()方法用于指定选中文本的起始位置。具体语法格式如下：

```
Canvas对象.select_from(文字对象,选中文本的起始位置)
```

select_to()方法用于指定选中文本的结束位置。具体语法格式如下：

```
Canvas对象.select_to(文字对象,选中文本的结束位置)
```

【例7-31】选中文本的例子。

程序代码：

```
from tkinter import *
root = Tk()
cv = Canvas(root, bg = 'white', width = 200, height = 100)
txt = cv.create_text((10,10), text = '中原工学院计算机学院', fill = 'red', anchor='nw')
#设置文本的选中起始位置
cv.select_from(txt,5)
#设置文本的选中结束位置
cv.select_to(txt,9)                    #选中"计算机学院"
cv.pack()
root.mainloop()
```

程序运行结果如图7-31所示。

图7-30 创建文本运行效果

图7-31 选中文本运行结果

8．绘制位图和图像

（1）绘制位图：使用create_bitmap()方法可以绘制Python内置的位图。具体语法格式如下：

```
Canvas对象.create_bitmap((x坐标,y坐标),bitmap =位图字符串,选项, ...)
```

其中，(x坐标,y坐标)是位图放置的中心坐标；常用选项有bitmap、activebitmap和disabledbitmap，分别用于指定正常、活动、禁用状态显示的位图。

（2）绘制图像：在游戏开发中需要使用大量图像，采用create_image ()方法可以绘制图形图像。具体语法格式如下：

```
Canvas对象.create_image((x坐标,y坐标), image = 图像文件对象,选项, ...)
```

其中，(x坐标,y坐标)是图像放置的中心坐标；常用选项有image、activeimage 和 disabled image，分别用于指定正常、活动、禁用状态显示的图像。

注意：使用 PhotoImage()函数来获取图像文件对象。

```
img1 = PhotoImage(file =图像文件)
```

例如：

```
img1 = PhotoImage(file = 'C:\\aa.png')          #获取笑脸图形
```

Python 支持的图像文件格式一般为.png 和.gif。

【例 7-32】 绘制图像示例。

程序代码：

```
from tkinter import *
root = Tk()
cv = Canvas(root)
img1 = PhotoImage(file = 'C:\\aa.png')       #笑脸
img2 = PhotoImage(file = 'C:\\2.gif')        #方块A
img3 = PhotoImage(file = 'C:\\3.gif')        #梅花A
cv.create_image((100,100),image=img1)        #绘制笑脸
cv.create_image((200,100),image=img2)        #绘制方块A
cv.create_image((300,100),image=img3)        #绘制梅花A
d = {1:'error',2:'info',3:'question',4:'hourglass',5:'questhead',
     6:'warning',7:'gray12',8:'gray25',9:'gray50',10:'gray75'}#字典
#cv.create_bitmap((10,220),bitmap = d[1])
#以下遍历字典绘制 Python 内置的位图
for i in d:
    cv.create_bitmap((20*i,20),bitmap = d[i])
cv.pack()
root.mainloop()
```

程序运行结果如图 7-32 所示。

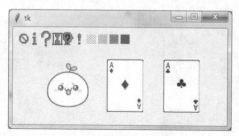

图 7-32　绘制图像示例

学会使用绘制图像，就可以开发图形版的扑克牌游戏。

9．修改图形对象的坐标

使用 coords()方法可以修改图形对象的坐标。具体语法格式如下：

```
Canvas对象.coords(图形对象, (图形左上角的 x 坐标, 图形左上角的 y 坐标, 图形右下角的 x 坐标, 图形右下角的 y 坐标))
```

因为可以同时修改图形对象左上角的坐标和右下角的坐标，所以可以缩放图形对象。

注意：如果图形对象是图像文件，则只能指定图像中心点坐标，而不能指定图像对象左上角的坐标和右下角的坐标，故不能缩放图像。

【例 7-33】修改图形对象的坐标示例。

程序代码：

```
from tkinter import *
root = Tk()
cv = Canvas(root)
img1 = PhotoImage(file = 'C:\\aa.png')             #笑脸
img2 = PhotoImage(file = 'C:\\2.gif')              #方块 A
img3 = PhotoImage(file = 'C:\\3.gif')              #梅花 A
rt1=cv.create_image((100,100),image=img1)          #绘制笑脸
rt2=cv.create_image((200,100),image=img2)          #绘制方块 A
rt3=cv.create_image((300,100),image=img3)          #绘制梅花 A
# 重新设置方块 A(rt2 对象)的坐标
cv.coords(rt2,(200,50))                            #调整 rt2 对象方块 A 位置
rt4= cv.create_rectangle(20,140,110,220,outline='red', fill='green')
#正方形对象
cv.coords(rt4,(100,150,300,200))                   #调整 rt4 对象位置
cv.pack()
root.mainloop()
```

程序运行结果如图 7-33 所示。

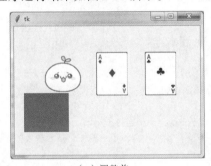
（a）调整前

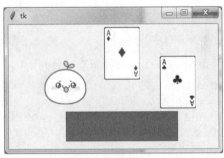
（b）调整后

图 7-33　调整图形对象位置之前和之后的结果

10．移动指定图形对象

使用 move()方法可以修改图形对象的坐标。具体语法格式如下：

Canvas 对象.move (图形对象，x 坐标偏移量，y 坐标偏移量)

【例 7-34】移动"帅"棋子图片向右 150 像素，向下 150 像素，从矩形左上角移到右下角。

程序代码：

```
from tkinter import *
def callback():                                    #事件处理函数
    cv.move(rt1,150,150)                           #移动 rt1
root = Tk()
root.title('移动"帅"棋子')                          #设置窗口标题
#创建一个 Canvas，设置其背景色为白色
cv = Canvas(root, bg = 'white', width = 260, height = 220)
img1 = PhotoImage(file = '红帅.png')
cv.create_rectangle(40,40,190,190,outline='red',fill='green')
rt1 = cv.create_image((40,40),image=img1)         #绘制"帅"棋子图片
cv.pack()
button1 = Button(root, text="移动棋子",command=callback,fg="red")
button1.pack()
root.mainloop()
```

程序运行结果如图 7-34 所示。

图 7-34 移动指定"帅"棋子图形对象

为了对比移动图形对象的效果，程序在(40,40,190,190)位置绘制了 1 个矩形（由绿色填充），单击"移动棋子"按钮后，"帅"棋子 rt1 通过 move()方法移动到矩形右下角。

11. 删除图形对象

使用 delete ()方法可以删除图形对象。具体语法格式如下：

```
Canvas 对象.delete (图形对象)
```

例如：

```
cv.delete(rt1)              #删除 rt1 图形对象
```

例 7-34 中最后 1 行改成如下 5 行：

```
def callback2():            #事件处理函数
    cv.delete(rt1)          #删除 rt1
button2 = Button(root, text="删除棋子",command=callback2,fg="red")
button2.pack()
root.mainloop()
```

单击"删除棋子"按钮后，"帅"棋子消失。

12. 缩放图形对象

使用 scale()方法可以缩放图形对象。具体语法格式如下：

```
Canvas 对象.scale(图形对象,x 轴偏移量,y 轴偏移量,x 轴缩放比例,y 轴缩放比例)
```

【例 7-35】缩放图形对象示例，对相同图形对象进行放大和缩小。

程序代码：

```
from tkinter import *
root = Tk()
#创建一个 Canvas，设置其背景色为白色
cv = Canvas(root, bg = 'white', width = 200, height = 300)
rt1 = cv.create_rectangle(10,10,110,110,outline='red',stipple='gray12',fill='green')
rt2 = cv.create_rectangle(10,10,110,110,outline='green',stipple='gray12',fill='red')
cv.scale(rt1,0,0,1,2)              #y 方向放大一倍
cv.scale(rt2,0,0,0.5,0.5)          #缩小一半大小
cv.pack()
root.mainloop()
```

程序运行结果如图 7-35 所示。

图 7-35　缩放图形对象运行结果

7.4　Tkinter 字体

通过组件的 font 属性，可以设置其显示文本的字体。设置组件字体前首先要能表示一个字体。

7.4.1　通过元组表示字体

通过 3 个元素的元组，可以表示字体：

```
(font family,size,modifiers)
```

作为一个元组的第一个元素 font family 是字体名；size 是字体大小，单位为 point；modifiers 是包含粗体、斜体、下画线的样式修饰符。例如：

```
("Times New Roman ", "16")                      #16点阵的Times字体
("Times New Roman ", "24", "bold italic")       #24点阵的Times字体，粗体、斜体
```

【例 7-36】通过元组表示字体设置标签（Label）字体。

程序代码：

```
from tkinter import *
root = Tk()
# 创建Label
for ft in ('Arial',('Courier New',19,'italic'),('Comic Sans MS',),'Fixdsys',('MS Sans Serif',),('MS Serif',),'Symbol','System',('Times New Roman',), 'Verdana'):
    Label(root,text = 'hello sticky',font = ft ).grid()
root.mainloop()
```

程序运行结果如图 7-36 所示。

图 7-36　缩放图形对象运行结果

注意：字体中包含有空格的字体名称必须指定为元组类型。

7.4.2 通过 Font 对象表示字体

使用 tkFont.Font 来创建字体。具体语法格式如下：

```
ft = tkFont.Font(family = '字体名',size ,weight ,slant, underline, overstrike)
```

其中，size 为字体大小；weight='bold'或'normal'，'bold'为粗体；slant='italic'或'normal'，'italic'为斜体；underline=1 或 0，1 为下画线；overstrike=1 或 0，1 为删除线。

```
ft = Font(family="Helvetica",size=36,weight="bold")
```

【例 7-37】通过 Font 对象设置标签字体。

程序代码：

```
# Font 来创建字体
from tkinter import *
import tkinter.font         #引入字体模块
root = Tk()
# 指定字体名称、大小、样式
ft = tkinter.font.Font(family = 'Fixdsys',size = 20,weight ='bold')
Label(root,text = 'hello sticky',font = ft ).grid()    # 创建一个 Label
root.mainloop()
```

程序运行结果如图 7-37 所示。

通过 tkFont. families()函数可以返回所有可用的字体。例如：

```
from tkinter import *
import tkinter.font         #引入字体模块
root = Tk()
print(tkinter.font.families())
```

图 7-37　Font 对象设置标签字体

输出结果：

```
('Forte', 'Felix Titling', 'Eras Medium ITC', 'Eras Light ITC', 'Eras Demi ITC',
'Eras Bold ITC', 'Engravers MT', 'Elephant', 'Edwardian Script ITC', 'Curlz MT',
'Copperplate Gothic Light', 'Copperplate Gothic Bold', 'Century Schoolbook',
'Castellar', 'Calisto MT', 'Bookman Old Style', 'Bodoni MT Condensed', 'Bodoni
MT Black', 'Bodoni MT', 'Blackadder ITC', 'Arial Rounded MT Bold', 'Agency FB',
'Bookshelf Symbol 7', 'MS Reference Sans Serif', 'MS Reference Specialty',
'Berlin Sans FB Demi', 'Tw Cen MT Condensed Extra Bold', 'Calibri Light',
'Bitstream Vera Sans Mono', '方正兰亭超细黑简体', '@方正兰亭超细黑简体', 'Buxton
Sketch', 'Segoe Marker', 'SketchFlow Print')
```

7.5　Python 事件处理

微　课

事件处理

所谓事件（event）就是程序上发生的事。例如，用户按键盘上某一个键或是单击、移动鼠标。而对于这些事件，程序需要做出响应。Tkinter 提供的组件通常都有自己可以识别的事件。例如，当按钮被单击时执行特定操作或者当一个输入栏成为焦点，而又按了键盘上的某些按键时，所输入的内容就会显示在输入栏内。

程序可以使用事件处理函数来指定当触发某个事件时所做的响应（操作）。

7.5.1 事件类型

事件类型的通用格式如下：

```
<[modifier-]…type[-detail]>
```

事件类型必须放置于尖括号<>内。type 描述了类型，例如键盘按键、单击；modifier 用于组合键定义，如 Control、Alt；detail 用于明确定义是哪一个键或按钮的事件，例如，1 表示鼠标左键、2 表示鼠标中键、3 表示鼠标右键。例如：

```
<Button-1>                       按下鼠标左键
<KeyPress-A>                     按下键盘上的 A 键
<Control-Shift-KeyPress-A>       同时按下了 Control、Shift、A 三个按键
```

Python 中的事件主要有：键盘事件（见表 7-10）、鼠标事件（见表 7-11）、窗体事件（见表 7-12）。

表 7-10 键盘事件

名 称	描 述
KeyPress	按下键盘某键时触发，可以在 detail 部分指定是哪个键
KeyRelease	释放键盘某键时触发，可以在 detail 部分指定是哪个键

表 7-11 鼠标事件

名 称	描 述
ButtonPress 或 Button	按下鼠标某键，可以在 detail 部分指定是哪个键
ButtonRelease	释放鼠标某键，可以在 detail 部分指定是哪个键
Motion	点中组件的同时拖曳组件移动时触发
Enter	当鼠标指针移进某组件时触发
Leave	当鼠标指针移出某组件时触发
MouseWheel	当鼠标滚轮滚动时触发

表 7-12 窗体事件

名 称	描 述
Visibility	当组件变为可视状态时触发
Unmap	当组件由显示状态变为隐藏状态时触发
Map	当组件由隐藏状态变为显示状态时触发
Expose	当组件从原本被其他组件遮盖的状态中暴露出来时触发
FocusIn	组件获得焦点时触发
FocusOut	组件失去焦点时触发
Configure	当改变组件大小时触发。例如拖动窗体边缘
Property	当窗体的属性被删除或改变时触发，属于 Tk 的核心事件
Destroy	当组件被销毁时触发
Activate	与组件选项中的 state 项有关，表示组件由不可用转为可用。例如，按钮由 disabled（灰色）转为 enabled
Deactivate	与组件选项中的 state 项有关，表示组件由可用转为不可用。例如，按钮由 enabled 转为 disabled（灰色）

modifier 组合键定义中常用的修饰符见表 7-13。

表 7-13 组合键定义中常用的修饰符

修饰符	描述
Alt	当【Alt】键按下
Any	任何按键按下，例如<Any-KeyPress>
Control	【Ctrl】键按下
Double	两个事件在短时间内发生，例如双击鼠标左键<Double-Button-1>
Lock	当【Caps Lock】键按下
Shift	当【Shift】键按下
Triple	类似于 Double，3 个事件短时间内发生

可以短格式表示事件，例如，<1>等同于<Button-1>、<x>等同于<KeyPress-x>。

对于大多数的单字符按键，还可以忽略<>符号，但是空格键和尖括号键不能这样做（正确的表示分别为<space>、<less>）。

7.5.2 事件绑定

程序建立一个处理某一事件的事件处理函数，称为绑定。

1．创建组件对象时指定

创建组件对象实例时，可通过其命名参数 command 指定事件处理函数。例如：

```
def callback():                              #事件处理函数
    showinfo("Python command","人生苦短、我用 Python")
Bu1=Button(root, text="设置 command 事件调用命令",command=callback)
Bu1.pack()
```

2．实例绑定

调用组件对象实例方法 bind()可为指定组件实例绑定事件，这是最常用的事件绑定方式。

```
组件对象实例名.bind("<事件类型>", 事件处理函数)
```

例如，假设声明了一个名为 canvas 的 Canvas 组件对象，想在 canvas 上按下鼠标左键时画上一条线，可以这样实现：

```
canvas.bind("<Button-1>", drawline)
```

其中，bind()函数的第一个参数是事件描述符，指定无论什么时候在 canvas 上，当按下鼠标左键时就调用事件处理函数 drawline 进行画线任务。特别的是：drawline 后面的圆括号是省略的，Tkinter 会将此函数填入相关参数后调用运行，在这里只是声明而已。

3．标识绑定

在 Canvas 画布中绘制各种图形，将图形与事件绑定可以使用标识绑定函数 tag_bind()。预先为图形定义标识 tag 后，通过标识 tag 来绑定事件。例如：

```
cv.tag_bind('r1','<Button-1>',printRect)
```

【例 7-38】标识绑定的例子。

程序代码：

```
from tkinter import *
root = Tk()
def printRect(event):
    print('rectangle 左键事件')
```

```
def printRect2(event):
    print('rectangle 右键事件')
def printLine(event):
    print('Line 事件')
cv = Canvas(root,bg = 'white')        #创建一个 Canvas，设置其背景色为白色
rt1 = cv.create_rectangle(
    10,10,110,110,
    width = 8, tags = 'r1')
cv.tag_bind('r1','<Button-1>',printRect)    #绑定 item 与鼠标左键事件
cv.tag_bind('r1','<Button-3>',printRect2)   #绑定 item 与鼠标右键事件
# 创建一个 line，并将其 tags 设置为'r2'
cv.create_line(180,70,280,70,width = 10,tags = 'r2')
cv.tag_bind('r2','<Button-1>',printLine)    #绑定 item 与鼠标左键事件
cv.pack()
root.mainloop()
```

程序运行结果如图 7-38 所示。

这个示例中，单击到矩形的边框时才会触发事件，矩形既响应鼠标左键又响应右键。鼠标左键单击矩形边框时出现"rectangle 左键事件"信息，右击矩形边框时出现"rectangle 右键事件"信息，鼠标左键单击直线时出现"Line 事件"信息。

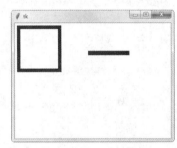

图 7-38　标识绑定程序运行结果

7.5.3　事件处理函数

1. 定义事件处理函数

事件处理函数往往带有一个 event 参数。触发事件调用事件处理函数时，将传递 Event 对象实例。

```
def callback(event):                                #事件处理函数
    showinfo("Python command","人生苦短、我用 Python")
```

2. Event 事件处理参数属性

Event 对象实例可以获取各种相关参数。Event 事件对象的主要参数属性见表 7-14。

表 7-14　Event 事件对象的主要参数属性

参　　数	说　　明
.x,.y	鼠标相对于组件对象左上角的坐标
.x_root,.y_root	鼠标相对于屏幕左上角的坐标
.keysym	字符串命名按键，如 Escape、F1 ~ F12、Scroll_Lock、Pause、Insert、Delete、Home、Prior（这个是 page up）、Next（这个是 page down）、End、Up、Right、Left、Down、Shift_L、Shift_R、Control_L、Control_R、Alt_L、Alt_R、Win_L
.keysym_num	数字代码命名按键
.keycode	键码，但是它不能反映事件前缀：Alt、Control、Shift、Lock，并且它不区分大小写按键，即输入 a 和 A 是相同的键码
.time	时间
.type	事件类型
.widget	触发事件的对应组件
.char	字符

Event 事件对象按键详细信息说明见表 7-15。

表 7-15　Event 事件对象按键详细信息

.keysym	.keycode	.keysym_num	说　　明
Alt_L	64	65513	左手边的【Alt】键
Alt_R	113	65514	右手边的【Alt】键
BackSpace	22	65288	【Backspace】键
Cancel	110	65387	【Pause Break】键
F1~F11	67~77	65470~65480	功能键【F1】~【F11】
Print	111	65377	打印屏幕键

【例 7-39】触发 keyPress 键盘事件的例子。

程序代码：

```
from tkinter import *                    #导入 tkinter
def printkey(event):                     #定义的函数监听键盘事件
    print('你按下了: ' + event.char)
root = Tk()                              #实例化 tk
entry = Entry(root)                      #实例化一个单行输入框
#给输入框绑定按键监听事件<KeyPress>为监听任何按键
# <KeyPress-x>监听某键 x，如大写的 A<KeyPress-A>、回车<KeyPress-Return>
entry.bind('<KeyPress>', printkey)
entry.pack()
root.mainloop()                          #显示窗体
```

程序运行结果如图 7-39 所示。

图 7-39　keyPress 键盘事件运行结果

【例 7-40】获取单击标签（Label）时坐标的鼠标事件例子。

```
from tkinter import *                    #导入 tkinter
def leftClick(event):                    #定义的函数监听鼠标事件
   print( "x 轴坐标:", event.x)
   print( "y 轴坐标:", event.y)
   print( "相对于屏幕左上角 x 轴坐标:", event.x_root)
   print( "相对于屏幕左上角 y 轴坐标:", event.y_root)
root = Tk()                              #实例化 tk
lab = Label(root,text="hello")           #实例化一个 Label
lab.pack()                               #显示 Label 组件
#给 Label 绑定鼠标监听事件
lab.bind("<Button-1>",leftClick)
root.mainloop()                          #显示窗体
```

程序运行结果如图 7-40 所示。

```
x轴坐标: 33
y轴坐标: 11
相对于屏幕左上角x轴坐标: 132
相对于屏幕左上角y轴坐标: 91
x轴坐标: 8
y轴坐标: 11
相对于屏幕左上角x轴坐标: 107
相对于屏幕左上角y轴坐标: 91
x轴坐标: 5
y轴坐标: 6
相对于屏幕左上角x轴坐标: 104
相对于屏幕左上角y轴坐标: 86
```

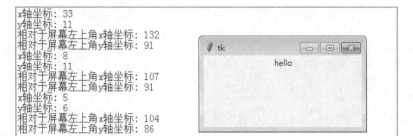

图 7-40　鼠标事件运行结果

7.6　图形界面应用案例——开发猜数字游戏

【例 7-41】使用 Tkinter 开发猜数字游戏。游戏中计算机随机生成 1024 以内的数字，玩家去猜。如果猜的数字过大或过小都会提示，程序要统计玩家猜的次数。

程序代码：

```python
import tkinter as tk
import random
number = random.randint(0,1024)      #玩家要猜的数字
running = True
num = 0                              #猜的次数
nmaxn = 1024                         #提示猜测范围的最大数
nminn = 0                            #提示猜测范围的最小数

def eBtnClose(event):                #关闭按钮事件函数
    root.destroy()
def eBtnGuess(event):                #猜按钮事件函数
    global nmaxn                     #全局变量
    global nminn
    global num
    global running
    if running:
        val_a = int(entry_a.get())   #获取猜的数字并转换成数字
        if val_a == number:
            labelqval("恭喜答对了! ")
            num+=1
            running = False
            numGuess()               #显示猜的次数
        elif val_a < number:         #猜小了
            if val_a > nminn:
                nminn = val_a        #修改提示猜测范围的最小数
                num+=1
                labelqval("小了哦,请输入"+str(nminn)+"到"+str(nmaxn)+"之间任意整数: ")
        else:
            if val_a < nmaxn:
                nmaxn = val_a        #修改提示猜测范围的最大数
                num+=1
```

```python
                labelqval("大了哦,请输入"+str(nminn)+"到"+str(nmaxn)+"之间任意整数: ")
        else:
            labelqval('你已经答对啦...')
#显示猜的次数
def numGuess():
    if num == 1:
        labelqval('厉害! 一次答对! ')
    elif num < 10:
        labelqval('= =十次以内就答对了,厉害!...尝试次数: '+str(num))
    else:
        labelqval('好吧,您都试了超过10次了....尝试次数: '+str(num))

def labelqval(vText):
    label_val_q.config(label_val_q,text=vText)         #修改提示标签文字

root = tk.Tk(className="猜数字游戏")
root.geometry("400x90+200+200")
label_val_q = tk.Label(root,width="80")                #提示标签
label_val_q.pack(side = "top")
entry_a = tk.Entry(root,width="40")                    #单行输入文本框
btnGuess = tk.Button(root,text="猜")                   #猜按钮
entry_a.pack(side = "left")
entry_a.bind('<Return>',eBtnGuess)                     #绑定事件
btnGuess.bind('<Button-1>',eBtnGuess)                  #猜按钮
btnGuess.pack(side = "left")
btnClose = tk.Button(root,text="关闭")                 #关闭按钮
btnClose.bind('<Button-1>',eBtnClose)
btnClose.pack(side="left")
labelqval("请输入 0 到 1024 之间任意整数: ")
entry_a.focus_set()
print(number)
root.mainloop()
```

程序运行结果如图 7-41 所示。

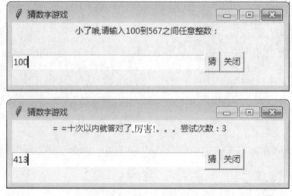

图 7-41 猜数字游戏运行结果

7.7 图形界面应用案例——发牌程序(窗体版)

【例7-42】游戏初步——扑克牌发牌程序窗体图形版。

4名牌手打牌,计算机随机将52张牌(不含大小王)发给4名牌手,在屏幕上显示每位牌手的牌。

分析:思路和控制台程序一样,将要发的 52 张牌,按梅花 0~12,方块 13~25,红桃 26~38,黑桃 39~51 顺序编号并存储在 pocker 列表(未洗牌之前)。同时,按此编号顺序存储扑克牌图片 imgs 列表中。也就是说,imgs[0]存储梅花 A 的图片,imgs[1]存储梅花 2 的图片,则 imgs[14]存储方块 2 的图片。

发牌后,根据每位牌手(p1,p2,p3,p4)各自牌的编号列表,从 imgs 获取对应牌的图片并使用 create_image((x 坐标,y 坐标), image =图像文件)显示在指定位置。

程序代码:

```python
from tkinter import *
import random
n=52
def gen_pocker(n):
    x=100
    while(x>0):
        x=x-1
        p1=random.randint(0,n-1)
        p2=random.randint(0,n-1)
        t=pocker[p1]
        pocker[p1]=pocker[p2]
        pocker[p2]=t
    return pocker
pocker=[i for i in range(n)]
pocker=gen_pocker(n)
print(pocker)

(player1,player2,player3,player4)=([],[],[],[])    #4 位牌手各自牌的图片列表
(p1,p2,p3,p4)=([],[],[],[])                         #4 位牌手各自牌的编号列表
root = Tk()
# 创建一个 Canvas,设置其背景色为白色
cv = Canvas(root, bg = 'white', width = 700, height = 600)
imgs=[]
for i in range(1,5):
    for j in range(1,14):
        imgs.insert((i-1)*13+(j-1),PhotoImage(file='D:\\python\\images\\'+str(i)+'-'+str(j)+'.gif'))
for x in range(13):            #13 轮发牌
    m=x*4
    p1.append( pocker[m] )
    p2.append( pocker[m+1] )
    p3.append( pocker[m+2] )
    p4.append( pocker[m+3] )
p1.sort()                      #牌手的牌排序,就是相当于理牌,同花色在一起
p2.sort()
p3.sort()
p4.sort()
```

```
        for x in range(0,13):
            img=imgs[p1[x]]
            player1.append(cv.create_image((200+20*x,80),image=img))
            img=imgs[p2[x]]
            player2.append(cv.create_image((100,150+20*x),image=img))
            img=imgs[p3[x]]
            player3.append(cv.create_image((200+20*x,500),image=img))
            img=imgs[p4[x]]
            player4.append(cv.create_image((560,150+20*x),image=img))
        print("player1:",player1)
        print("player2:",player2)
        print("player3:",player3)
        print("player4:",player4)
        cv.pack()
        root.mainloop()
```

程序运行结果如图 7-42 所示。

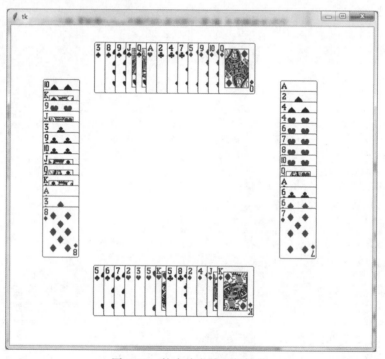

图 7-42　扑克牌发牌运行结果

7.8　图形界面应用案例——关灯游戏

【例 7-43】游戏初步——关灯游戏。

关灯游戏是很有意思的益智游戏，玩家通过单击关掉（或打开）一盏灯。如果关掉（或打开）一个电灯，其周围（上下左右）的电灯也会触及开关，成功地关掉所有电灯即可过关。程序的运行效果如图 7-43 所示。

分析：游戏中采用二维列表存储灯的状态，'you'表示电灯亮（黄色的圆），'wu'表示电灯关掉（背景色的圆）。在 Canvas 画布单击事件中，获取鼠标单击位置从而换算成棋盘位置(x1,y1)，并处理四周灯的状态转换。

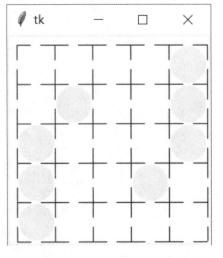

图 7-43　关灯游戏运行效果

程序代码：

```
from tkinter import *
from tkinter import messagebox
root = Tk()
l = [ ['wu', 'wu', 'you', 'you', 'you'],
    ['wu', 'you', 'wu', 'wu', 'wu'],
    ['wu', 'wu', 'wu', 'wu', 'wu'],
    ['wu', 'wu', 'wu', 'you', 'wu'],
    ['you', 'you', 'you', 'wu', 'wu']]
#绘制灯的状态情况图
def huaqi():
    for i in range(0, 5):
        for u in range(0, 5):
            if l[i][u] == 'you':
                cv.create_oval(i * 40 + 10, u * 40 + 10, (i + 1) * 40 + 10,
(u + 1) * 40 + 10,outline='white', fill='yellow', width=2)      #亮灯
            else:
                cv.create_oval(i * 40 + 10, u * 40 + 10, (i + 1) * 40 + 10,
(u + 1) * 40 + 10,outline='white', fill='white', width=2)      #灭灯
    #反转(x1,y1)处灯的状态
def reserve(x1,y1):
    if l[x1][y1] == 'wu':
        l[x1][y1] = 'you'
    else:
        l[x1][y1] = 'wu'
#单击事件函数
def luozi(event):
    x1 = (event.x - 10) // 40
    y1 = (event.y - 10) // 40
    print(x1, y1)
    reserve(x1,y1)          #翻转(x1,y1)处灯的状态
    #以下翻转(x1,y1)周围的灯的状态
    # 左侧灯的状态反转
    if x1 != 0:
        reserve(x1-1,y1)
    #右侧灯的状态反转
    if x1!=4:
```

```
                reserve(x1+1,y1)
            #上侧灯的状态反转
            if y1!=0:
                reserve(x1,y1-1)
            #下侧灯的状态反转
            if y1!=4:
                reserve(x1,y1+1)
            huaqi()

#主程序
cv = Canvas(root, bg='white', width=210, height=210)
for i in range(0, 6):                            #绘制网格线
    cv.create_line(10, 10 + i * 40, 210, 10 + i * 40, arrow='none')
    cv.create_line(10 + i * 40, 10, 10 + i * 40, 210, arrow='none')
huaqi()                                          #绘制灯的状态情况图
p = 0
for i in range(0, 5):
    for u in l[i]:
        if u == 'wu':
            p = p + 1
if p == 25:
    messagebox.showinfo('win','你过关了')      #显示赢信息的消息窗口
cv.bind('<Button-1>', luozi)
cv.pack()
root.mainloop()
```

习 题

1. 设计登录程序（参见图 7-4），正确用户名和密码存储在 uesr.txt 文件中，当用户单击"登录"按钮后判断出用户输入是否正确，并用消息对话框显示提示信息。正确时消息对话框显示"欢迎进入"；错误时消息对话框显示"用户名和密码错误"。

2. 设计一个简单的某应用程序的用户注册窗口，填写注册姓名，性别，爱好信息，单击"提交"按钮，将出现消息对话框显示填写的信息，如图 7-44 所示。

根据图 7-44 建立应用程序界面。

3. 设计一个程序，用两个文本框输入数值数据，用列表框存放"＋、－、×、÷、幂次方、余数"。用户先输入两个操作数，再从列表框中选择一种运算，即可在标签中显示出计算结果。

图 7-44 "注册信息"对话框

4. 编写选课程序。左侧列表框显示学生可以选择的课程名，右侧列表框显示学生已经选择的课程名，通过 4 个按钮在两个列表框中移动数据项。通过 `>` 、 `<` 按钮移动一门课程，通过 `>>` 、 `<<` 按钮移动全部课程。程序运行界面如图 7-45 所示。

5. 设计井字棋游戏程序。游戏是一个有 3×3 方格的棋盘。双方各执一种颜色的棋子，在规定的方格内轮流布棋。如果一方横竖斜方向连接成 3 子则胜利。

6. 设计一个单选题考试程序。

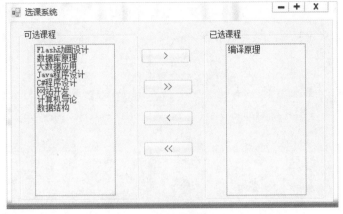

图 7-45　选课程序界面

7. 设计一个电子标题板。要求：
（1）实现字幕从右向左循环滚动。
（2）单击"开始"按钮，字幕开始滚动，单击"暂停"按钮，字幕停止滚动。
提示：使用 after()方法每隔 1 s 刷新 GUI 图形界面。
8. 设计一个倒计时程序，应用程序界面自己设计。

实验七　Tkinter 图形界面设计

一、实验目的

（1）掌握 Tkinter 模块中常用组件的使用方法。
（2）理解布局管理方式常用的 pack 方式。
（3）掌握 Python 事件处理机制。
（4）掌握 Tkinter 图形界面程序设计的一般流程。

二、实验内容

（1）设计简易计算器，要求能实现加减乘除四则运算、乘方和整除。计算器具有清空计算结果功能。参考界面如图 7-46 所示。

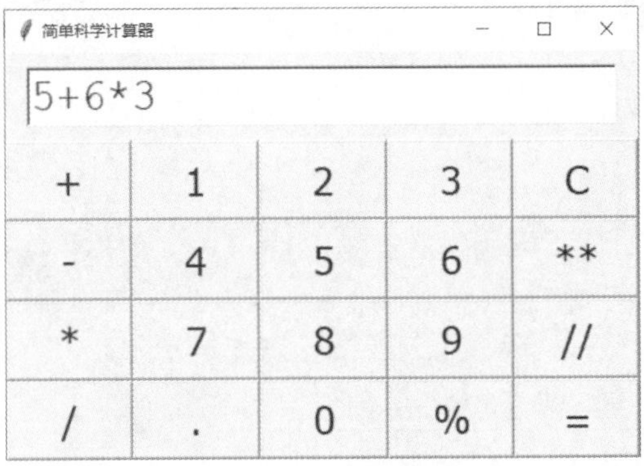

图 7-46　简易计算器

（2）使用 Tkinter 编写一个进行信息收集的 GUI 程序，运行效果如图 7-47 所示。运行程序，用户填写完信息后，单击"确定"按钮，系统弹出消息框，展示信息收集结果。如果单击"取消"按钮，则清空用户填写的内容。

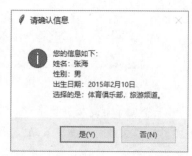

图 7-47　信息收集的 GUI 程序

第 8 章 Python 数据库应用

使用简单的纯文本文件只能实现有限的功能，如果要处理的数据量巨大并且容易让程序员理解，可以选择相对标准化的数据库。Python 支持多种数据库，如 Sybase、MySQL、Oracle、SQL Server、SQLite 等。本章主要介绍数据库概念以及结构化查询语言（SQL），讲解 Python 自带轻量级的关系型数据库 SQLite 的使用方法，并介绍 Python 操作常用 MySQL 数据库的使用方法。

8.1 数据库基础

8.1.1 数据库概念

数据库（database）是数据的集合，数据库能将大量数据按照一定的方式组织并存储起来，方便地进行管理和维护。数据库的特征主要包括：

（1）以一定的方式组织、存储数据。
（2）能为多个用户共享。
（3）具有尽可能少的冗余代码。
（4）与程序彼此独立的数据集合。

数据库基础

相对文件系统而言，数据库管理系统为用户提供安全、高效、快速检索和修改的数据集合。由于数据库管理系统与应用程序文件分开独立存在，可为多个应用程序所使用，从而达到数据共享的目的。

数据库管理系统（database management system，DBMS）是一种操纵和管理数据库的大型软件，用于建立、使用和维护数据库。它对数据库进行统一的管理和控制，以保证数据库的安全性和完整性。它所提供的功能有以下几项：

（1）数据定义功能。DBMS 提供相应的数据定义语言（DDL）来定义数据库结构，用于刻画数据库框架，并保存在数据字典中。

（2）数据存取功能。DBMS 提供数据操纵语言（DML），实现对数据库数据的基本存取操作：检索、插入、修改和删除。

（3）数据库运行管理功能。DBMS 提供数据控制功能，即数据的安全性、完整性和并发控制等，对数据库运行进行有效的控制和管理，以确保数据正确有效。

（4）数据库的建立和维护功能。包括数据库初始数据的装入，数据库的转储、恢复、重组织，系统性能监视、分析等功能。

（5）数据库的传输。DBMS 提供处理数据的传输，实现用户程序与 DBMS 之间的通信，通常由操作系统协调完成。

常用的数据库管理系统有 MS SQL、SYBASE、DB2、Oracle、MySQL 等。

8.1.2 关系型数据库

数据库可分为层次型数据库、对象型数据库和关系型数据库。关系型数据库是目前的主流数据库类型。关系型数据库不仅描述数据本身，而且对数据之间的关系进行描述。一个数据库中通常都包含多个表，例如一个学生信息数据库中可以包含学生的表、班级的表、学校的表等。通过在表之间建立关系，可以将不同表中的数据联系起来，以便用户使用。

关系型数据库中的常用术语如下：

（1）关系：可以理解为一张二维表，每一个关系都有一个关系名，也就是表名。

（2）属性：可以理解为二维表中的一列，在数据库中称为字段。

（3）元组：可以理解为二维表中的一行，在数据库中称为记录。

（4）域：属性的取值范围，也就是数据库中某一列的取值范围。

（5）关键字：可以唯一标识元组的属性，可以由一个或者多个列组成。

当前流行的数据库都是基于关系模型的关系数据库管理系统。关系模型认为世界由实体（entity）和联系（relationship）构成。实体是相互可以区别，具有一定属性的对象；联系是指实体之间的关系，一般分为以下 3 种类型：

（1）一对一（1∶1）：实体集 A 中的每个实体至多只与实体集 B 中的一个实体联系，反之亦然。例如，班级和班长的关系，如图 8-1（a）所示。

（2）一对多（1∶n）：实体集 A 中的每个实体与实体集 B 中的多个实体相联系，而实体集 B 中的每个实体至多与实体集 A 中的一个实体相联系。例如，学生和班级的关系，如图 8-1（b）所示。

（3）多对多（m∶n）：实体集 A 中的每个实体与实体集 B 中多个实体相联系，反之，实体集 B 中的每个实体与实体集 A 中多个实体相联系。例如，学生和课程之间的关系，如图 8-1（c）所示。

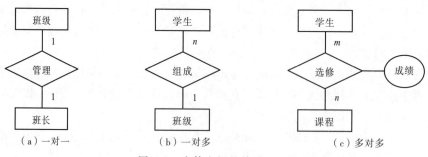

图 8-1　实体之间的关系

8.1.3 数据库和 Python 接口程序

在 Python 中添加数据库支持可以使 Python 功能更加强大。Python 可以通过数据库接口直接访问数据库。过去，人们编写了各种不同的数据库接口程序来访问各式各样的数据库，但它们的功能接口各不兼容，因此使用这些接口的程序必须自定义它们选择的接口模块。当这个接口模块变化时，应用程序的代码也必须要随之更新。而 DB-API 为不同的数据库提供了一致的访问接口,使在不同的数据库之间移植代码成为一件轻松的事情。

DB-API 是一个规范,它定义了一系列必需的对象和数据库存取方式,以便为各种各样的底层数据库系统和多种多样的数据库接口程序提供一致的访问接口。从 Python 中访问数据库需要接口程序,接口程序是一个 Python 模块,它提供数据库客户端(通常用 C 语言编写)的接口以供访问,所有的 Python 接口程序都一定程度上遵守 Python DB-API 规范。

8.2 结构化查询语言(SQL)

数据库命令和查询操作需要通过 SQL 语言来执行,SQL(structured query language,结构化查询语言)是通用的关系型数据库操作语言,可以查询、定义、操纵和控制数据库。它是一种非过程化语言。

8.2.1 数据表的建立和删除

1. 创建表

CREATE TABLE 语句用于创建数据库中的表,语法格式如下:

```
CREATE TABLE 表名称
(
    列名称1 数据类型,
    列名称2 数据类型,
    列名称3 数据类型,
    ...
)
```

结构化查询语言(SQL)

例如:创建 students 表,该表包含 stuNumber、stuName、age、sex、score、address、city 字段。

```
CREATE TABLE students
(
    stuNumber  varchar(12),
    stuName varchar(255),
    age integer(2),
    sex varchar(2),
    score integer(4),
    address varchar(255),
    city varchar(255)
)
```

2. 删除表

DROP TABLE 语句用于删除表(表的结构、属性以及索引也会被删除),语法格式如下:

```
DROP TABLE 表名称
```

例如:删除 students 表。

```
DROP TABLE students
```

8.2.2 查询语句

SELECT 语句用于从表中选取数据,结果被存储在一个结果表中(称为结果集)。查询语句的语法格式如下:

```
Select 字段表 from 表名 where 查询条件 group by 分组字段 order by 字段
[ASC|DESC]
```

查询语句 SELECT 包括字段表、FROM 子句和 WHERE 子句。它们分别说明所查询的列、查询的表或视图以及搜索条件等。

1. 字段表

字段表指出所查询的列，它可以由一组列名、星号、表达式、变量等构成。

例如：查询 students 表中所有列的数据。

```
SELECT * FROM students
```

例如：查询表 students 中所有记录的 stuName、stuNumber 字段内容。

```
SELECT stuName, stuNumber FROM students
```

2. WHERE 子句

WHERE 子句设置查询条件，过滤掉不需要的数据行。WHERE 子句可包括各种条件运算符：

（1）比较运算符（大小比较）：>、>=、=、<、<=、<>或者!=（不等于）。

例如：查找 students 表中姓名为"李四"的学生学号。

```
SELECT stuNumber FROM students WHERE stuName='李四'
```

（2）范围运算符（表达式值是否在指定的范围）：BETWEEN…AND…、NOT BETWEEN…AND…。

例如：查找 students 表中年龄在 18～20 岁的学生姓名。

```
SELECT stuName FROM students WHERE age BETWEEN 18 AND 20
```

（3）列表运算符（判断表达式是否为列表中的指定项）：IN（项 1，项 2，…）、NOT IN（项 1，项 2，…）。

例如：查找 students 表中籍贯在"河南"或"北京"的学生姓名。

```
SELECT stuName FROM students WHERE city IN ('Henan','BeiJing')
```

（4）逻辑运算符（用于多条件的逻辑连接）：NOT、AND、OR。

例如：查找 students 表中年龄大于 18 岁的女生姓名。

```
SELECT stuName FROM students WHERE age>18 AND sex='女'
```

（5）模式匹配符（判断值是否与指定的字符通配格式相符）：LIKE、NOT LIKE 常用于模糊查找，它判断列值是否与指定的字符串格式相匹配。

例如：查找 students 表中姓周的所有学生信息。

```
SELECT * FROM students WHERE stuName LIKE "周%%"
```

说明：%可匹配任意类型和长度的字符，如果是中文，使用两个百分号即%%。

例如：查找 students 表中成绩在 80～90 之间的所有学生信息。

```
SELECT * FROM students WHERE score like [80-90]
```

说明：[]指定一个字符、字符串或范围，要求所匹配对象为它们中的任一个。[^]则要求所匹配对象为指定字符以外的任一个字符。

3. 数据分组

GROUP BY 子句用于结合聚合函数，根据一个或多个列对结果集进行分组。

例如：统计 students 表所有女生的平均成绩。

```
SELECT sex,avg(score) as 平均成绩 FROM students Group By sex WHERE sex='女'
```

常用聚合函数见表 8-1。

表 8-1　常用聚合函数

函　　数	作　　用
Sum（列名）	求和
Max（列名）	求最大值
Min（列名）	求最小值
Avg（列名）	求平均值
Count（列名）	统计记录数

4. 查询结果排序

使用 ORDER BY 子句对查询返回的结果按一列或多列排序。

例如：查找 students 表的姓名、学号字段，查询结果按照成绩的降序排列。

```
SELECT stuName,stuNumber FROM students ORDER BY score DESC
```

说明：ASC 表示升序，为默认值，DESC 为降序。

8.2.3　添加记录语句

INSERT INTO 语句用于向表格中插入新的行，语法格式如下：

```
INSERT INTO 数据表 (字段1,字段2,字段3,…) VALUES (值1,值2,值3,…)
```

例如：在 students 表中添加一条记录。

```
INSERT INTO students (stuNumber, stuName, age, sex, score, address, city)
VALUES('2010005', '李帆', 19, '男', 92, 'Changjiang 12', 'Zhengzhou')
```

说明：也可以写成 INSERT INTO students VALUES('2010005', '李帆', 19, '男', 92, 'Changjiang 12', 'Zhengzhou')。

不指定具体字段名表示将按照数据表中字段的顺序依次添加。

8.2.4　更新语句

UPDATE 语句用于修改表中的数据，语法格式如下：

```
UPDATE 表名 SET 列名 = 新值 WHERE 列名 = 某值
```

1. 更新某一行中的某一列

例如：将 students 表中性别为"女"的学生的年龄增加一岁。

```
UPDATE students SET age=age+1 WHERE sex='女'
```

2. 更新某一行中的若干列

例如：将 students 表中"李四"的地址 address 改为"Zhongyuanlu 41"，并增加城市 city 为"Zhengzhou"。

```
UPDATE students SET Address = 'Zhongyuanlu 41', City = 'Zhengzhou'  WHERE stuName = '李四'
```

说明：没有条件则更新整个数据表中的指定字段值。

8.2.5 删除记录语句

DELETE 语句用于删除表中的行，语法格式如下：

```
DELETE FROM 表名称 WHERE 列名 = 值
```

例如：在 students 表删除"张三"对应的记录。

```
DELETE FROM students WHERE stuName = '张三'
```

说明：DELETE FROM students 表示删除表中所有记录。

8.3　SQLite 数据库简介

8.3.1　SQLite 数据库

　　Python 自带一个轻量级的关系型数据库 SQLite，它是一种嵌入式关系型数据库。由于 SQLite 本身是 C 语言写的，而且体积很小，所以经常被集成到各种应用程序中，甚至在 iOS 和 Android 的 App 中都可以集成。

　　SQLite 不需要一个单独的服务器进程或操作系统（无服务器的），也不需要进行配置。一个完整的 SQLite 数据库是存储在一个单一的跨平台的磁盘文件。SQLite 支持 SQL92（SQL2）标准的大多数查询语言的功能，并提供了简单和易于使用的 API。并且，SQLite 可在 UNIX（Linux、Mac OS X、Android、iOS）和 Windows（Win32、WinCE、WinRT）中运行。

8.3.2　SQLite3 的数据类型

　　大部分 SQL 数据库引擎使用静态数据类型，数据的类型取决于它的存储单元（即所在的列）的类型。而 SQLite3 采用了动态的数据类型，会根据存入值自动判断。SQLite3 的动态数据类型能够向后兼容其他数据库普遍使用的静态类型，这就意味着，在那些使用静态数据类型的数据库上使用的数据表，在 SQLite3 上也能被使用。

　　每个存放在 SQLite3 数据库中的值，都是表 8-2 中的一种存储类型。

表 8-2　存储类型

存 储 类 型	说　　明
NULL	空值
INTEGER	带符号整数，根据存入数值的大小占据 1、2、3、4、6 或者 8 字节
REAL	浮点数，采用 8B（即双精度）的 IEEE 格式表示
TEXT	字符串文本，采用数据库的编码（UTF-8、UTF-16BE 或者 UTF-16LE）
BLOB	无类型，可用于保存二进制文件

　　但实际上，SQLite3 也接受表 8-3 所示的数据类型。

表 8-3　数据类型

smallint	16 位整数
integer	32 位整数
decimal(p,s)	p 是精确值，s 是小数位数
float	32 位实数
double	64 位实数
char(n)	n 长度字符串，不能超过 254
varchar(n)	长度不固定最大字符串长度为 n，n 不超过 4000
graphic(n)	和 char(n) 一样，但是单位是两个字符，n 不超过 127（中文字）
vargraphic(n)	可变长度且最大长度为 n
date	包含了年份、月份、日期
time	包含了小时、分钟、秒
timestamp	包含了年、月、日、时、分、秒、千分之一秒

这些数据类型在运算或保存时会转成对应的 5 种存储类型之一。一般情况下，"存储类型"与"数据类型"没什么差别，这两个术语可以互换使用。

SQLite 使用弱数据类型，除了被声明为主键的 INTEGER 类型的列外，允许保存任何类型的数据到所想要保存的任何表的任何列中。事实上，完全可以不声明列的类型，对于 SQLite 来说对字段不指定类型是完全有效的。

8.3.3　SQLite3 的函数

1．SQLite 时间/日期函数

（1）datetime()：产生日期和时间。

格式：

```
datetime(日期/时间,修正符,修正符...)
```

例如：select datetime("2012-05-16 00:20:00"，"3 hour"，"-12 minute")。

结果：2012-05-16 03:08:00。

说明：3 hour 和-12 minute 表示可以在基本时间上（datetime()函数的第一个参数）增加或减少一定时间。

例如：select datetime('now')。

结果：2012-05-16 03:23:21。

（2）date()：产生日期。

格式：

```
date (日期/时间,修正符,修正符,...)
```

例如：select date("2012-05-16"，"1 day"，"1 year")

结果：2013-05-17

（3）time()：产生时间。

（4）strftime()：对以上 3 个函数产生的日期和时间进行格式化。

格式：

```
strftime(格式, 日期/时间, 修正符, 修正符, ...)
```

说明：strftime()函数可以把 YYYY-MM-DD HH:MM:SS 格式的日期字符串转换成其他形式的字符串。

2．SQlite 算术函数
（1）abs(X)：返回绝对值。
（2）max(X,Y,[,...])：返回最大值。
（3）min(X,Y,[,...])：返回最小值。
（4）random(*)：返回随机数。
（5）round(X[,Y])：四舍五入。

3．SQLite 字符串处理函数
（1）length(x)：返回字符串中字符个数。
（2）lower(x)：大写转小写。
（3）upper(x)：小写转大写。
（4）substr(x,y,Z)：截取子串。
（5）like(A,B)：确定给定的字符串与指定的模式是否匹配。

4．其他函数
（1）typeof(x)：返回数据的类型。
（2）last_insert_rowid()：返回最后插入的数据的 ID。

8.3.4　SQLite3 的模块

Python 标准模块 sqlite3 使用 C 语言实现，提供访问和操作数据库 SQLite 的各种功能。Sqlite3 模块主要包括下列常量、函数和对象：
（1）Sqlite3.Version：常量，版本号。
（2）Sqlite3.Connect（database）：函数，链接到数据库，返回 Connect 对象。
（3）Sqlite3.Connect：数据库连接对象。
（4）Sqlite3.Cursor：游标对象。
（5）Sqlite3.Row：行对象。

8.4　Python 的 SQLite3 数据库编程

Python 2.5 版本以上就内置了 SQLite3，所以，在 Python 中使用 SQLite，不需要安装任何软件，可直接使用。SQLite3 数据库使用 SQL 语言。SQLite 作为后端数据库，可以制作有数据存储需求的工具。Python 标准库中的 SQLite3 提供该数据库的接口。

● 微　课
SQLite 数据库

8.4.1　访问数据库的步骤

从 Python 2.5 开始，SQLite3 就成为 Python 的标准模块，这也是 Python 中唯一的数据库接口类模块，大大方便了人们用 Python SQLite 数据库开发小型数据库应用系统。

Python 的数据库模块有统一的接口标准，所以数据库操作都有统一的模式。操作数据库 SQLite3 主要分为以下几步：

1. 导入 Python SQLite 数据库模块

Python 标准库中带有 SQLite3 模块，可直接导入：

```
import sqlite3
```

2. 建立数据库连接，返回 Connection 对象

使用数据库模块的 connect()函数建立数据库连接，返回连接对象 con。

```
con = sqlite3.connect(connectstring)   #连接到数据库，返回sqlite3.connection对象
```

说明：connectstring 是连接字符串。对于不同的数据库连接对象，其连接字符串的格式各不相同，sqlite 的连接字符串为数据库的文件名，如 "e:\test.db"。如果指定连接字符串为 memory，则可创建一个内存数据库。例如：

```
import sqlite3
con=sqlite3.connect("E:\\test.db")
```

如果 E:\test.db 存在，则打开数据库；否则在该路径下创建数据库 test.db 并打开。

3. 创建游标对象

使用游标对象能够灵活地对从表中检索出的数据进行操作，就本质而言，游标实际上是一种能从包括多条数据记录的结果集中每次提取一条记录的机制。Cursor 是每行的集合。

调用 con.cursor()创建游标对象 cur：

```
cur=con.cursor()           #创建游标对象
```

4. 使用 Cursor 对象的 execute 执行 SQL 命令返回结果集

调用 cur.execute、executemany、executescript 方法查询数据库。

（1）cur.execute(sql)：执行 SQL 语句。

（2）cur.execute(sql, parameters)：执行带参数的 SQL 语句。

（3）cur.executemany(sql, seq_of_pqrameters)：根据参数执行多次 SQL 语句。

（4）cur.executescript(sql_script)：执行 SQL 脚本。

例如：创建一个表 category。

```
cur.execute("CREATE TABLE category(id primary key, sort, name)")
```

将创建一个包含 3 个字段 id、sort 和 name 的表 category。下面向表中插入记录：

```
cur. execute("INSERT INTO category VALUES (1, 1, 'computer')")
```

SQL 语句字符串中可以使用占位符 "？"表示参数，传递的参数使用元组。例如：

```
cur.execute("INSERT INTO category VALUES (? , ? ,? )", (2, 3, 'literature'))
```

5. 获取游标的查询结果集

调用 cur.fetchall、cur.fetchone、cur.fetchmany 返回查询结果。

（1）cur.fetchone()：返回结果集的下一行（Row 对象），无数据时，返回 None。

（2）cur.fetchall()：返回结果集的剩余行（Row 对象列表），无数据时，返回空 List。

（3）cur.fetchmany()：返回结果集的多行（Row 对象列表），无数据时，返回空 List。

例如：

```
cur.execute("select * from catagory")
print(cur.fetchall())                #提取查询到的数据
```

返回结果：

```
[(1, 1, 'computer'), (2, 2, 'literature')]
```

如果使用 cur.fetchone()，则首先返回列表中的第一项，再次使用，返回第二项，依次进行。也可以直接使用循环输出结果，例如：

```
for row in cur.execute("select * from catagory"):
    print(row[0],row[1])
```

6. 数据库的提交和回滚

根据数据库事务隔离级别的不同，可以提交或回滚：

（1）con.commit()：事务提交。

（2）con.rollback()：事务回滚。

7. 关闭 Cursor 对象和 Connection 对象

最后，需要关闭打开的 Cursor 对象和 Connection 对象：

（1）cur.close()：关闭 Cursor 对象。

（2）con.close()：关闭 Connection 对象。

8.4.2 创建数据库和表

【例 8-1】创建数据库 sales，并在其中创建表 book，表中包含 id、price 和 name 三列，其中 id 为主键（primary key）。

程序代码：

```
#导入 Python SQLite 数据库模块
import sqlite3
#创建 SQLite 数据库
con=sqlite3.connect("E:\\sales.db")
#创建表 book：包含 3 个列，id（主键）、price 和 name
con.execute ("create table book(id primary key, price, name)")
```

说明：connection 对象的 execute()方法是 Cursor 对象对应方法的快捷方式，系统会创建一个临时 Cursor 对象，然后调用对应的方法，并返回 Cursor 对象。

8.4.3 数据库的插入、更新和删除操作

在数据库表中插入、更新、删除记录的一般步骤如下：

（1）建立数据库连接。

（2）创建游标对象 cur，使用 cur.execute(sql)执行 SQL 的 insert、Update、delete 等语句完成数据库记录的插入、更新、删除操作，并根据返回值判断操作结果。

（3）提交操作。

（4）关闭数据库。

【例 8-2】数据库表记录的插入、更新和删除操作。

程序代码：

```
import sqlite3
books=[("021",25,"大学计算机"),("022",30, "大学英语"),("023",18, "艺术欣赏 "),( "024",35, "高级语言程序设计")]
#打开数据库
```

```
Con=sqlite3.connect("E:\\sales.db")
#创建游标对象
Cur=Con.cursor()
#插入一行数据
Cur.execute("insert into book(id,price,name) values ('001',33,'多媒体技术')")
Cur.execute("insert into book(id,price,name) values (?,?,?) ",("002",28,"数据库基础"))
#插入多行数据
Cur.executemany("insert into book(id,price,name) values (?,?,?) ",books)
#修改一行数据
Cur.execute("Update book set price=? where name=? ",(25,"大学英语"))
#删除一行数据
n= Cur.execute("delete from book where price=?",(25,))
print("删除了",n.rowcount,"行记录")
Con.commit()                              #提交，否则没有实现插入更新操作
Cur.close()
Con.close()
```

程序运行结果：

删除了 2 行记录

8.4.4 数据库表的查询操作

查询数据库的步骤如下：

（1）建立数据库连接。

（2）创建游标对象 cur，使用 cur.execute(sql)执行 SQL 的 select 语句。

（3）循环输出结果。

例如：

```
import sqlite3
#打开数据库
Con=sqlite3.connect("E:\\sales.db")
#创建游标对象
Cur=Con.cursor()
#查询数据库表
Cur.execute("select id,price,name from book")
for row in Cur:
    print(row)
```

程序运行结果：

```
('001', 33, '多媒体技术')
('002', 28, '数据库基础')
('023', 18, '艺术欣赏 ')
('024', 35, '高级语言程序设计')
```

8.4.5 数据库使用实例

【例8-3】设计一个学生通讯录，可以添加、删除、修改里面的信息。

程序代码：

```
import sqlite3
# 打开数据库
def opendb():
```

学生通讯录实例

```python
        conn = sqlite3.connect("e:\\mydb.db")
        cur = conn.execute("create table if not exists tongxinlu (usernum integer primary key,username varchar(128), passworld varchar(128),address varchar(125), telnum varchar(128))")
        return cur, conn
    #查询全部信息
    def showalldb():
        print("------------------处理后的数据--------------------")
        hel = opendb()
        cur = hel[1].cursor()
        cur.execute("select * from tongxinlu")
        res = cur.fetchall()
        for line in res:
            for h in line:
                print(h,end = ","),
            print()
        cur.close()
    #输入信息
    def into():
        usernum=input("请输入学号: ")
        username1 = input("请输入姓名: ")
        passworld1 = input("请输入密码: ")
        address1 = input("请输入地址: ")
        telnum1 = input("请输入联系电话: ")
        return usernum,username1, passworld1, address1, telnum1
    #往数据库中添加内容
    def adddb():
        welcome = ""----------------欢迎使用添加数据功能------------------""
        print(welcome)
        person = into()
        hel = opendb()
        hel[1].execute("insert into tongxinlu(usernum,username, passworld, address, telnum)values (?,?,?,?,?)",person)
        hel[1].commit()
        print("-----------------恭喜你,数据添加成功-----------------")
        showalldb()
        hel[1].close()
    #删除数据库中的内容
    def deldb():
        welcome = "---------------欢迎使用删除数据库功能---------------"
        print(welcome)
        delchoice = input("请输入想要删除的学号: ")
        hel = opendb()                  # 返回游标conn
        hel[1].execute("delete from tongxinlu where usernum ="+delchoice)
        hel[1].commit()
        print("-----------------恭喜你,数据删除成功-----------------")
        showalldb()
        hel[1].close()
    #修改数据库的内容
    def alter():
        welcome = "----------------欢迎使用修改数据库功能--------------"
        print(welcome)
        changechoice = input("请输入想要修改的学生的学号:")
```

```python
        hel =opendb()
        person = into()
        hel[1].execute("update tongxinlu set usernum=?,username=?,passworld=?,address=?,telnum=?  where  usernum="+changechoice,(person[0], person[1], person[2], person[3],person[4]))
        hel[1].commit()
        showalldb()
        hel[1].close()
    # 查询数据
    def searchdb():
        welcome = "-----------------欢迎使用查询数据库功能---------------"
        print(welcome)
        choice = input("请输入要查询的学生的学号: ")
        hel = opendb()
        cur = hel[1].cursor()
        cur.execute("select * from tongxinlu where usernum="+choice)
        hel[1].commit()
        print("----------------恭喜你，你要查找的数据如下-------------------")
        for row in cur:
            print(row[0],row[1],row[2],row[3],row[4])
        cur.close()
        hel[1].close()
    # 是否继续
    def conti():
        choice = input("是否继续？（y or n):")
        if choice == 'y':
            a = 1
        else:
            a = 0
        return a
    if __name__ == "__main__":
        flag = 1
        while flag:
            welcome = "---------欢迎使用数据库通讯录---------"
            print(welcome)
            choiceshow = """
                请选择您的进一步选择:
                (添加）往通讯录数据库里面添加内容
                (删除）删除通讯录中内容
                (修改）修改通讯录的内容
                (查询）查询通讯录的内容
                选择您想要进行的操作:
                """
            choice = input(choiceshow)
            if choice == "添加":
                adddb()
                flag=conti()
            elif choice == "删除":
                deldb()
                flag=conti()
            elif choice == "修改":
                alter()
                flag=conti()
```

```
        elif choice == "查询":
                searchdb()
                flag=conti()
        else:
                print("你输入错误,请重新输入")
```

程序运行界面及添加记录界面如图 8-2 所示。

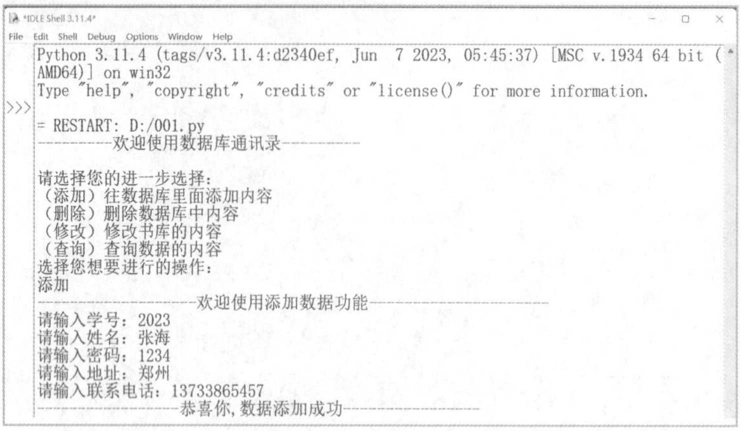

图 8-2 程序运行界面

8.5 Python 操作 MySQL 数据库

8.5.1 安装 PyMySQL 操作库

要使用 Python 操作 MySQL 数据库,需要使用驱动。Python 2.x 版本中使用 MySQLdb 驱动。Python 3.x 版本中则需要使用 PyMySQL 驱动,用于连接 MySQL 数据库,并实现增删改查等操作。PyMySQL 是一个纯 Python 实现的 MySQL 客户端操作库,支持事务、存储过程、批量执行等,遵循 Python 数据库 API v2.0 规范。

安装时,在 cmd 命令窗口下使用 pip 命令进行安装:

```
pip install pymysql
```

安装结束后,测试是否可以使用:

```
import pymysql
```

如图 8-3 所示,表示安装成功。

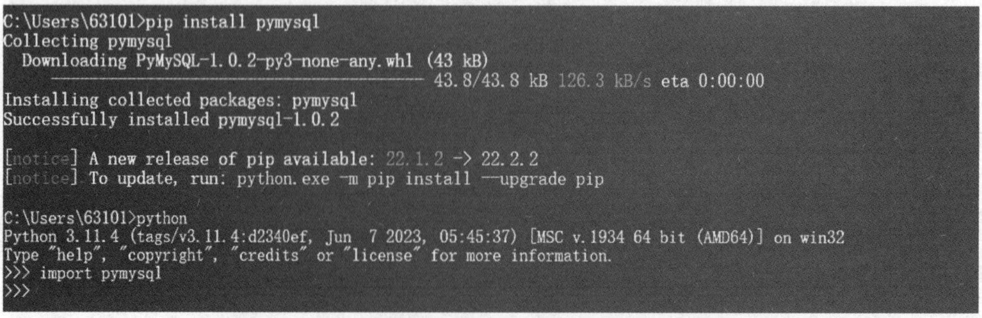

图 8-3 测试 PyMySQL 是否安装成功

8.5.2 操作 MySQL 数据库

由于基本操作与 SQLite 数据库相似，这里仅仅举例说明，不详细介绍使用。

1．创建数据库连接

创建数据库连接时，用 MySQL 与 SQLite 的连接字符串不同：

```
#导入 PyMySQL 模块
import pymysql
#创建连接
db = pymysql.connect(host='localhost',port=3306, user='testuser',
                    password='test123', database ='testdb ',charset='utf8')
```

以上是连接 testdb 数据库。

connect 方法常用参数见表 8-4。

表 8-4　connect 方法常用参数

参　　数	描　　述
host	数据库服务器地址，默认值为 localhost
port	数据库端口，默认值为 3306
user	数据库用户名
password	数据库登录密码，默认值为空字符串
database	默认操作的数据库
charset	数据库编码
db	参数 database 的别名
passwd	参数 password 的别名

完成数据库连接后，就可以进行数据库的任意操作。

2．数据库插入操作

将一条记录信息('Mac', 'Mohan', 20, 'M', 2000)插入雇员数据表 EMPLOYEE。

```
cursor = db.cursor()                    #使用 cursor()方法获取操作游标
#SQL 插入语句
sql = "INSERT INTO EMPLOYEE(FIRST_NAME, LAST_NAME, AGE, SEX, INCOME) VALUES ('%s', '%s', %s, '%s', %s)" % ('Mac', 'Mohan', 20, 'M', 2000)
try:
    cursor.execute(sql)                 #执行 SQL 语句
    db.commit()                         #提交操作
except:
    db.rollback()                       #发生错误时回滚
cursor.close()                          #关闭游标
db.close()                              #关闭数据库连接
```

3．数据库查询操作

将数据表 EMPLOYEE 中 INCOME 收入 1000 以上的记录输出。

```
#使用 cursor()方法获取操作游标
cursor = db.cursor()
#SQL 查询语句
sql = "SELECT * FROM EMPLOYEE WHERE INCOME > %s" % (1000)
try:
    cursor.execute(sql)                 #执行 SQL 语句
    results = cursor.fetchall()         #获取所有记录列表
```

```
    for row in results:
        fname = row[0]
        lname = row[1]
        age = row[2]
        sex = row[3]
        income = row[4]
        #打印结果
        print("fname=%s,lname=%s,age=%s,sex=%s,income=%s" % \
              (fname, lname, age, sex, income ))
except:
    print("Error: unable to fetch data")
cursor.close()                          #关闭游标
db.close()                              #关闭数据库连接
```

4. 数据库更新操作

将数据表 EMPLOYEE 中性别为男（'M'）的记录年龄增加 1 岁。

```
#使用 cursor()方法获取操作游标
cursor = db.cursor()
#SQL 更新语句
sql = "UPDATE EMPLOYEE SET AGE = AGE + 1 WHERE SEX = '%c'" % ('M')
try:
    cursor.execute(sql)                 #执行 SQL 语句
    #提交到数据库执行
    db.commit()
except:
    #发生错误时回滚
    db.rollback()
cursor.close()                          #关闭游标
db.close()                              #关闭数据库连接
```

8.6 Python 数据库应用案例——智力问答游戏

微课

智力问答游戏

【例 8-4】智力问答游戏内容涉及历史、经济、风情、民俗、地理、人文等各方面的知识，可让人们在轻松娱乐、益智、搞笑的同时，不知不觉地增长知识。答题过程中做对、做错实时进行跟踪。

程序使用一个 SQLite 试题库 test2.db，其中每个智力问答由题目、4 个选项和正确答案组成（question, Answer_A, Answer_B, Answer_C, Answer_D, right_Answer）。测试时，程序从试题库中顺序读出题目供用户答题，并根据用户答题情况给出成绩。程序代码：

```
import sqlite3                  # 导入 SQLite 驱动程序
# 连接到 SQLite 数据库，数据库文件是 test2.db
# 如果文件不存在，会自动在当前目录创建
conn = sqlite3.connect('test2.db')
cursor = conn.cursor()  # 创建一个 Cursor
# 执行一条 SQL 语句，创建 exam 表，字段名的方括号可以不写
cursor.execute('CREATE TABLE [exam] ([question] VARCHAR(80) NULL,[Answer_A]
VARCHAR(50)  NULL,[Answer_B] VARCHAR(50)  NULL,[Answer_C] VARCHAR (50)  NULL,
[Answer_D] VARCHAR(50)  NULL,[right_Answer] VARCHAR(1)  NULL)')
```

```
# 继续执行一条 SQL 语句,插入一条记录
cursor.execute("insert into exam (question, Answer_A,Answer_B,Answer_
C,Answer_D,right_Answer) values ('哈雷彗星的平均周期为', '54年', '56年', '73年',
'83年', 'C')")
cursor.execute("insert into exam (question, Answer_A,Answer_B,Answer_
C,Answer_D,right_Answer) values ('夜郎自大中"夜郎"指的是现在哪个地方?', '贵州',
'云南', '广西', '福建', 'A')")
cursor.execute("insert into exam (question, Answer_A,Answer_B,Answer_C,
Answer_D,right_Answer) values ('在中国历史上是谁发明了麻药', '孙思邈', '华佗',
'张仲景', '扁鹊', 'B')")
cursor.execute("insert into exam (question, Answer_A,Answer_B,Answer_C,
Answer_D,right_Answer) values ('京剧中花旦是指', '年轻男子', '年轻女子', '年长男
子', '年长女子', 'B')")
cursor.execute("insert into exam (question, Answer_A,Answer_B,Answer_C,
Answer_D,right_Answer) values ('篮球比赛每队几人?', '4', '5', '6', '7', 'B')")
cursor.execute("insert into exam (question, Answer_A,Answer_B,Answer_C,
Answer_D,right_Answer) values ('在天愿作比翼鸟,在地愿为连理枝。讲述的是谁的爱情故
事?', '焦钟卿和刘兰芝', '梁山伯与祝英台', '崔莺莺和张生', '杨贵妃和唐明皇', 'D')")
print(cursor.rowcount)                    #通过 rowcount 获得插入的行数
cursor.close()                            #关闭 Cursor
conn.commit()                             #提交事务
conn.close()                              #关闭 Connection
```

以上代码完成数据库 test2.db 的建立。下面实现智力问答游戏程序的功能。

```
conn = sqlite3.connect('test2.db')
cursor = conn.cursor()
#执行查询语句:
cursor.execute('select * from exam')
#获得查询结果集:
values = cursor.fetchall()
cursor.close()
conn.close()
```

以上代码完成数据库 test2.db 信息的读取试题信息,存储到 values 列表中。

callNext()实现判断用户选择的正误,正确则加 10 分,错误不加分,并判断用户是否做完,如果没做完则将下一题的题目信息显示到 timu 标签,而 4 个选项显示到 radio1~radio4 这 4 个单选按钮上。

```
import tkinter
from tkinter import *
from tkinter.messagebox import *
def callNext():
    global k
    global score
    useranswer=r.get()                    #获取用户的选择
    print(r.get())                        #获取被选中单选按钮变量值
    if useranswer==values[k][5]:
        showinfo("恭喜","恭喜你对了!")
        score+=10
    else:
        showinfo("遗憾","遗憾你错了!")
```

```
        k=k+1
        if k>=len(values):                      #判断用户是否做完
            showinfo("提示","题目做完了")
            return
    #显示下一题
        timu["text"]=values[k][0]               #题目信息
        radio1["text"]=values[k][1]             #A选项
        radio2["text"]=values[k][2]             #B选项
        radio3["text"]=values[k][3]             #C选项
        radio4["text"]=values[k][4]             #D选项
        r.set('E')

    def callResult():
        showinfo("你的得分",str(score))
```

界面布局代码：

```
root=tkinter.Tk()
root.title('Python智力问答游戏')
root.geometry("500x200")
r=tkinter.StringVar()                           #创建StringVar对象
r.set('E')                                      #设置初始值为'E'，初始没选中
k=0
score=0
timu=tkinter.Label(root,text=values[k][0])      #题目
timu.pack()
f1 = Frame(root)                                #创建第1个Frame组件
f1.pack()
radio1=tkinter.Radiobutton(f1,variable=r,value='A',text=values[k][1])
radio1.pack()
radio2=tkinter.Radiobutton(f1,variable=r,value='B',text=values[k][2])
radio2.pack()
radio3=tkinter.Radiobutton(f1,variable=r,value='C',text=values[k][3])
radio3.pack()
radio4=tkinter.Radiobutton(f1,variable=r,value='D',text=values[k][4])
radio4.pack()
f2 = Frame(root)                                #创建第2个Frame组件
f2.pack()
Button(f2,text = '下一题',command=callNext).pack(side = LEFT)
Button(f2,text = '结 果',command=callResult).pack(side = LEFT)
root.mainloop()
```

程序运行结果如图8-4所示。

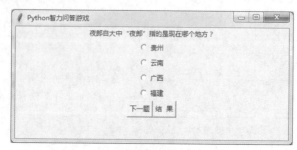

图8-4　智力问答游戏程序运行结果

习 题

1. 什么是 Python DB-API？它有什么作用？
2. SQLite 支持哪几类数据类型？SQLite3 包含哪些常量、函数和对象？
3. 使用 SQLite3 模块操作数据的典型步骤是什么？
4. 游标对象的 fetch*系列方法有什么不同？
5. 创建一个数据库 stuinfo，并在其中创建数据库表 student，表中包含 stuid(学号)、stuname（姓名）、birthday（出生日期）、sex（性别）、address（家庭地址）、rxrq（入学日期）6 列，其中 stuid 设为主键，并添加 5 条记录。
6. 将第 5 题中所有记录的 rxrq 属性更新为 2017-9-1。
7. 查询第 5 题中性别为"女"的所有学生的 stuname 和 address 字段值。
8. 创建商品数据库 commodity，并在其中创建商品信息表 info，包含 num（商品编号）、cname（商品名称）、brand（品牌）、price（价格）、spokesman（代言人）5 个字段，其中 num 设为主键。并完成以下操作：

（1）往 info 表中添加 5 条记录，将最后一条记录的 spokesman 字段设置为你的姓名。

（2）查询 info 表中 cname 字段为"冰箱"并且 price 大于 2000 的所有记录。并输出相关记录信息。

（3）删除 info 表中 price 字段值大于 5000 的所有记录，并显示出删除的记录数量。

实验八 数据库程序设计

一、实验目的

（1）理解结构化查询语言 SQL，掌握使用 SQL 查询、定义、操纵和控制数据库。

（2）掌握 SQLite 数据库访问方法。

二、实验内容

（1）创建电影票房管理数据库 movies，并在其中创建票房销售记录表 info，包含 m_num（电影编号）、m_name（电影名称）、actor（主演姓名）、nature（电影类别）、sales（票房总额，单位"亿元"）5 个字段，其中 m_num 设为主键。并完成以下操作：

①往 info 表中添加 5 条记录，将第一条记录的主演姓名设置为自己的姓名。其中 nature 字段值有三种（"动作片""爱情片""喜剧片"）。

②查询 info 表中 nature 字段为"动作片"且 sales 字段大于 2000 的所有记录。并输出相关记录信息。

③将 info 表中 actor 字段为"贾玲"的 nature 字段设置为"喜剧片 2"。

④删除 info 表中 sales 字段小于 10 的所有记录，并显示删除的记录数。

参考程序如下：

```
import sqlite3
#如果数据库不存在则在当前文件夹下创建
conn = sqlite3.connect('mytest.db')
cursor = conn.cursor()                # 获取游标
#建表语句
```

```
    ct = """create table if not exists movies(
        m_num varchar(6) primary key,m_name varchar(20),
        actor varchar(20),nature varchar(6),sale float)"""
    #删除语句
    delete_sql='delete from movies'
    #插入语句
    insert_sql = 'insert into movies (m_num,m_name,actor,nature,sale) values (?,?,?,?,?)'
    cursor.execute(ct)
    cursor.execute(delete_sql)
    cursor.execute(insert_sql, ('202101','唐人街探案','王宝强','喜剧片',48.5))
    cursor.execute(insert_sql, ('202102','你好,李焕英','贾玲','喜剧片',32.2))
    cursor.execute(insert_sql, ('202103','人潮汹涌','刘德华','动作片',2.6))
    cursor.execute(insert_sql, ('202104','侍神令','陈坤','动作片',1.3))
    cursor.execute("select * from movies where nature=? and sale>?",("动作片",2.5))
    for row in cursor:
        print(row)
    print("*******")
    cursor.execute("update movies set nature='喜剧片 2' where actor=?",("贾玲",))
    n=cursor.execute("delete from movies where sale<10")
    print("删除了",n.rowcount,"行记录")
    cursor.execute("select * from movies")
    for row in cursor:
        print(row)
    cursor.close()                    #关闭 cursor
    conn.commit()                     #修改数据库之后要 commit
    conn.close()                      #关闭数据库连接
```

（2）设有文件 gongjiao.txt 存储各公交线路站点信息，形式如下：

102 路%伏牛路电器厂%伏牛路汝河路站%伏牛路陇海路站%伏牛路颍河路站%伏牛路伊河路站%中原路伏牛路站%中原路桐柏路站%中原路工人路站%市委%绿城广场%郑州大学%中原路大学路站%中原路京广路站%福寿街%火车站%%6:00-21:00 票价 1 元

编写程序，将此文件中数据导入 SQLite3 数据库的表站点-路线关系表 stop_route 中，并实现如下功能：

①输入线路名，查询此线路经过的站点。
②输入站点名，查询经过此站点的线路名。

提示：文件 gongjiao.txt 中每一行存储一条线路的站点信息，程序需要读取每一行信息得到一条线路信息，并按%分隔获取站点名。设计站点-路线关系表 stop_route(线路,站点,站点在线路中位置)来存储公交线路。

第 9 章 函数式编程

函数式编程（functional programming）是一种编程的基本风格，也就是构建程序结构的方式。函数式编程虽然也可以归结到面向过程的程序设计，但其思想更接近数学计算，也就是可以使用表达式编程。

函数式编程就是一种抽象程度很高的编程范式，纯粹的函数式编程语言编写的函数没有变量，因此，任意一个函数，只要输入是确定的，输出就是确定的，这种纯函数通常称为没有副作用。而允许使用变量的程序设计语言，由于函数内部的变量状态不确定，同样的输入，可能得到不同的输出，因此，这种函数是有副作用的。

函数式编程的一个特点就是，允许把函数本身作为参数传入另一个函数，还允许返回一个函数。Python 对函数式编程提供部分支持。由于 Python 允许使用变量，因此，Python 不是纯函数式编程语言。

9.1 高阶函数

1. 高阶函数概念

高阶函数是可以将其他函数作为参数或返回结果的函数。例如，定义一个简单的高阶函数：

```
def add(x, y, f):
    return f(x) + f(y)
```

如果传入 abs 作为参数 f 的值：

```
add(-5, 9, abs)
```

根据函数的定义，函数执行的代码实际上是：

```
abs(-5) + abs(9)
```

由于参数 x、y 和 f 都可以任意传入，如果 f 传入其他函数就可以得到不同的返回值。

```
add(65, 66, chr)          #结果是'AB'，chr 函数是获取 ASCII 数字对应字符
```

函数式编程-1

2. 返回函数

高阶函数除了可以接受函数作为参数外，还可以把函数作为结果值返回。

下面实现一个可变参数的求和。通常情况下，求和函数的定义如下：

```
def calc_sum(*args):
    ax = 0
```

```
        for n in args:
            ax = ax + n
        return ax
```

但是，如果不需要立刻求和，而是在后面的代码中，根据需要再计算怎么办？可以不返回求和的结果，而是返回求和的函数：

```
def lazy_sum(*args):
    def sum():
        ax = 0
        for n in args:
            ax = ax + n
        return ax
    return sum
```

当调用 lazy_sum() 函数时，返回的并不是求和结果，而是求和函数：

```
>>> f = lazy_sum(1, 3, 5, 7, 9)
>>> f
<function lazy_sum.<locals>.sum at 0x101c6ed90>
```

调用函数 f 时，才真正计算求和的结果：

```
>>> f()
25
```

在这个例子中，在 lazy_sum() 函数中又定义了函数 sum()，并且，内部函数 sum() 可以引用外部函数 lazy_sum() 的参数和局部变量，当 lazy_sum() 返回函数 sum() 时，相关参数和变量都保存在返回的函数中，这种称为"闭包（closure）"的程序结构拥有极大的威力。

必须注意，当调用 lazy_sum() 函数时，每次调用都会返回一个新函数，即使传入相同的参数：

```
>>> f1 = lazy_sum(1, 3, 5, 7, 9)
>>> f2 = lazy_sum(1, 3, 5, 7, 9)
>>> f1==f2
False
```

f1() 和 f2() 的调用结果互不影响。

9.2　Python 函数式编程常用的函数

1. map() 函数

map() 是 Python 内置的高阶函数，有两个参数，一个是函数 f()，一个是列表 list，并通过把函数 f() 依次作用在 list 的每个元素上，得到一个新的 list 作为 map() 函数的返回结果。

例如，对于 list [1, 2, 3, 4, 5, 6, 7, 8, 9] 如果希望把 list 的每个元素都作平方，就可以用 map() 函数。因此只需要传入函数 f(x)=x*x，就可以利用 map() 函数完成这个计算：

```
def f(x):
    return x*x
list1= map( f, [1, 2, 3, 4, 5, 6, 7, 8, 9] )
print(list(list1))
```

输出结果：

```
[1, 4, 9, 10, 25, 36, 49, 64, 81]
```

注意：map()函数不改变原有的 list，而是返回一个新的 list。利用 map()函数，可以把一个 list 转换为另一个 list，只需要传入转换函数。由于 list 包含的元素可以是任何类型，因此，map()不仅可以处理只包含数值的 list，事实上它可以处理包含任意类型的 list，只要传入的函数 f()可以处理这种数据类型。

```
list1= [2, 4, 6, 8, 10]
list2 = map(lambda x: x ** 2, list1)
for e in list2:
    print(e,end=",")              #结果是：4,16,36,64,100,
```

2．reduce()函数

reduce()函数也是 Python 内置的一个高阶函数。reduce()函数接收的参数和 map()类似，一个函数 f()，一个列表 list，但行为和 map()不同，reduce()传入的函数 f()必须接收两个参数。reduce()对列表 list 的每个元素反复调用函数 f()，并返回最终结果值。

例如，编写一个 f()函数，接收 x 和 y，返回 x 和 y 的和：

```
from functools import reduce
def f(x, y):
    return x + y
```

调用 reduce(f, [1, 3, 5, 7, 9])时，reduce 函数将做如下计算：
先计算头两个元素：f(1, 3)，结果为 4；
再把结果和第 3 个元素计算：f(4, 5)，结果为 9；
再把结果和第 4 个元素计算：f(9, 7)，结果为 16；
再把结果和第 5 个元素计算：f(16, 9)，结果为 25；
由于没有更多的元素了，计算结束，返回结果 25。
上述计算实际上是对 list 的所有元素求和。虽然 Python 内置了求和函数 sum()，但是利用 reduce()求和也很简单。

reduce()还可以接收第 3 个可选参数，作为计算的初始值。如果把初始值设为 100 计算：

```
reduce(f, [1, 3, 5, 7, 9], 100)
```

结果将变为 125。
因为第一轮计算是：计算初始值和第一个元素：f(100, 1)，结果为 101。再把结果和第 2 个元素计算：f(101, 3)，结果为 104；依此类推。

3．filter()函数

filter()函数是 Python 内置的另一个有用的高阶函数，filter()函数接收一个函数 f()和一个 list，这个函数 f()的作用是对每个元素进行判断，返回 True 或 False，filter()根据判断结果自动过滤掉不符合条件的元素，返回由符合条件的元素组成的新 list。

例如，要从一个 list [1, 4, 6, 7, 9, 12, 17]中删除偶数，保留奇数。首先要编写一个判断奇数的函数：

```
def is_odd(x):
    return x % 2 == 1
```

然后，利用 filter()过滤掉偶数：

```
filter(is_odd, [1, 4, 6, 7, 9, 12, 17])        #结果 [1, 7, 9, 17]
```

利用 filter()函数可以完成很多有用的功能，例如删除 None 或者空字符串。

4. zip()函数

zip()函数以一系列列表作为参数，将列表中对应的元素打包成一个个元组，然后返回由这些元组组成的列表。例如：

```
a = [1,2,3]
b = [4,5,6]
zipped = zip(a,b)
for element in zipped:
    print(element)
```

运行结果是：

```
(1, 4)
(2, 5)
(3, 6)
```

5. sorted()函数

Python 内置的 sorted()函数可对 list 进行排序：

```
>>>sorted([36, 5, 12, 9, 21])        #默认升序，所以结果是[5, 9, 12, 21, 36]
```

但 sorted()也是一个高阶函数，Python3.7 中它的格式如下：

```
sorted(list, key=None,reverse=False)
```

参数 key 可以接收一个函数（仅有一个参数）来实现自定义排序，key 指定的函数将作用于 list 的每一个元素上，并根据 key 函数返回的结果进行排序。默认值为 None。

参数 reverse 是一个布尔值。如果设置为 True，列表元素将被倒序排列，默认值为 False。

例如按绝对值大小排序：

```
>>> sorted([36, 5, -12, 9, -21],key=abs)        #结果是[5, 9, -12, -21, 36]
```

key 指定的函数将作用于 list 的每一个元素上，并根据 key()函数返回的结果进行排序。对比原始的 list 和经过 key=abs 处理过的 list：

```
list = [36, 5, -12, 9, -21]
keys = [36, 5, 12, 9, 21]
```

然后 sorted()函数按照 keys 进行排序，并按照对应关系返回 list 相应的元素：

keys 排序结果   => [5, 9, 12, 21, 36]
                 | | | | |
最终结果   => [5, 9, −12, −21, 36]

这样，调用 sorted()并传入参数 key 就可以实现自定义排序。例如对学生按年龄排序：

```
students = [('john', 'A', 15), ('jane', 'B', 12), ('dave','B', 10)]
sorted(students,key=lambda s: s[2])            #按照年龄来排序
```

运行结果是：

```
[('dave','B', 10), ('jane', 'B', 12), ('john', 'A', 15)]
```

参数 key 是 lambda 函数，lambda s: s[2]可以获取 students 列表中每个元组的第三个元素年龄信息。

按姓名排序如下：

```
sorted(students,key=lambda s: s[0])    #按照姓名排序
```

如果对[36, 5, 12, 9, 21]列表中偶数放前，奇数放后并各自升序排列，代码如下：

```
>>> sorted([36, 5, 12, 9, 21] ,key=lambda s: (s%2==1,s))
[12, 36, 5, 9, 21]
```

其中，s％2 ==1 的作用是保证偶数放前，奇数放后。

sorted()函数也可以对字符串进行排序，字符串默认按照 ASCII 码大小来比较：

```
>>> sorted(['bob', 'about', 'Zoo', 'Credit'])
['Credit', 'Zoo', 'about', 'bob']
```

'Zoo'排在'about'之前是因为'Z'的 ASCII 码比'a'小。

现在，可以提出排序应该忽略大小写，按照字母序排序。要实现这个算法，不必对现有代码大加改动，只要能用一个 key()函数把字符串映射为忽略大小写排序即可。忽略大小写来比较两个字符串，实际上就是先把字符串都变成大写（或者都变成小写），再比较。

这样，给 sorted 传入 key()函数，即可实现忽略大小写的排序：

```
>>> sorted(['bob', 'about', 'Zoo','Credit'], key=str.lower)
['about', 'bob', 'Credit', 'Zoo']
```

要进行反向排序，不必改动 key()函数，可以传入第三个参数 reverse=True：

```
>>> sorted(['bob', 'about', 'Zoo','Credit'], key=str.lower, reverse=True)
['Zoo', 'Credit', 'bob', 'about']
```

从上述例子可以看出，高阶函数的抽象能力是非常强大的，而且，核心代码可以保持得非常简洁。

9.3 迭代器

迭代器是访问集合内元素的一种方式。迭代器对象从序列（列表、元组、字典、集合）的第一个元素开始访问，直到所有元素都被访问一遍后结束。迭代器不能回退，只能往前进行迭代。

使用内建函数 iter(iterable)可以获取序列的迭代器对象，方法如下：

```
迭代器对象 = iter(序列对象)
```

使用 next()函数可以获取迭代器的下一个元素，方法如下：

```
next(迭代器对象)
```

【例 9-1】使用 iter()函数获取序列的迭代器对象举例。

```
list = ['china','Japan', 333]
it = iter(list)                    #获取迭代器对象
print(next(it))
print(next(it))
print(next(it))
```

函数式编程-2

运行结果如下:

```
china
Japan
333
```

9.4 普通编程方式与函数式编程的对比

下面通过举例说明普通编程方式与函数式编程的区别。

【例 9-2】以普通编程方式计算列表元素中正数之和。

```
list =[2, -6, 11, -7, 8, 15, -14, -1, 10, -13, 18]
sum = 0
for i in range(len(list)):
    if list [i]>0:
        sum += list [i]
print(sum)
```

运行结果如下:

```
64
```

以函数式编程方式实现计算列表元素中正数之和的功能。

```
from functools import reduce
list =[2, -6, 11, -7, 8, 15, -14, -1, 10, -13, 18]
sum = filter(lambda x: x>0, list)
s = reduce(lambda x,y: x+y, sum)
print(s)
```

通过对比,函数式编程具有如下特点:
(1)代码更简单。数据、操作和返回值都放在一起。
(2)没有循环体,几乎没有临时变量,也就不用分析程序的流程和数据变化过程。
(3)代码用来实现做什么,而不是怎么去做。

习 题

1. 利用 map()函数,把用户输入的不规范的英文名字,变为首字母大写,其他小写的规范名字。例如输入:['adam', 'LISA', 'barT'],输出:['Adam', 'Lisa', 'Bart']。

2. 利用 filter()筛选出回数。回数是指从左向右读和从右向左读都是一样的数,如 12321、909。

3. 假设用一数组 tuple 表示学生名字和成绩:

```
L = [('Bob', 75), ('Adam', 92), ('Bart',66), ('Lisa', 88)]
```

用 sorted()对上述列表元素分别按名字排序。

4. 用 filter()把一个序列中的空字符串删掉。

实验九　函数式编程

一、实验目的
（1）理解函数式编程的特点以及高阶函数。
（2）掌握函数式编程的常用函数。

二、实验内容
1. 上机验证。

（1）用 map()函数处理字符串列表，把列表中所有人都变成_s 结尾，如 alex_s。

```
name=["alex","wupeiqi","yuanhao","nezha"]
li=map(lambda x:x+"_s",name)
print(list(li))
```

运行结果：

```
['alex_s', 'wupeiqi_s', 'yuanhao_s', 'nezha_s']
```

（2）用 map()函数处理字典 m，然后用 list 得到一个新的列表，列表中存储每个人的名字。

```
m=[{'name':'alex'},{'name':' wupeiqi'}]
li=map(lambda x: x.get("name"),m)
print(list(li))
```

运行结果：

```
['alex', ' wupeiqi']
```

（3）用 filter 过滤出股票价格大于 20 的股票名称。

```
shares={
    'IBM':36.6,
    'Lenovo':23.2,
    'oldboy':21.2,
    'ocean':10.2 }
s=filter(lambda i:shares.get(i)>20,shares)
print(list(s))
```

运行结果：

```
['IBM', 'Lenovo', 'oldboy']
```

（4）有下面字典，计算购买每只股票的总价格，并放在一个列表中。
结果：[9110.0, 27161.0, 4218.0, 733.5, 8673.75]。

```
portfolio = [
    {'name': 'IBM', 'shares': 100, 'price': 91.1},
    {'name': 'AAPL', 'shares': 50, 'price': 543.22},
    {'name': 'FB', 'shares': 200, 'price': 21.09},
    {'name': 'YHOO', 'shares': 45, 'price': 16.35},
    {'name': 'ACME', 'shares': 75, 'price': 115.65}]
g=map(lambda x:x.get("shares")*x.get("price"),portfolio)
print(list(g))
```

（5）有下列三种数据类型，

```
l1 = [1,2,3,4,5,6]
l2 = ['oldboy','alex','wusir','太白','日天']
l3 = ('**','***','*****','*******')
```

编写程序，最终得到 [(3, 'oldboy', '****'), (4, 'alex', '*******')]这样的数据。即列表中每个元素是一个元组。每个元组第一个元素从 l1 获取且大于 2，第二个元素从 l2 获取，第三个元素从 l3 获取且*至少是 4 个。

```
g=zip(l1[2:],l2, l3[2:])
print(list(g))
```

（6）有如下数据类型：

```
m= [ {'sales_volum': 0},
     {'sales_volum': 108},
     {'sales_volum': 172},
     {'sales_volum': 440},
     {'sales_volum': 239}]
```

将 m 按照列表中的每个字典的 values 大小进行排序，形成一个新的列表。

```
g=sorted(m,key=lambda x:x.get('sales_volum'))
print(g)
```

运行结果：

```
 [{'sales_volum': 0}, {'sales_volum': 108}, {'sales_volum': 172},
{'sales_volum': 239}, {'sales_volum': 440}]
```

2. 编程并上机调试。

（1）编写 reduce()函数，实现求 10 的阶乘。

（2）假如 datas = [['sherry',19,'female'],['flora',21,'female'],['june',15,'femal']]，分别根据名字首字母和年龄进行排序输出。

在基础篇中主要学习 Python 语言和其标准库（自带模块）的功能，实际上 Python 语言有标准库和第三方库两类库：标准库随 Python 安装包一起发布，用户可以随时使用；第三方库需要安装后才能使用。

提高篇主要学习 Python 最流行的第三方库（模块），第 10 章讲解科学计算 NumPy 和可视化的 Matplotlib 库的使用；第 11 章讲解高效的数据分析工具 Pandas；第 12 章讲解使用 Python 网页访问 urllib 库实现网页爬取和使用 Beautiful Soup4 库来处理分析网页内容使用，并进行新浪国内新闻爬取实战；第 13 章讲解 Python 的一个开源机器学习模块 sklearn，并进行数据挖掘的实战。

第 10 章 科学计算和可视化应用

随着 NumPy、Matplotlib 等众多程序库的开发，Python 越来越适合于进行科学计算。与科学计算领域最流行的商业软件 MATLAB 相比，Python 是一门真正的通用程序设计语言，比 MATLAB 所采用的脚本语言的应用范围更广泛，有更多程序库的支持。虽然 MATLAB 中的某些高级功能目前还无法替代，但是对于基础性、前瞻性的科研工作和应用系统的开发，完全可以用 Python 来完成。

NumPy 是非常有名的 Python 科学计算工具包，其中包含了大量有用的工具，如数组对象（用来表示向量、矩阵、图像等）、线性代数函数等。NumPy 中的数组对象可以帮助用户实现数组中重要的操作，如矩阵乘积、转置、解方程系统、向量乘积和归一化，这为图像变形、对变化进行建模、图像分类、图像聚类等提供了基础。

Matplotlib 是 Python 的 2D&3D 绘图库，它提供了一整套和 MATLAB 相似的命令 API，十分适合交互式地进行绘图和可视化。用户处理数学运算、绘制图表，或者在图像上绘制点、直线和曲线时，Matplotlib 是个很好的类库，具有比 PIL 更强大的绘图功能。

10.1 NumPy 库的使用

微课

科学计算

NumPy（numerical Python 的简称）是高性能科学计算和数据分析的基础包，是 Python 的一个科学计算的库，提供了矩阵运算的功能，一般与 SciPy、Matplotlib 一起使用。

NumPy 可以从 scipy 官网免费下载，在线说明文档中包含了可能遇到的大多数问题的答案。

其主要功能如下：

（1）其中的 ndarray 是一个具有矢量算术运算和复杂广播能力的快速且节省空间的多维数组。

（2）具有用于对整组数据进行快速运算的标准数学函数（无须编写循环）。

（3）具有用于读/写磁盘数据的工具以及用于操作内存映射文件的工具。

（4）具有线性代数、随机数生成以及傅里叶变换功能。

（5）具有用于集成由 C、C++、Fortran 等语言编写的代码的工具。

10.1.1 NumPy 数组

1．NumPy 数组的概念

NumPy 库中处理的最基础数据类型是同种元素构成的数组。NumPy 数组是一个多维数组对象，称为 ndarray。NumPy 数组的维数称为秩，一维数组的秩为 1，二维数组的秩为 2，依此类推。在 NumPy 中，每一个线性的数组称为是一个轴，秩其实是描述轴的数量。例如，二维数组相当于是两个一维数组，其中第一个一维数组中每个元素又是一个一维数组。而轴的数量——秩，就是数组的维数。关于 NumPy 数组必须了解：

NumPy 数组的下标从 0 开始。同一个 NumPy 数组中所有元素的类型必须是相同的。

2. 创建 NumPy 数组

创建 NumPy 数组的方法有很多。例如，可以使用 array() 函数从常规的 Python 列表和元组创造数组。所创建的数组类型由原序列中的元素类型推导而来。

```
>>> from numpy import *
>>> a = array( [2,3,4] )        #一维数组
>>> a                            #输出 array([2, 3, 4])
>>> a.dtype                      #输出 dtype('int32')
>>> b = array([1.2, 3.5, 5.1])
>>> b.dtype                      #输出 dtype('float64')
```

使用 array() 函数创建数组时，参数必须是由方括号括起来的列表，而不能使用多个数值作为参数调用 array()。

```
>>> a = array(1,2,3,4)           #错误
>>> a = array([1,2,3,4])         #正确
```

可使用双重序列来表示二维的数组，三重序列表示三维数组，依此类推。

```
>>> b = array( [ (1.5,2,3), (4,5,6) ] )      #二维数组
>>> b
array([[ 1.5,  2. ,  3. ],
       [ 4. ,  5. ,  6. ]])
```

可以在创建时显式指定数组中元素的类型。

```
>>> c = array( [ [1,2], [3,4] ], dtype=complex)   #complex 为复数类型
>>> c
array([[ 1.+0.j,  2.+0.j],
       [ 3.+0.j,  4.+0.j]])
```

通常，刚开始时数组的元素未知，而数组的大小已知。因此，NumPy 提供了一些使用占位符创建数组的函数。这些函数有助于满足数组扩展的需要，同时降低了高昂的运算开销。

用函数 zeros() 可创建一个全为 0 的数组，用函数 ones() 可创建一个全为 1 的数组，函数 empty() 创建一个内容随机并且依赖于内存状态的数组。默认创建的数组类型(dtype)都是 float64，可以用 d.dtype.itemsize 来查看数组中元素占用的字节数。

```
>>> d = zeros((3,4))
>>> d.dtype                      #输出 dtype('float64')
>>> d
array([[ 0.,  0.,  0.,  0.],
       [ 0.,  0.,  0.,  0.],
       [ 0.,  0.,  0.,  0.]])
>>> d.dtype.itemsize             #输出 8，即每个元素占用 8 个字符
```

NumPy 提供两个类似 range() 的函数，返回一个数列形式的数组。

（1）arange() 函数：类似于 python 的 range() 函数，通过指定开始值、终值和步长来创建一

维数组。注意数组不包括终值：

```
>>>import numpy as np
>>>np.arange(0, 1, 0.1)          #步长0.1
array([ 0. , 0.1, 0.2, 0.3, 0.4, 0.5, 0.6, 0.7, 0.8, 0.9])
```

此函数在区间[0,1]之间以 0.1 为步长生成一个数组。如果仅使用一个参数，代表的是终值，开始值为 0；如果仅使用 2 个参数，则步长默认为 1。

```
>>> np.arange(10)                #仅使用一个参数，相当于np.arange(0, 10)
array([0, 1, 2, 3, 4, 5, 6, 7, 8, 9])
>>> np.arange(0, 10)
array([0, 1, 2, 3, 4, 5, 6, 7, 8, 9])
>>> np.arange(0, 5.6)
array([ 0.,1.,2.,3.,4.,5.])
>>> np.arange(0.3, 4.2)
array([ 0.3, 1.3, 2.3,3.3])
```

（2）linspace()函数：通过指定开始值、终值和元素个数（默认为 50）来创建一维数组，可以通过 endpoint 关键字指定是否包括终值，默认设置包括终值。

```
>>> np.linspace(0, 1, 5)         #元素个数为5
array([ 0. , 0.25, 0.5 , 0.75, 1. ])
```

NumPy 库有一般 math 库函数的数组实现方法，如 sin、cos、log 等。基本函数（三角、对数、平方和立方等）在函数前加上 np.就能实现数组的函数计算。

```
>>>x=np.arange(0,np.pi/2,0.1)
>>> x
array([0. ,0.1, 0.2, 0.3, 0.4, 0.5, 0.6, 0.7, 0.8, 0.9, 1. ,1.1, 1.2, 1.3,
1.4, 1.5])
>>>y=sin(x)                      #NameError: name 'sin' is not defined
```

改成如下形式：

```
>>>y=np.sin(x)
>>>y
array([ 0.,0.09983342, 0.19866933, 0.29552021, 0.38941834,
0.47942554,0.56464247, 0.64421769, 0.71735609, 0.78332691,
0.84147098,0.89120736, 0.93203909, 0.96355819, 0.98544973,
0.99749499])
```

从结果可见，y 数组的元素分别是 x 数组元素对应的正弦值，计算起来十分方便。

3．NumPy 中的数据类型

对于科学计算来说，Python 中自带的整型、浮点型和复数类型远远不够，因此 NumPy 中添加了许多数据类型，见表 10-1。

表 10-1 NumPy 的数据类型

名 称	描 述
bool	用一个字节存储的布尔类型（True 或 False）
inti	由所在平台决定其大小的整数（一般为 int32 或 int64）
int8	一个字节大小，−128～127

续表

名称	描述
int32	整数，$-2^{31} \sim 2^{32}-1$
int64	整数，$-2^{63} \sim 2^{63}-1$
uint8	无符号整数，$0 \sim 255$
uint16	无符号整数，$0 \sim 65\,535$
uint32	无符号整数，$0 \sim 2^{32}-1$
uint64	无符号整数，$0 \sim 2^{64}-1$
float16	半精度浮点数：16位，正负号1位，指数5位，精度10位
float32	单精度浮点数：32位，正负号1位，指数8位，精度23位
float64 或 float	双精度浮点数：64位，正负号1位，指数11位，精度52位
complex64	复数，分别用两个32位浮点数表示实部和虚部
complex128 或 complex	复数，分别用两个64位浮点数表示实部和虚部

4. NumPy 数组中的元素访问

NumPy 数组中的元素是通过下标来访问的，可以通过方括号括起一个下标来访问数组中单一的元素，也可以以切片的形式访问数组中多个元素。NumPy 数组的索引和切片方法见表 10-2。

表 10-2 NumPy 数组的索引和切片方法

访问	描述
X[i]	索引第 i 个元素
X[-i]	从后向前索引第 i 个元素
X[n:m]	切片，默认步长为1，从前往后索引，不包含 m
X[-m,-n]	切片，默认步长为1，从后往前索引，不包含 n
X[n,m,i]	切片，指定 i 步长的由 n 到 m 的索引

可以使用和列表相同的方式对数组的元素进行存取：

```
>>>import numpy as np
>>> a = np.arange(10)       #array([0, 1, 2, 3, 4, 5, 6, 7, 8, 9])
>>> a[5]                    #用整数作为下标可以获取数组中的某个元素
#输出: 5
>>> a[3:5]                  #用切片作为下标获取数组的一部分，包括a[3]不包括a[5]
#输出: array([3, 4])
>>> a[:5]                   #切片中省略开始下标，表示从a[0]开始
#输出: array([0, 1, 2, 3, 4])
>>> a[:-1]                  #下标可以使用负数，表示从数组最后往前数
#输出: array([0, 1, 2, 3, 4, 5, 6, 7, 8])
>>> a[2:4] = 100,101        #访问同时修改元素的值
>>> a
#输出: array([0, 1, 100, 101, 4, 5, 6, 7, 8, 9])
>>> a[1:-1:2]               #切片中的第三个参数表示步长，2表示隔一个元素取一个元素
#输出: array([1,101, 5, 7])
>>> a[::-1]                 #省略切片的开始下标和结束下标，步长为-1，整个数组头尾颠倒
#输出: array([9, 8, 7, 6, 5, 4, 101, 100, 1, 0])
>>> a[5:1:-2]               #步长为负数时，开始下标必须大于结束下标
#输出: array([5, 101])
```

多维数组可以每个轴有一个索引,这些索引由一个逗号分隔的元组给出。下面是一个二维数组例子:

```
import numpy as np
b = np.array([[1,2,3],
              [4,5,6],
              [7,8,9],
              [10,11,12]],dtype=int)    #4*3 的数组
c = b[ 0,1 ]                #第 1 行的第 2 个单元元素,输出: 2
d = b[ :,1 ]                #所有行第 2 个单元元素,输出: [ 2  5  8  11]
e = b[ 1,: ]                #2 行所有单元元素,输出: [4  5  6]
f = b[ 1,1: ]               #2 行第 2 个单元开始以后所有元素,输出: [5  6]
g = b[ 1,:2 ]               #2 行第 1 个单元开始到索引为 2 以前的所有元素,输出:[4  5]
b=np.array([[ 0, 1, 2, 3],
            [10, 11, 12, 13],
            [20, 21, 22, 23],
            [30, 31, 32, 33],
            [40, 41, 42, 43]])
>>> b[2,3]                  #输出: 23
>>> b[0:5, 1]               #每行的第二个元素,输出: array([ 1, 11, 21, 31, 41])
>>> b[: ,1]                 #与前面的效果相同,输出: array([ 1, 11, 21, 31, 41])
>>> b[1:3,: ]               #每列的第二和第三个元素
#输出: array([[10, 11, 12, 13],[20, 21, 22, 23]])
```

表 10-2 给出了 NumPy 数组的索引和切片方法。数组切片得到的是原始数组的视图,所有修改都会直接反映到源数组。如果需要得到 NumPy 数组切片的一个副本,需要进行复制操作,例如 b[5:8].copy()。

10.1.2 NumPy 数组的算术运算

NumPy 数组的算术运算是按元素逐个运算,运算后将创建包含运算结果的新数组。例如:

```
>>>import numpy as np
>>> a = np.array([20,30,40,50])
>>> b = np.arange( 4)    #相当于np.arange(0, 4)
>>> b
#输出: array([0, 1, 2, 3])
>>> c = a-b
>>> c
#输出: array([20, 29, 38, 47])
>>> b**2                 #乘方运算,2 次方
#输出: array([0, 1, 4, 9])
>>> 10*np.sin(a)         #10*sina
#输出: array([ 9.12945251,-9.88031624, 7.4511316, -2.62374854])
>>> a<35                 #每个元素与 35 比较大小
#输出: array([True, True, False, False], dtype=bool)
```

与其他矩阵语言不同,NumPy 中的乘法运算符 "*" 按元素逐个计算,矩阵乘法可以使用 dot()函数或创建矩阵对象实现。例如:

```
>>>import numpy as np
>>> A = np.array([[1,1], [0,1]])
>>> B = np.array([[2,0], [3,4]])
```

```
>>> A * B                           #逐个元素相乘
array([[2, 0],
       [0, 4]])
>>> np.dot(A,B)                     #矩阵相乘
array([[5, 4],
       [3, 4]])
```

需要注意的是，有些操作符如"+="和"*="用来更改已存在数组而不创建一个新的数组。

```
>>> a = np.ones((2,3), dtype=int)   #全1的2*3数组
>>> b = np.random.random((2,3))     #随机小数填充的2*3数组
>>> a *= 3
>>> a
array([[3, 3, 3],
       [3, 3, 3]])
>>> b += a
>>> b
array([[ 3.69092703, 3.8324276, 3.0114541],
       [ 3.18679111, 3.3039349, 3.37600289]])
>>> a += b                          #b转换为整数类型
>>> a
array([[6, 6, 6],
       [6, 6, 6]])
```

许多非数组之间相互运算，如计算数组所有元素之和，都作为 NumPy 数组（ndarray 类）的方法来实现，使用时需要用 ndarray 类的实例来调用这些方法。例如：

```
>>> a= np.random.random((3,4))
>>> a
array([[ 0.8672503 , 0.48675071, 0.32684892, 0.04353831],
       [ 0.55692135, 0.20002268, 0.41506635, 0.80520739],
       [ 0.42287012, 0.34924901, 0.81552265, 0.79107964]])
>>> a.sum()                         #求和
6.0803274306192927
>>> a.min()                         #最小
0.043538309733581748
>>> a.max()                         #最大
0.86725029797617903
>>> a.sort()                        #排序
>>> a
array([[ 0.04353831, 0.32684892, 0.48675071, 0.8672503 ],
       [ 0.20002268, 0.41506635, 0.55692135, 0.80520739],
       [ 0.34924901, 0.42287012, 0.79107964, 0.81552265]])
```

这些运算将数组看作一维线性列表，但可通过指定 axis 参数（即数组的维）对指定的轴做相应的运算。例如：

```
>>> b= np.arange(12).reshape(3,4)
>>> b
array([[ 0, 1, 2, 3],
       [ 4, 5, 6, 7],
       [ 8, 9, 10, 11]])
>>> b.sum(axis=0)                   #计算每一列的和，注意理解轴的含义
```

```
array([12, 15, 18, 21])
>>> b.min(axis=1)                    #获取每一行的最小值
array([0, 4, 8])
>>> b.cumsum(axis=1)                 #计算每一行的累积和
array([[ 0,  1,  3,  6],
       [ 4,  9, 15, 22],
       [ 8, 17, 27, 38]])
```

10.1.3 NumPy 数组的形状操作

1. 数组的形状

数组的形状（Shape）取决于其每个轴上的元素个数。例如：

```
>>> a=np.int32(100*np.random.random((3,4)))    #3*4 整数二维数组
>>> a
array([[26, 11,  0, 41],
       [48,  9, 93, 38],
       [73, 55,  8, 81]])
>>> a.shape                          #3 行 4 列的数组
(3, 4)
```

2. 更改数组的形状

可以用多种方式修改数组的形状。例如：

```
>>> a.ravel()                        #平坦化数组
array([26, 11,  0, 41, 48,  9, 93, 38, 73, 55,  8, 81])
>>> a.shape= (6, 2)                  #形状为 6*2 数组
>>> a.transpose()                    #对数组转置，原数组 a 不变
array([[26,  0, 48, 93, 73,  8],
       [11, 41,  9, 38, 55, 81]])
```

由 ravel()展平的数组元素的顺序通常是以行为基准，最右边的索引变化得最快，所以元素 a[0,0]之后是 a[0,1]。NumPy 通常创建一个以行为基准这个顺序保存数据的数组，所以 ravel() 通常不需要创建调用数组的副本。但如果数组是通过切片其他数组创建或有不同寻常的选项时，就可能需要创建其副本。此外，还可以通过一些可选参数让函数 reshape()和 ravel()构建 Fortran 风格的数组，即最左边的索引变化最快。

reshape()函数改变调用数组的形状并返回该数组（原数组自身不变），而 resize()函数改变调用数组自身。例如：

```
>>> a
array([[26, 11],
       [ 0, 41],
       [48,  9],
       [93, 38],
       [73, 55],
       [ 8, 81]])
>>> a.resize((2,6))
>>> a
array([[26, 11,  0, 41, 48,  9],
       [93, 38, 73, 55,  8, 81]])
```

如果在 reshape 操作中指定一个维度为-1，那么其准确维度将根据实际情况计算得到。更多关于 shape、reshape、resize 和 ravel 的内容请参考帮助文件。

Numpy 库还包括三角运算函数、傅里叶变换、随机和概率分布、基本数值统计、位运算、矩阵运算等非常丰富的功能，读者在使用时可以到官方网站查询。

10.1.4 文件存取数组内容

NumPy 提供了多种文件操作函数方便用户存取数组内容。文件存取的格式分为两类：二进制和文本。二进制格式的文件又分为 NumPy 专用的格式化二进制类型和无格式类型。

使用数组的函数 tofile()可以方便地将数组中的数据以二进制的格式写进文件。tofile()输出的数据没有格式，因此用 numpy.fromfile 读取时需要自己格式化数据：

```
>>> import numpy as np
>>> a = np.arange(0,12)
>>> a.shape = 3,4                                      #改成3*4 数组
>>> a
array([[ 0,  1,  2,  3],
       [ 4,  5,  6,  7],
       [ 8,  9, 10, 11]])
>>> a.tofile("a.bin")                                  #写进文件
>>> b = np.fromfile("a.bin", dtype=np.float)           #按照 float 类型读入数据
>>> b                                                  #读入的数据是错误的
array([ 2.12199579e-314,   6.36598737e-314,   1.06099790e-313,
        1.48539705e-313,   1.90979621e-313,   2.33419537e-313])
>>> a.dtype                                            #查看 a 的 dtype
dtype('int32')
>>> b = np.fromfile("a.bin", dtype=np.int32)           #按照 int32 类型读入数据
>>> b                                                  #数据是一维的
array([ 0,  1,  2,  3,  4,  5,  6,  7,  8,  9, 10, 11])
>>> b.shape = 3, 4                                     #按照 a 的 shape 修改 b 的 shape
>>> b                                                  #这次终于正确了
array([[ 0,  1,  2,  3],
       [ 4,  5,  6,  7],
       [ 8,  9, 10, 11]])
```

从上面的例子可以看出，需要在读入时设置正确的 dtype 和 shape 才能保证数据一致。

此外，如果 fromfile()和 tofile()函数调用时指定了 sep 关键字参数，数组将以文本格式输入/输出。

```
>>> a.tofile("a.bin",sep=',')
>>> b = np.fromfile("a.bin", sep=',')                  #存入文件数据逗号分隔
array([ 0., 1., 2., 3., 4., 5., 6., 7., 8., 9., 10., 11.])
>>> b = np.fromfile("a.bin", sep=',', dtype=np.int)
>>> b
array([ 0,  1,  2,  3,  4,  5,  6,  7,  8,  9, 10, 11])
```

np.load()和 np.save()函数以 NumPy 专用的二进制类型保存数据，这两个函数会自动处理元素类型和 shape 等信息，使用它们读/写数组比较方便，但是 np.save 输出的文件很难被其他语言编写的程序读入。例如：

```
>>> np.save("a.npy", a)
>>> c = np.load( "a.npy" )
>>> c
array([[ 0,  1,  2,  3],
```

```
            [ 4,  5,  6,  7],
            [ 8,  9, 10, 11]])
```

10.1.5　NumPy 的图像数组

1．获取图像数组

当载入图像时，通过调用 array()方法将图像转换成 NumPy 的数组对象。NumPy 中的数组对象是多维的，可以用来表示向量、矩阵和图像。一个数组对象很像一个列表（或者是列表的列表），但是数组中所有的元素必须具有相同的数据类型。除非创建数组对象时指定数据类型，否则数据类型会按照数据的类型自动确定。

对于图像数据，下面的例子阐述了这一点：

```
im = array(Image.open('d:\\test.jpg'))                        #彩色图像
print(im.shape, im.dtype)
im = array(Image.open('d:\\test.jpg').convert('L'),'f')        #灰度化处理
print(im.shape, im.dtype)
```

输出结果如下：

```
(800, 569, 3) uint8
(800, 569) float32
```

每行的第一个元组表示图像数组的大小（行、列、颜色通道），紧接着的字符串表示数组元素的数据类型。因为图像通常被编码成无符号 8 位整数（uint8），所以在第一种情况下，载入图像并将其转换到数组中，数组的数据类型为 uint8。

在第二种情况下，对图像进行灰度化处理，并且在创建数组时使用额外的参数"f"；该参数将数据类型转换为浮点型。

注意：由于灰度图像没有颜色信息，所以在形状元组中，它只有两个数值。

数组中的元素可以使用下标访问。位置坐标 i、j 以及颜色通道 k 的像素值可以按下面方式访问：

```
value = im[i,j,k]
```

多个数组元素可以使用数组切片方式访问。切片方式返回的是以指定间隔下标访问该数组的元素值。下面是有关灰度图像的一些例子：

```
im[i,:] = im[j,:]                #将第 j 行的数值赋值给第 i 行
im[:,i] = 100                    #将第 i 列的所有数值设为 100
im[:100,:50].sum()               #计算前 100 行、前 50 列所有数值的和
im[50:100,50:100]                #50~100 行、50~100 列（不包括第 100 行和第 100 列）
im[i].mean()                     #第 i 行所有数值的平均值
im[:,-1]                         #最后一列
im[-2,:] (or im[-2])             #倒数第二行
```

注意：如果仅使用一个下标访问数组，则该下标为行下标。

2．利用图像数组进行灰度变换

将图像读入 NumPy 数组对象后，可以对它们执行任意数学操作。一个简单的例子就是图像的灰度变换。下面是关于灰度变换的一些例子：

```
from PIL import Image
from numpy import *
im = array(Image.open('empire.jpg').convert('L'))
```

```
im2 = 255 - im                    #对图像进行反相处理
im3 = (100.0/255) * im + 100      #将图像像素值变换到 100~200 区间
im4 = 255.0 * (im/255.0)**2       #对图像像素值求平方后得到的图像
```

第一个例子将灰度图像进行反相处理；第二个例子将图像的像素值变换到 100~200 区间；第三个例子对图像使用二次函数变换，使较暗的像素值变得更小。

可以使用下面的命令查看图像中的最小和最大像素值：

```
print(int(im.min()), int(im.max()))
```

如果试着对上面例子查看最小值和最大值，可以得到下面的输出结果：

```
0 255           #im
0 255           #im2
100 200         #im3
0 255           #im4
```

array()变换的相反操作（即从图像数组还原成图像）可以使用 PIL 的 fromarray()函数完成：

```
pil_im = Image.fromarray(im4)     #从图像数组还原成图像
pil_im.show()                     #显示得到的图像
```

如果通过一些操作将 uint8 数据类型转换为其他数据类型，例如之前例子中的 im3 或者 im4，那么在创建 PIL 图像之前，需要将数据类型转换回来：

```
pil_im = Image.fromarray(uint8(im))
```

注意：NumPy 总是将数组数据类型转换成能够表示数据的"最低"数据类型。

3．图像缩放

NumPy 的数组对象是处理图像和数据的主要工具。用户可以使用之前 PIL 对图像对象转换的操作，写一个简单的用于图像缩放的函数。例如：

```
def imresize(im,sz):
    """ 使用 PIL 对象重新定义图像数组的大小 """
    pil_im = Image.fromarray(uint8(im))
    return array(pil_im.resize(sz))
```

4．直方图均衡化

图像灰度变换中一个非常有用的例子就是直方图均衡化。直方图均衡化是指将一幅图像的灰度直方图变平，使变换后的图像中每个灰度值的分布概率都相同。在对图像做进一步处理之前，直方图均衡化通常是对图像灰度值进行归一化的一个非常好的方法，并且可以增强图像的对比度。

在这种情况下，直方图均衡化的变换函数是图像中像素值的累积分布函数 cdf()，用于将像素值的范围映射到目标范围。

下面的函数是直方图均衡化的具体实现。

```
def histeq(im,nbr_bins=256):
    """ 对一幅灰度图像进行直方图均衡化 """
    # 计算图像的直方图
    imhist,bins = histogram(im.flatten(),nbr_bins,normed=True)
    cdf = imhist.cumsum() # cumulative distribution function
    cdf = 255 * cdf / cdf[-1]           #归一化
    #使用累积分布函数的线性插值，计算新的像素值
```

```
    im2 = interp(im.flatten(),bins[:-1],cdf)
    return im2.reshape(im.shape), cdf
```

该函数有两个输入参数：一个是灰度图像；一个是直方图中使用小区间的数目。函数返回直方图均衡化后的图像，以及用来做像素值映射的累积分布函数。注意，函数中使用到累积分布函数的最后一个元素（下标为-1），目的是将其归一化到0~1范围。可以按下面的方式使用该函数：

```
from PIL import Image
from numpy import *
im = array(Image.open('AquaTermi_lowcontrast.jpg').convert('L'))
im2,cdf = imtools.histeq(im)
```

通过图10-1所示结果可以看到，直方图均衡化后图像的对比度增强了，原先图像灰色区域的细节变得更加清晰。

图10-1 直方图均衡化示意图（左图变换前，右图变换后）

10.2 Matplotlib 绘图可视化

Matplotlib 旨在用 Python 实现 Matlab 的功能，是 Python 下最出色的绘图库，功能很完善，同时也继承了 Python 简单明了的风格。利用它可以很方便地设计和输出二维及三维的数据，它提供了常规的笛卡儿坐标、极坐标、球坐标、三维坐标等。其输出的图片质量可达到科技论文中的印刷质量。

Matplotlib 实际上是一套面向对象的绘图库，利用它绘制的图表中的每个绘图元素，例如线条 Line2D、文字 Text、刻度等都有一个对象与之对应。为了方便快速绘图，Matplotlib 通过 pyplot 模块提供了一套和 MATLAB 类似的绘图 API，将众多绘图对象所构成的复杂结构隐藏在这套 API 内部。用户只需要调用 pyplot 模块所提供的函数就可以实现快速绘图以及设置图表的各种细节。pyplot 模块虽然用法简单，但不适合在较大的应用程序中使用。

安装 Matplotlib 之前先要安装 NumPy。Matplotlib 是开源工具，可以从 http://matplotlib.sourceforge.net/ 免费下载。该链接中包含非常详尽的使用说明和教程。

10.2.1 Matplotlib.pyplot 模块——快速绘图

Matplotlib 的 pyplot 子库提供了和 matlab 类似的绘图 API，方便用户快速绘制 2D 图表。Matplotlib 还提供了一个名为 pylab 的模块，其中包括了许多 NumPy 和 pyplot 模块中常用的函数，方便用户快速进行计算和绘图，十分适合在 IPython 交互式环境中使用。

下面先看一个简单的绘制正弦三角函数 y=sin(x) 的例子。

```
# 绘制一条 0~4π的正弦曲线
import matplotlib.pyplot as plt
from numpy import *                          #也可以使用 from pylab import *
plt.figure(figsize=(8,4))                    #创建一个绘图对象，大小为 800×400 像素
x_values = arange(0.0, math.pi * 4, 0.01)    #步长 0.01，初始值 0.0，终值 4
y_values = sin(x_values)
plt.plot(x_values, y_values, 'b--', linewidth=1.0, label='$sin(x)$')
                                             #进行绘图
plt. xlabel('x ')                            #设置 X 轴的文字
plt. ylabel('sin(x)')                        #设置 Y 轴的文字
plt.ylim(-1, 1)                              #设置 Y 轴的范围
plt. title('Simple plot')                    #设置图表的标题
plt.legend()                                 #显示图例(legend)
plt.grid(True)                               #显示网格
plt.savefig("sin.png")                       #保存曲线图片
plt.show()                                   #显示图形
```

程序运行结果如图 10-2 所示。

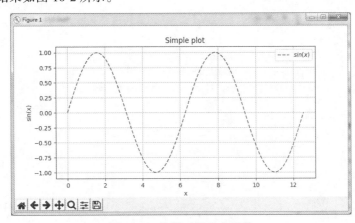

图 10-2　绘制正弦三角函数

1．调用 figure 创建一个绘图对象

```
plt.figure(figsize=(8,4))
```

调用 figure 创建一个绘图对象，也可以不创建绘图对象直接调用 plot()函数直接绘图，matplotlib 会为用户自动创建一个绘图对象。

如果需要同时绘制多幅图表，可以给 figure 传递一个整数参数指定图表的序号，如果所指定序号的绘图对象已经存在，将不创建新的对象，而只是让它成为当前绘图对象。

figsize 参数：指定绘图对象的宽度和高度，单位为英寸；dpi 参数指定绘图对象的分辨率，即每英寸多少个像素，默认值为 100。因此，本例中所创建的图表窗口的宽度为 8×100=800 像素，高度为 4×100=400 像素。

用 show()显示出来的工具栏中的"保存"按钮保存下来的 png 图像的大小是 800×400 像素。这个 dpi 参数，可以通过如下语句进行查看：

```
>>> import matplotlib
>>> matplotlib.rcParams["figure.dpi"]    #每英寸多少个像素
100
```

2．通过调用 plot()函数在当前的绘图对象中进行绘图

创建 figure 对象之后，接下来调用 plot()在当前的 figure 对象中绘图。实际上 plot()是在

Axes（子图）对象上绘图，如果当前的 figure 对象中没有 Axes 对象，将会为之创建一个几乎充满整个图表的 Axes 对象，并且使此 Axes 对象成为当前的 Axes 对象。

```
x_values = arange(0.0, math.pi * 4, 0.01)
y_values = sin(x_values)
plt.plot(x_values, y_values, 'b--', linewidth=1.0, label="sin(x)")
```

（1）第 3 句将 x、y 数组传递给 plot。

（2）通过第三个参数'b--'指定曲线的颜色和线形，这个参数称为格式化参数，它能够通过一些易记的符号快速指定曲线的样式。其中，b 表示蓝色，"—"表示线形为虚线。常用的作图参数如下：

颜色（color，简写为 c）：

```
蓝色：    'b' (blue)
绿色：    'g' (green)
红色：    'r' (red)
蓝绿色(墨绿色)： 'c' (cyan)
红紫色(洋红)：  'm' (magenta)
黄色：    'y' (yellow)
黑色：    'k' (black)
白色：    'w' (white)
灰度表示： e.g. 0.75 ([0,1]内任意浮点数)
RGB 表示法： e.g. '#2F4F4F' 或 (0.18, 0.31, 0.31)
```

线形（linestyles，简写为 ls）：

```
实线：   '-'
虚线：   '--'
虚点线： '-.'
点线：   ':'
点：     '.'
星形：   '*'
```

线宽[linewidth, 浮点数（float）]:

pyplot 的 plot()函数与 MATLAB 很相似，也可以在后面增加属性值，可以用 help 查看说明：

```
>>> import matplotlib.pyplot as plt
>>> help(plt.plot)
```

例如，用'r*'（即红色）、星形来画图：

```
import math
import matplotlib.pyplot as plt
y_values = []
x_values = []
num = 0.0
#collect both num and the sine of num in a list
while num < math.pi * 4:
    y_values.append(math.sin(num))
    x_values.append(num)
    num += 0.1
plt.plot(x_values,y_values,'r*')
plt.show()
```

程序运行结果如图 10-3 所示。

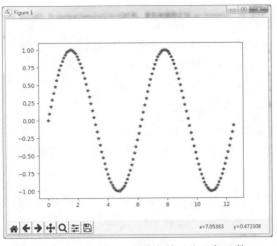

图 10-3　用红色、星形绘制正弦三角函数

（3）也用关键字参数指定各种属性。label：所绘制的曲线的名字，此名字在图例中显示。只要在字符串前后添加$符号，matplotlib 就会使用其内嵌的 latex 引擎绘制的数学公式。color：指定曲线的颜色；linewidth：指定曲线的宽度。例如：

```
plt.plot(x_values, y_values, color='r*', linewidth=1.0)    #红色，线条宽度为1
```

3．设置绘图对象的各个属性

（1）xlabel、ylabel：分别设置 X、Y 轴的标题文字。
（2）title：设置图的标题。
（3）xlim、ylim：分别设置 X、Y 轴的显示范围。
（4）legend()：显示图例，即图中表示每条曲线的标签和样式的矩形区域。
例如：

```
plt.xlabel('x')                  #设置X轴的文字
plt.ylabel('sin(x)')             #设置Y轴的文字
plt.ylim(-1, 1)                  #设置Y轴的范围
plt.title('Simple plot')         #设置图表的标题
plt.legend()                     #显示图例(legend)
```

pyplot 模块提供了一组读取和显示的函数，用于在绘图区域中增加显示内容及读入数据，见表 10-3。这些函数需要与其他函数搭配使用，此处读者了解即可。

表 10-3　plt 库的读取和显示函数

函　数	功　能
plt.legend()	在绘图区域中放置绘图标签（也称图注或者图例）
plt.show()	显示创建的绘图对象
plt.matshow()	在窗口显示数组矩阵
plt.imshow()	在 axes 上显示图像
plt.imsave()	保存数组为图像文件
plt.imread()	从图像文件中读取数组

4．清空 plt 绘制的内容

```
plt.cla()                        #清空plt绘制的内容
plt.close(0)                     #关闭0号图
plt.close('all')                 #关闭所有图
```

5. 图形保存和输出设置

可以调用 plt.savefig()将当前的 figure 对象保存成图像文件，图像格式由图像文件的扩展名决定。下面的程序将当前的图表保存为 test.png，并且通过 dpi 参数指定图像的分辨率为 120，因此输出图像的宽度为 "8×120 = 960" 个像素。

```
plt.savefig("test.png",dpi=120)
```

matplotlib 中绘制完成图形之后通过 show()展示出来，用户还可以通过图形界面中的工具栏对其进行设置和保存。图形界面下方工具栏中按钮还可以设置图形上下左右的边距。

6. 绘制多子图

可以使用 subplot()快速绘制包含多个子图的图表，它的调用形式如下：

```
subplot(numRows, numCols, plotNum)
```

subplot 将整个绘图区域等分为 numRows 行×numCols 列个子区域，然后按照从左到右，从上到下的顺序对每个子区域进行编号，左上的子区域的编号为 1。plotNum 指定使用第几个子区域。

如果 numRows、numCols 和 plotNum 这 3 个数都小于 10，可以把它们缩写为一个整数。例如：

subplot(324)和 subplot(3,2,4)是相同的，意味着图表被分割成 3×2（3 行 2 列）的网格子区域，在第 4 个子区域绘制。

subplot 会在参数 plotNum 指定的区域中创建一个轴对象。如果新创建的轴和之前创建的轴重叠，之前的轴将被删除。

通过 axisbg 参数（新版本 2.0 为 facecolor 参数）给每个轴设置不同的背景颜色。例如，下面的程序创建 3 行 2 列共 6 个子图，并通过 facecolor 参数给每个子图设置不同的背景色。

```
for idx, color in enumerate("rgbyck"):        #红、绿、蓝、黄、蓝绿色、黑色
    plt.subplot(321+idx, facecolor=color)     #axisbg=color
plt.show()
```

程序运行结果如图 10-4 所示。

彩　图

图 10-4

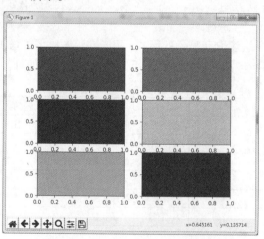

图 10-4　每个轴设置不同的背景颜色

subplot()返回它所创建的 Axes 对象，用户可以将它用变量保存起来，然后用 sca()交替让它们成为当前的 Axes 对象，并调用 plot()在其中绘图。

7. 调节轴之间的间距和轴与边框之间的距离

当绘图对象中有多个轴时，可以通过工具栏中的 Configure Subplots 按钮，交互式地调节轴之间的间距和轴与边框之间的距离。

如果希望在程序中调节，可以调用 subplots_adjust() 函数，它有 left、right、bottom、top、wspace、hspace 等几个关键字参数，这些参数的值都是 0~1 之间的小数，它们是以绘图区域的宽高为 1 进行正规化之后的坐标或者长度。

8. 绘制多幅图表

如果需要同时绘制多幅图表，可以给 figure() 传递一个整数参数指定 figure 对象的序号，如果序号所指定的 figure 对象已经存在，将不创建新的对象，而只是让它成为当前的 figure 对象。下面的程序演示了如何依次在不同图表的不同子图中绘制曲线。

```python
import numpy as np
import matplotlib.pyplot as plt
plt.figure(1)                        #创建图表1
plt.figure(2)                        #创建图表2
ax1 = plt.subplot(211)               #在图表2中创建子图1
ax2 = plt.subplot(212)               #在图表2中创建子图2
x = np.linspace(0, 3, 100)
for i in x:
    plt.figure(1)                    #选择图表1
    plt.plot(x, np.exp(i*x/3))
    plt.sca(ax1)                     #选择图表2的子图1
    plt.plot(x, np.sin(i*x))
    plt.sca(ax2)                     #选择图表2的子图2
    plt.plot(x, np.cos(i*x))
plt.show()
```

在循环中，先调用 figure(1) 让图表 1 成为当前图表，并在其中绘图。然后调用 sca(ax1) 和 sca(ax2) 分别让子图 ax1 和 ax2 成为当前子图，并在其中绘图。当它们成为当前子图时，包含它们的图表 2 也自动成为当前图表，因此不需要调用 figure(2) 依次在图表 1 和图表 2 的两个子图之间切换，逐步在其中添加新的曲线。程序运行结果如图 10-5 所示。

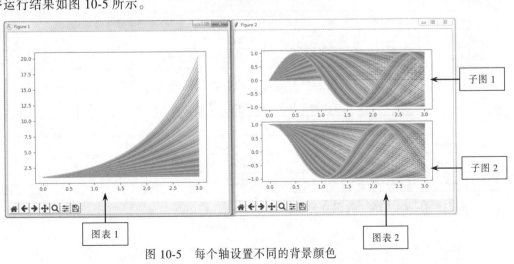

图 10-5　每个轴设置不同的背景颜色

9. 在图表中显示中文

matplotlib 的默认配置文件中所使用的字体无法正确显示中文。为了让图表能正确显示中文，可在 .py 文件头部加上如下内容：

```
plt.rcParams['font.sans-serif'] = ['SimHei']        #指定默认字体
plt.rcParams['axes.unicode_minus'] = False          #解决保存图像是负号'-'
                                                    #显示为方块的问题
```

其中，'SimHei' 表示黑体字。常用的中文字体及其英文表示如下：

宋体——SimSun；黑体——SimHei；楷体——KaiTi；微软雅黑——Microsoft YaHei；隶书——LiSu；仿宋——FangSong；幼圆——YouYuan；华文宋体——STSong；华文黑体——STHeiti；苹果丽中黑——Apple LiGothic Medium。

10.2.2 绘制条形图、饼状图、散点图等

matplotlib 是一个 Python 的绘图库，使用其绘制出来的图形效果和 MATLAB 下绘制的图形类似。pyplot 模块提供的用于绘制"基础图表"的常用函数见表 10-4。

表 10-4　plt 库中绘制基础图表函数

函　数	功　能
plt.plot(x, y, label, color, width)	根据 x、y 数组绘制点、直线或曲线
plt.boxplot(data, notch, position)	绘制一个箱型图（box-plot）
plt.bar(left, height, width, bottom)	绘制一个条形图
plt.barh(bottom, width, height, left)	绘制一个横向条形图
plt.polar(theta, r)	绘制极坐标图
plt.pie(data,explode)	绘制饼图
plt.psd(x, NFFT=256, pad_to, Fs)	绘制功率谱密度图
plt.specgram(x, NFFT=256, pad_to, F)	绘制谱图
plt.cohere (x, y, NFFT=256, Fs)	绘制 X-Y 的相关性函数
plt.scatter()	绘制散点图（x、y 是长度相同的序列）
plt.step(x, y, where)	绘制步阶图
plt.hist(x, bins, normed),	绘制直方图
plt.contour(X, Y, Z, N)	绘制等值线
pit.vlines()	绘制垂直线
plt.stem(x, y, linefmt, markerfmt, basefmt)	绘制曲线每个点到水平轴线的垂线
plt.plot_date()	绘制数据日期
plt.plothle()	绘制数据后写入文件

plt 库提供了 3 个区域填充函数，对绘图区域填充颜色，见表 10-5。

表 10-5　plt 库的区域填充函数

函　数	功　能
fill(x,y,c,color)	填充多边形
fill_between(x,y1,y2,where,color)	填充两条曲线围成的多边形
fill_betweenx(y,x1,x2,where,hold)	填充两条水平线之间的区域

下面通过一些简单的代码介绍如何使用 Python 绘图。

1. 直方图

直方图（histogram）又称质量分布图，是一种统计报告图，由一系列高度不等的纵向条纹或线段表示数据分布的情况。一般用横轴表示数据类型，纵轴表示分布情况。直方图的绘制通过 pyplot 中的 hist() 来实现，例如：

```
pyplot.hist(x, bins=10, color=None, range=None, rwidth=None, normed=False, orientation=u'vertical', **kwargs)
```

hist 的主要参数：

（1）x：这个参数是数组，指定每个 bin（箱子）分布在 x 的位置。

（2）bins：指定 bin（箱子）的个数，也就是总共有几条条状图。

（3）density：是否对 y 轴数据进行标准化(如果为 True，则是在本区间的点在所有的点中所占的概率)。density 指定为 True 则为概率直方图，反之是频数直方图。在新的版本中 normed 被取消，用 density 代替。

（4）color：指定条状图（箱子）的颜色。

下例中 python 产生两万个正态分布随机数，用概率分布直方图显示。

```
#概率分布直方图，本例是标准正态分布
import matplotlib.pyplot as plt
import numpy as np
mu=100                              #设置均值，中心所在点
sigma=20                            #用于将每个点都扩大响应的倍数
#x 中的点分布在 mu 旁边，以 mu 为中点
x=mu+sigma*np.random.randn(20000)   #随机样本数量20000
#bins 设置分组的个数 100（显示有 100 个直方）
plt.hist(x,bins=100,color='green',density=True)
plt.show()
```

程序运行结果如图 10-6 所示。

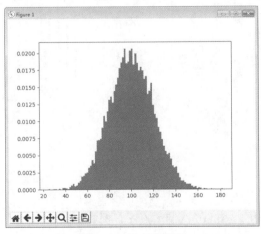

图 10-6　直方图实例

2. 条形图

条形图（bar）又称柱状图，是用一个单位长度表示一定的数量，根据数量的多少画成长短不同的直条，然后把这些直条按一定的顺序排列起来。从条形统计图中很容易看出各种数量的多少。条形图的绘制通过 pyplot 中的 bar( ) 或者是 barh( ) 来实现。bar( ) 默认是绘制竖直方向的

条形图，也可以通过设置 orientation = "horizontal" 参数来绘制水平方向的条形图。barh( )用于绘制水平方向的条形图。例如：

```
import matplotlib.pyplot as plt
import numpy as np
y=[20,10,30,25,15,34,22,11]
x=np.arange(8)     #0---7,确定条形图数量,可以认为是x方向刻度
#绘图 x 轴， height 高度，默认: color="blue", width=0.2 线条的宽度默认0.8
plt.bar(x=x,height=y,color='green',width=0.5)   #通过设置x来设置并列显示
plt.show()
```

程序运行结果如图10-7所示。也可以绘制层叠的条形图，例如：

```
import numpy as np
import matplotlib.pyplot as plt
x = np.random.randint(10, 50, 20)         #随机产生20个[10, 50]区间的数
y1 = np.random.randint(10, 50, 20)
y2 = np.random.randint(10, 50, 20)
plt.ylim(0, 100)                          #设置Y轴的显示范围
plt.bar(x = x, height = y1, width = 0.5, color = "red", label = "$y1$")
# 设置一个底部，底部就是y1的显示结果，y2在上面继续累加即可
plt.bar(x = x, height= y2, bottom= y1, width= 0.5, color = "blue", label = "$y2$")
plt.legend()
plt.show()
```

程序运行结果如图10-8所示。

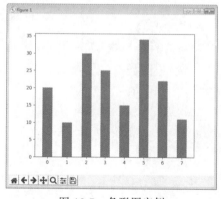

图10-7　条形图实例

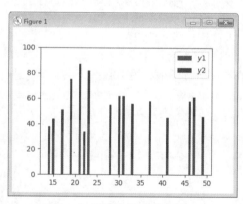

图10-8　层叠的条形图实例

3. 散点图

散点图（scatter）在回归分析中是数据点在直角坐标系平面上的分布图。一般用两组数据构成多个坐标点，考察坐标点的分布，判断两变量之间是否存在某种关联或总结坐标点的分布模式。使用pyplot中的scatter( )绘制散点图，例如：

```
import matplotlib.pyplot as plt
import numpy as np
# 产生100~200 的10个随机整数
x = np.random.randint(100, 200, 10)
y = np.random.randint(100, 130, 10)
# X指X轴，Y指Y轴
# s设置数据点显示的大小（面积），c设置显示的颜色
```

```
#marker 设置显示的形状,"o"是圆, "v"向下三角形, " ^ "向上三角形,所有的类型见网址:
#https://matplotlib.org/stable/api/markers_api.html
#alpha 设置点的透明度
plt.scatter(x, y, s= 100, c= "r", marker= "v", alpha= 0.5)  #绘制图形
plt.show()            #显示图形
```

程序运行结果如图 10-9 所示。

4. 饼状图

饼状图（Pie Graph）显示一个数据系列中各项的大小与各项总和的比例，饼状图中的数据点显示为整个饼状图的百分比。使用 pyplot 中的 pie( )绘制饼状图，例如：

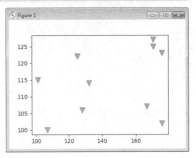

图 10-9　散点图实例

```
import numpy as np
import matplotlib.pyplot as plt
plt.rcParams['font.sans-serif']=['SimHei']
#指定默认字体
labels = ["一季度", "二季度", "三季度", "四季度"]
facts = [25, 40, 20, 15]
explode = [0, 0.03, 0, 0.03]
#设置显示的是一个正圆，长宽比为 1:1
plt.axes(aspect = 1)
#x 为数据，根据数据在所有数据中所占的比例显示结果
#labels 设置每个数据的标签
#autoper 设置每一块所占的百分比
#explode 设置某一块或者很多块突出显示出来，由上面定义的 explode 数组决定
#shadow 设置阴影，这样显示的效果更好
plt.pie(x = facts, labels = labels, autopct = "%.0f%%", explode = explode, shadow = True)
plt.show()
```

程序运行结果如图 10-10 所示。

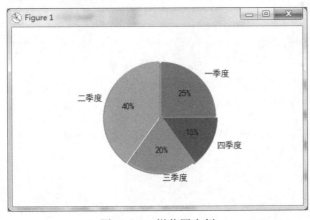

图 10-10　饼状图实例

10.2.3　绘制动态二维图

下面给出两个例子，分别可以画出动态条形图和折线图。

1. 动态条形图

基本原理是将数据放入列表，然后每次向列表数组中增加一个数，清除之前的条形图，

重新画出新的条形图。注意这里使用到 plt.pause(interval)暂停函数，参数 interval 表示秒数。

```
import matplotlib.pyplot as plt
y = []
for i in range(30):
    y.append(i)             #每循环一次，将 i 放入 y 中画出来
    plt.cla()               #清空 plt 绘制的内容
    x=y
    plt.bar(x, label='test', height=y, width=0.3)
    plt.legend()
    plt.pause(0.1)          #暂停 0.1 秒绘图
```

程序运行效果如图 10-11 所示。

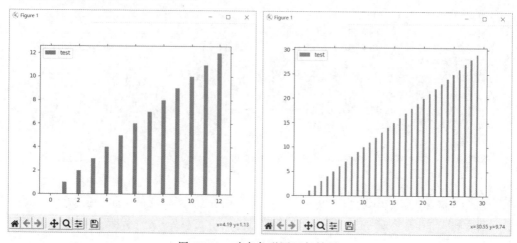

图 10-11　动态条形图运行结果

2．动态折线图

基本原理是使用一个长度为 2 的列表存储点的坐标，每次替换原来坐标数据并在原有折线图上追加。

```
import numpy as np
import matplotlib.pyplot as plt
plt.axis([0, 20, 0, 1])     #设置 x、y 轴范围，x 轴是[0, 20]，y 轴是[0, 1]
xs = [0, 0]
ys = [1, 1]                 #存储 2 个点的坐标
for i in range(1,21):
    y = np.random.random()  #随机产生[0, 1]之间数据
    xs[0] = xs[1]
    ys[0] = ys[1]
    xs[1] = i
    ys[1] = y
    plt.plot(xs, ys)
    plt.pause(0.1)
```

程序运行效果如图 10-12 所示。

实际上，Matplotlib 画图功能非常强大，提供能画动态图的 animation 模块，主要使用 animation.FuncAnimation()函数实现画动态图。

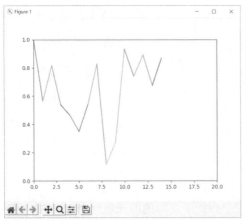
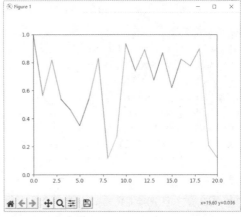

图 10-12　动态折线图运行结果

其语法格式如下：

```
animation.FuncAnimation(fig, func, frames,init_func=init, interval,blit= True)
```

其中，参数 func 是更新图形数据的函数；frames 是总共更新的次数，或者这个参数是可迭代的列表等，每调用一次更新图形的函数就从中取一个值。intit_func 是动画开始使用的函数；interval 是更新的间隔时间（ms）；blit 决定是更新整张图的点（False）还是只更新变化的点（True）。

下面举例动态画出正弦函数 sin 曲线。

```
from matplotlib import pyplot as plt
from matplotlib import animation
import numpy as np
fig, ax = plt.subplots()              #创建图形对象和子图
xdata, ydata = [], []                 #初始化x、y两个列表
line, = ax.plot([], [], 'r-', animated=False)     #line,表示创建tuple类型
def init2():                          #初始化函数
    ax.set_xlim(0, 2*np.pi)
    ax.set_ylim(-1, 1)
    line,=ax.plot(0, np.sin(0))
    return line,
def animate2(i):                      #更新图形数据的函数
    xdata.append(i*2*np.pi/100)       #产生的新 x、y 坐标数据加入 xdata、ydata
    ydata.append(np.sin(i*2*np.pi/100))
    line.set_data(xdata, ydata)
#需要将被更新的图形数据以诸如列表、元组等可迭代的数据形式返回
    return line,                      #返回一个元组，或者返回[ln]列表
ani = animation.FuncAnimation(fig=fig, func=animate2, frames=100, init_func=
init2, interval=20, blit=False)
plt.show()
```

画这类动态图的关键是要给出不断更新图形数据的函数。这个例子中的 animate2() 函数就是动态更新 data 数据的函数，注意这个函数必须返回一个列表或元组。

10.2.4　交互式标注

有时用户需要和某些应用交互，例如在一幅图像中标记一些点，或者标注一些训练数据。

matplotlib.pyplot 库中的 ginput()函数就可以实现交互式标注。下面是一个简短的例子：

```
#交互式标注
from PIL import Image
from numpy import *
import matplotlib.pyplot as plt
im = array(Image.open('d:\\test.jpg'))
plt.imshow(im)                              #显示 test.jpg 图像
print('Please click 3 points')
x = plt.ginput(3)                           #等待用户单击三次
print('you clicked:',x )
plt.show()
```

上面的程序首先绘制一幅图像，然后等待用户在绘图窗口的图像区域点击三次。程序将这些点击的坐标（x,y）自动保存在 x 列表中。

10.3 可视化应用——学生成绩分布柱状图展示

10.3.1 程序功能介绍

学生成绩存储在 Excel 文件（见表 10-6）中，本程序从 Excel 文件读取学生成绩，统计各个分数段（90 分以上，80～89 分，70～79 分，60～69 分，60 分以下）学生人数，并用柱状图（见图 10-13）展示学生成绩分布，同时计算出最高分、最低分、平均成绩等分析指标。

表 10-6 Mark.xls 文件

xuehao	name	physics	Python	math	english
199901	张海	100	100	95	72
199902	赵大强	95	94	94	88
199903	李志宽	94	76	93	91
199904	吉建军	89	78	96	100
……					

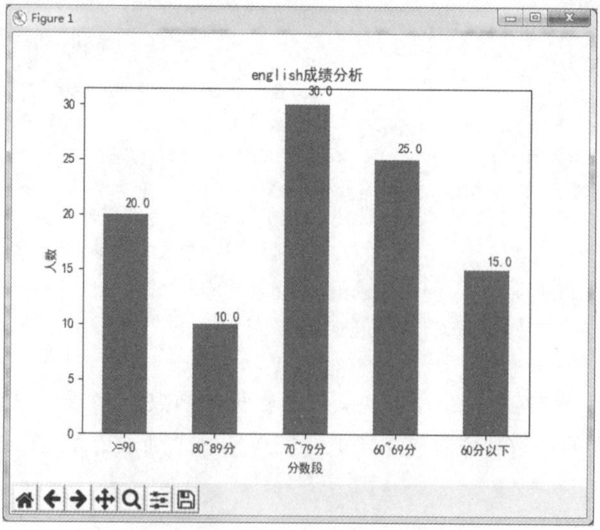

图 10-13 学生成绩分布柱状图

10.3.2 程序设计的思路及实现

本程序涉及从 Excel 文件读取学生成绩，这里使用第三方的 xlrd 和 xlwt 两个模块读和写 Excel，学生成绩获取后存储到二维列表这样的数据结构中。学生成绩分布柱状图展示可采用 Python 下最出色的绘图库 Matplotlib，它可以轻松实现柱状图、饼图等可视化图形。

下面简单介绍 xlrd 的使用方法。

（1）导入模块。

```
import xlrd
```

（2）打开 Excel 文件读取数据。

```
data = xlrd.open_workbook('marks.xls')
```

（3）获取一个工作表。

```
table = data.sheets()[0]                   #通过索引顺序获取工作表
table = data.sheet_by_index(0)             #通过索引顺序获取工作表
table = data.sheet_by_name('Sheet1')       #通过名称获取工作表
```

（4）获取整行和整列的值（数组）。

```
table.row_values(i)                        #获取第 i 行的数据
table.col_values(i)                        #获取第 i 列的数据
```

（5）获取行数和列数。

```
nrows = table.nrows                        #工作表行数
ncols = table.ncols                        #工作表列数
```

（6）获取单元格的值。

```
cell_A1 = table.cell(0,0).value            #获取第 0 行 0 列的单元格数据
cell_A2 = table.cell(2,3).value            #获取第 2 行 3 列的单元格数据
```

1. 读取学生成绩 Excel 文件

```
import xlrd                                         #第三方库需要 pip install xlrd
wb = xlrd.open_workbook('marks.xls')                #打开文件
sheetNames = wb.sheet_names()                       #查看包含的工作表
#获得工作表的两种方法
sh = wb.sheet_by_index(0)
sh = wb.sheet_by_name('Sheet1')                     #通过名称'sheet_test'获取对应的 Sheet
#第一行的值，课程名
courseList = sh.row_values(0)
print(courseList[2:])                               #打印出所有课程名
course=input("请输入需要展示的课程名:")
m=courseList.index(course)                          #获取列号
#第 m 列的值
columnValueList = sh.col_values(m)                  #['math', 95.0, 94.0, 93.0, 96.0]
print(columnValueList)                              #展示的指定课程的分数
scoreList = columnValueList[1:]
print('最高分:',max(scoreList))
print('最低分:',min(scoreList))
print('平均分:',sum(scoreList)/len(scoreList) )
```

运行结果如下：

```
['physics', 'python', 'math', 'english']
请输入需要展示的课程名：english↵
['english', 72.0, 88.0, 91.0, 100.0, 56.0, 75.0, 23.0, 72.0, 88.0, 56.0,
88.0, 78.0, 88.0, 99.0, 88.0, 88.0, 88.0, 66.0, 88.0, 78.0, 88.0, 77.0, 77.0,
77.0, 88.0, 77.0, 77.0]
最高分：100.0
最低分：23.0
平均分：78.92592592592592
```

2. 柱状图展示学生成绩分布

```python
import matplotlib.pyplot as plt
import numpy as np
y = [0,0,0,0,0]                                          #存放个分数段人数
for score in scoreList:
    if score>=90:
        y[0]+=1
    elif score>=80:
        y[1]+=1
    elif score>=70:
        y[2]+=1
    elif score>=60:
        y[3]+=1
    else:
        y[4]+=1
x1=['>=90','80~89分','70~79分','60~69分','60分以下']
x=[1,2,3,4,5]
plt.xlabel("分数段")
plt.ylabel("人数")
plt.rcParams['font.sans-serif'] = ['SimHei']             #指定默认字体
plt.xticks(x,x1)                                          #设置x坐标
rects=plt.bar(x=x,height=y,color='green',width=0.5) #绘制柱状图
plt.title(course+"成绩分析")                              #设置图表标题
for rect in rects:                                        #显示每个条形图对应数字
    height = rect.get_height()
    plt.text(rect.get_x()+rect.get_width()/2.0, 1.03*height, "%s" %float (height))
plt.show()
```

运行效果如图 10-13 所示。

习 题

1. 编写程序，绘制余弦三角函数 $y=\cos(2x)$。
2. 编写程序，绘制笛卡儿心形线。
3. 使用 Matplotlib 实现各省生产总值数据柱状图。

实验十　可视化应用

一、实验目的
（1）熟悉使用 Matplotlib 库绘制基本图形。
（2）掌握 pyplot 基本绘图流程。
（3）掌握绘制多个子图的方法。

二、实验内容与步骤
（1）使用 plot() 函数绘制 $y=x^2+4x+3$（$x \in [-8,8]$）曲线，效果如图 10-14 所示。

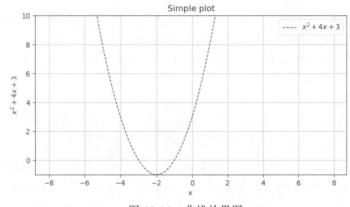

图 10-14　曲线效果图

（2）某项实验由两个小组同步在做，有 5 个指标 [A, B, C, D, E]，甲组完成的数据为 [20, 34, 30, 35, 27]，乙组完成的数据为 [25, 32, 34, 20, 25]。编写程序，绘制条形图（柱形图）进行对比，效果如图 10-15 所示。

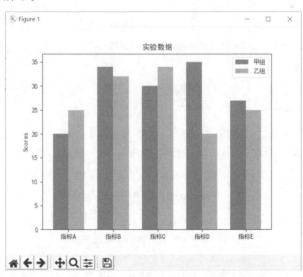

图 10-15　两个小组对比试验的条形图

（3）一个班的成绩为及格、中、良好、优秀的学生人数为 20，33，44，26，据此编程绘制饼图，并设置图例。

第 11 章

Python 数据分析

Python Data Analysis Library（Pandas）是基于 NumPy 的一种工具，该工具是为了解决数据分析任务而创建的。Pandas 提供了一些标准的数据模型和大量能使我们快速便捷地处理数据的函数和方法，使 Python 成为大型数据集强大而高效的数据分析工具。本章就来学习 Pandas 操作方法。

11.1 Pandas 概述

微 课

Pandas 数据类型

Pandas 是 Python 的一个数据分析包，Pandas 最初被作为金融数据分析工具而开发出来，因此 Pandas 为时间序列分析提供了很好的支持。Pandas 的名称来自面板数据（panel data）和 Python 数据分析（data analysis）。panel data 是经济学中关于多维数据集的一个术语，在 Pandas 中也提供了 Panel 的数据类型。

Pandas 提供如下数据类型：

（1）Series（系列）是能够保存任何类型的数据（如整数、字符串、浮点数、Python 对象等）的一维标记数组。Series 与 NumPy 中的一维 Array（一维数组）类似。两者与 Python 基本的数据结构 List 列表也很相近，其区别是 List 和 Series 中的元素可以是不同的数据类型，而 Array 中则只允许存储相同的数据类型，Array 这样可以更有效地使用内存，提高运算效率。

（2）DataFrame（数据框）是二维的表格型数据结构。很多功能与 R 中的 data.frame 类似。可以将 DataFrame 理解为 Series 的容器。

（3）Panel（面板）是三维的数组，可以理解为 DataFrame 的容器。限于篇幅不介绍了。

使用 Pandas 数据分析包之前，需要安装 Pandas 库。Python 第三方库由全球开发者分布式维护，缺少统一的集中管理，因此，Python 第三方库曾经一度制约了 Python 语言的普及和发展。随着官方 pip 工具的应用，Python 第三方库的安装变得十分容易。常用 Python 第三方库见表 11-1。

表 11-1 常用 Python 第三方库

名 称	用 途
Django	开源 Web 开发框架，它鼓励快速开发并遵循 MVC 设计，比较好用，开发周期短
webpy	一个小巧灵活的 Web 框架，虽然简单但是功能强大
Matplotlib	用 Python 实现的类 MATLAB 的第三方库，用以绘制一些高质量的数学二维图形，旨在实现 MATLAB 的所有功能

续表

名称	用途
SciPy	一个用于数学、科学、工程领域的常用软件包,可以处理插值、积分、优化、图像处理、常微分方程数值解的求解、傅里叶变换、线性代数计算等。
NumPy	基于 Python 的科学计算第三方库,提供了矩阵、线性代数、傅里叶变换等解决方案
PyGtk	基于 Python 的 GUI 程序开发 GTK+库
PyQt	用于 Python 的 QT 开发库
WxPython	Python 下的 GUI 编程框架,与 MFC 的架构相似
BeautifulSoup	基于 Python 的 HTML/XML 解析器,简单易用
PIL	基于 Python 的图像处理库,功能强大,对图形文件的格式支持广泛
MySQLdb	用于连接 MySQL 数据库
PyGame	基于 Python 的多媒体开发和游戏软件开发模块
Py2exe	将 Python 脚本转换为 Windows 上可以独立运行的可执行程序
pefile	Windows PE 文件解析器
sklearn	Python 的一个开源机器学习模块

最常用且最高效的 Python 第三方库安装方式是采用 pip 工具安装。pip 是 Python 官方提供并维护的在线第三方库安装工具。对于同时安装 Python 2 和 Python 3 环境的系统,建议采用 pip3 命令专门为 Python 3 版安装第三方库。

例如安装 Pygame 库,pip 工具默认从网络上下载 Pygame 库安装文件并自动装到系统中。

注意:pip 是在命令行下(cmd)运行的工具。

```
D:\>pip install pygame
```

也可以卸载 Pygame 库,卸载过程可能需要用户确认。例如:

```
D:\>pip uninstall pygame
```

可以通过 list 子命令列出当前系统中已经安装的第三方库。例如:

```
D:\>pip list
```

pip 是 Python 第三方库最主要的安装方式,可以安装超过 90%以上的第三方库。然而,由于一些历史、技术等原因,还有一些第三方库暂时无法用 pip 安装,此时需要其他安装方法(如下载库文件后手工安装),可以参照第三方库提供的步骤和方式安装。

Pandas 在命令行下使用 pip install pandas 即可安装。安装 Pandas 成功后,才可以使用 Pandas。Pandas 约定俗成的导入方法如下:

```
import pandas as pd
from pandas import Series,DataFrame
```

如果能导入成功,说明安装成功。

11.1.1 Series

Series 就如同列表一样是一系列数据,每个数据对应一个索引值。可以看作一个定长的有序字典。

1. 创建 Pandas 系列

比如这样一个列表:[中国, 美国, 日本],如果跟索引值写到一起如下:

index	data
0	中国
1	美国
2	日本

```
>>> s = Series(['中国','美国','日本'])        #注意这里是默认索引 0, 1, 2
```

这里实质上使用列表创建了一个 Series 对象，这个对象当然就有其属性和方法了。比如，下面的两个属性依次可以显示：

```
>>> print(s.values)
['中国' '美国' '日本']
>>> print(s.index)
RangeIndex(start=0, stop=3, step=1)
```

Series 对象包含两个主要的属性：index 和 values，分别为上例中左右两列。列表的索引只能是从 0 开始的整数，Series 在默认情况（未指定索引）下，其索引也是如此。不过，区别于列表的是 Series 可以自定义索引：

```
>>>s = Series(['中国','美国','日本'], index = ['a','b','c'])
>>>s = Series(data = ['中国','美国','日本'], index = ['a','b','c'])
```

此时数据存储形式如下：

index	data
'a'	中国
'b'	美国
'c'	日本

Pandas 系列可以使用以下构造函数创建：

```
pandas.Series( data, index, dtype, copy)
```

Series 构造函数的参数描述见表 11-2。

表 11-2　Series 构造函数参数

参　　数	描　　述
data	数据可以采取各种形式，如 ndarray、list、constants（常量）、dict（字典）
index	索引值必须是唯一的，与数据的长度相同。如果没有索引被传递，默认值为 np.arange(n)
dtype	dtype 用于数据类型。如果没有，将推断数据类型
copy	复制数据，默认值为 false

如果数据是 ndarray，则传递的索引必须具有相同的长度。如果没有传递索引值，那么默认的索引将是 range(n)，其中 n 是数组长度 len(array)，即[0,1,2,3...,len(array)-1]。

```
import pandas as pd
import numpy as np
data = np.array(['a','b','c','d'])
s = pd.Series(data)
```

字典（dict）可以作为输入传递，如果没有指定索引，则按排序顺序取得字典键以构造索引。

```
>>> data = {'a' : 100, 'b' : 110, 'c' : 120}
>>> s = pd.Series(data)
>>> print(s.values)          #结果是[100 110 120]
```

如果数据是标量值（常量），则必须提供索引。将重复该值以匹配索引的长度。例如：

```
>>> s = pd.Series(5, index=[0, 1, 2, 3])
>>> print(s.values)          #结果是[5 5 5 5]
```

2．访问 Pandas 系列

（1）使用位置访问 Pandas 系列中数据。Pandas 系列 Series 中的数据可以使用类似于访问 ndarray 中的数据来访问。例如下面代码访问 Pandas 系列中第一个元素、前三个元素和最后三个元素。

```
import pandas as pd
s = pd.Series([1,2,3,4,5],index = ['a','b','c','d','e'])
print(s[0] )              #访问第一个元素 1
print(s[:3] )             #检索系列中的前三个元素 1,2,3
print(s[-3:] )            #检索系列中的最后三个元素 3,4,5
```

（2）使用索引访问 Pandas 系列中数据。系列 Series 就像一个固定大小的字典，可以通过索引标签获取和设置值。

```
import pandas as pd
s = pd.Series([1,2,3,4,5],index = ['a','b','c','d','e'])
print(s['b'])             #结果是 2
print(s[['a','c','d']])   #获取索引 a,c,d 对应值
```

Pandas 数据框行列操作

执行上面示例代码，得到以下结果：

```
2
a 1
c 3
d 4
```

11.1.2 DataFrame

DataFrame 是二维数据结构，即数据以行和列的表格方式排列，如图 11-1 所示。基本上可以把 DataFrame 看作共享同一个 index 索引的 Series 的集合。

	xuehao	name	physics	python	math	english
0	199901	张海	100	100	25	72
1	199902	赵大强	95	54	44	88
2	199903	李志宽	54	76	13	91
3	199904	吉建军	89	78	26	100

图 11-1 数据框示意图

Pandas 中的 DataFrame 可以使用以下构造函数创建：

```
pandas.DataFrame( data, index, columns, dtype, copy)
```

构造函数的参数描述见表 11-3。

表 11-3 DataFrame 构造函数参数含义

参 数	描 述
data	数据可以采取各种形式，如 ndarray、series、map、list、dict、constant 和另一个 DataFrame
index	对于行标签（索引），如果没有传递索引值，索引是默认值 np.arrange(n)
columns	对于列标签（列名），如果没有列名，默认值是 np.arange(n)
dtype	每列的数据类型
copy	用于复制数据，默认值为 False

1. 从列表创建 DataFrame

可以使用单个列表或多维列表创建数据框（DataFrame）。

（1）单个列表创建 DataFrame：

```
import pandas as pd
data = [10,20,30,40,50]
df = pd.DataFrame(data)
print(df)
```

（2）多维列表创建 DataFrame：

```
import pandas as pd
data = [['Alex',10],['Bob',12],['Clarke',13]]
df = pd.DataFrame(data,columns=['Name','Age'])
print(df)
```

执行上面示例代码，得到以下结果：

```
     Name    Age
0    Alex    10
1    Bob     12
2    Clarke  13
```

（3）从键值为 ndarray/List 的字典创建 DataFrame。所有键值 ndarray/List 必须具有相同的长度。如果有索引（index），则索引的长度应等于 ndarray/List 的长度。如果没有索引（index），则默认情况下索引将为 np.arange(n)，其中 n 为 ndarray/List 长度。

```
import pandas as pd
data = {'Name':['Tom', 'Jack', 'Steve', 'Ricky'],'Age':[28,34,29,42]}
df = pd.DataFrame(data)
print(df)
```

执行上面示例代码，得到以下结果：

```
     Age   Name
0    28    Tom
1    34    Jack
2    29    Steve
3    42    Ricky
```

注意：这里是默认情况，索引为 0,1,2,3。字典键默认为列名。

下面是指定索引的情况。

```
import pandas as pd
data = {'Name':['Tom', 'Jack', 'Steve', 'Ricky'],'Age':[28,34,29,42]}
df = pd.DataFrame(data, index=['19001','19002','19003','19004'])
print(df)
```

执行上面示例代码，得到以下结果：

```
       Age  Name
19001  28   Tom
19002  34   Jack
19003  29   Steve
19004  42   Ricky
```

注意：index 参数为每行分配一个索引。Age 和 Name 列使用相同的索引。

（4）从系列 Series 的字典创建 DataFrame。系列 Series 的字典可以传递以形成一个 DataFrame。

```
import pandas as pd
d = {'one' : pd.Series([1, 2, 3], index=['a', 'b', 'c']),
    'two' : pd.Series([1, 2, 3, 4], index=['a', 'b', 'c', 'd'])}
df = pd.DataFrame(d)
print(df)
```

执行上面示例代码，得到以下结果：

```
   One   two
a  1.0   1
b  2.0   2
c  3.0   3
d  NaN   4
```

注意：对于第一个系列，观察到没有索引标签'd'，但在结果中，对于 d 索引标签添加了 NaN 值。

2．DataFrame 的基本功能

表 11-4 列出了 DataFrame 基本功能的重要属性或方法。

表 11-4　DataFrame 基本功能的重要属性或方法

属性或方法	描　　述
T	转置行和列
axes	返回一个行轴标签和列轴标签的列表
dtypes	返回此对象中的数据类型（dtypes）
empty	如果 DataFrame 完全为空，则返回为 True
ndim	返回维度大小
shape	返回表示 DataFrame 维度的元组
size	DataFrame 中的元素数
values	DataFrame 中的元素（Numpy 的二维数组形式）
head()	返回开头前 n 行
tail()	返回最后 n 行

续表

属性或方法	描述
columns	返回所有列名的列表
index	返回行轴标签（索引）的列表

下面从 CSV 文件（保存成绩信息）创建一个 DataFrame，并使用上述属性和方法。

```
>>> import pandas as pd
>>> df = pd.read_csv("marks2.csv")  # marks2.csv是成绩信息
>>> df
```

执行上面示例代码，得到以下结果：

```
   xuehao   name  physics  python  math  english
0  199901   张海      100     100    25      72
1  199902   赵大强     95      54    44      88
2  199903   李志宽     54      76    13      91
3  199904   吉建军     89      78    26     100
```

可以看出 df 就是一个 DataFrame 数据。行索引标签是默认的 0~3 数字，列名是 csv 文件的第一行。

```
>>> df['name'][1]    #结果是'赵大强'
```

还有另外一种方法：

```
>>> df = pd.read_table("marks2.csv", sep=",")
```

创建一个 DataFrame 后，就可以使用上述属性和方法。

（1）T（转置）：返回 DataFrame 的转置，实现行和列交换。

```
>>> df.T
              0        1        2        3
Xuehao    199901   199902   199903   199904
Name        张海     赵大强    李志宽    吉建军
Physics     100      95       54       89
Python      100      54       76       78
Math         25      44       13       26
English      72      88       91      100
```

（2）axes 轴：返回行轴标签和列轴标签的列表。

```
>>> df.axes
 [RangeIndex(start=0, stop=4, step=1), Index(['xuehao', 'name', 'physics',
'python', 'math', 'english'], dtype='object')]
```

（3）index：返回行轴标签（索引）。

```
>>> df.index
RangeIndex(start=0, stop=4, step=1)
```

（4）column：返回所有列名的列表。

```
>>> df.columns
Index(['xuehao', 'name', 'physics', 'python', 'math', 'english'], dtype='object')
```

（5）shape：返回表示 DataFrame 的维度的元组。元组(a,b)，其中 a 表示行数，b 表示列数。

```
>>>df.shape
(4, 6)
```

（6）values：将 DataFrame 中的实际数据作为 NumPy 数组返回。

```
>>>df. values
array([[199901, '张海', 100, 100, 25, 72],
       [199902, '赵大强', 95, 54, 44, 88],
       [199903, '李志宽', 54, 76, 13, 91],
       [199904, '吉建军', 89, 78, 26, 100]], dtype=object)
```

（7）head()和 tail()：要查看 DataFrame 对象的部分数据，可使用 head()和 tail()方法。head()返回前 *n* 行（默认数量为 5）。tail()返回最后 *n* 行（默认数量为 5）。但可以传递自定义的行数。

```
>>>df.head(2)
    xuehao   name    physics   python   math   english
0   199901   张海      100       100      25     72
1   199902   赵大强    95        54       44     88
>>> df.tail(1)
    xuehao   name    physics   python   math   english
3   199904   吉建军    89        78       26     100
```

3. DataFrame 的行列操作

（1）选择列。通过列名从数据框（DataFrame）中选择一列。

```
import pandas as pd
d = {'one' : pd.Series([11, 12, 13], index=['a', 'b', 'c']),
     'two' : pd.Series([1, 2, 3, 4], index=['a', 'b', 'c', 'd'])}
df = pd.DataFrame(d)
print(df['one'])              #选择'one'列
```

执行上面示例代码，得到以下结果：

```
    one
a   11.0
b   12.0
c   13.0
d   NaN
```

对于第一个系列，由于没有索引'd'，所以对于索引 d 标签，附加了 NaN（无值）。

（2）添加列：

```
print("Adding a new column by passing as Series:")
df['three']=pd.Series([10,20,30],index=['a','b','c'])
print("Adding a new column using the existing columns in DataFrame:")
df['four']=df['one']+df['three']
```

执行上面示例代码，得到以下结果：

```
    One    two    three    four
a   11.0   1      10.0     21.0
b   12.0   2      20.0     32.0
c   13.0   3      30.0     43.0
d   NaN    4      NaN      NaN
```

(3) 删除列：

```
import pandas as pd
d = {'one' : pd.Series([1, 2, 3], index=['a', 'b', 'c']),
     'two' : pd.Series([1, 2, 3, 4], index=['a', 'b', 'c', 'd']),
     'three' : pd.Series([10,20,30], index=['a','b','c'])}
df = pd.DataFrame(d)
# 使用 DEL 删除功能
del df['one']               #删除 one 列
#使用 POP 删除功能
df.pop('two')               #删除 two 列
print(df)
```

执行上面示例代码，得到以下结果：

```
   three
a  10.0
b  20.0
c  30.0
d  NaN
```

(4) 行选择。可以通过将行标签传递给 loc()函数来选择行。

```
import pandas as pd
d = {'one' : pd.Series([1, 2, 3], index=['a', 'b', 'c']),
     'two' : pd.Series([1, 2, 3, 4], index=['a', 'b', 'c', 'd'])}
df = pd.DataFrame(d)
print( df.loc['b'] )
```

执行上面示例代码，得到以下结果：

```
one  2.0
two  2.0
```

也可以通过将行号传递给 iloc()函数来选择行。

```
import pandas as pd
d = {'one' : pd.Series([1, 2, 3], index=['a', 'b', 'c']),
     'two' : pd.Series([1, 2, 3, 4], index=['a', 'b', 'c', 'd'])}
df = pd.DataFrame(d)
print(df.iloc[2] )          #注意行号是从零开始，所以实际是第 3 行
```

执行上面示例代码，得到以下结果：

```
one  3.0
two  3.0
```

也可以进行行切片，使用:运算符选择多行。

```
import pandas as pd
d = {'one' : pd.Series([1, 2, 3], index=['a', 'b', 'c']),
     'two' : pd.Series([1, 2, 3, 4], index=['a', 'b', 'c', 'd'])}
df = pd.DataFrame(d)
print(df[2:4] )             #选择第 3 行到第 4 行
```

执行上面示例代码，得到以下结果：

```
   one  two
c  3.0  3
d  NaN  4
```

（5）添加行。使用 append() 函数将新行添加到 DataFrame 中。

```
import pandas as pd
df = pd.DataFrame([[1, 2], [3, 4]], columns = ['a','b'])
df2 = pd.DataFrame([[5, 6], [7, 8]], columns = ['a','b'])
df = df.append(df2)
print(df)
```

执行上面示例代码，得到以下结果：

```
   a  b
0  1  2
1  3  4
0  5  6
1  7  8
```

（6）删除行。使用索引标签从 DataFrame 中删除或删除行。如果标签重复，则会删除多行。

```
import pandas as pd
df = pd.DataFrame([[1, 2], [3, 4]], columns = ['a','b'])
df2 = pd.DataFrame([[5, 6], [7, 8]], columns = ['a','b'])
df = df.append(df2)
print(df)
print('Drop rows with label 0')
df = df.drop(0)
print(df)
```

执行上面示例代码，得到以下结果：

```
   A  b
0  1  2
1  3  4
0  5  6
1  7  8
Drop rows with label 0
   A  b
1  3  4
1  7  8
```

在上面的例子中，一共有两行被删除，因为这两行包含相同的标签 0。

11.2 Pandas 统计功能

11.2.1 基本统计

DataFrame 有很多函数用来计算描述性统计信息和其他相关操作。

1．描述性统计

描述性统计又称统计分析，一般统计某个变量的平均值、标准偏差、最小值、最大值以及 1/4 中位数、1/2 中位数、3/4 中位数。表 11-5 列出了 Pandas 中主要的描述性统计信息的函数。

Pandas 数据框
统计功能

表 11-5　Pandas 中描述性统计信息的函数

函　数	描　述	函　数	描　述
count()	非空值的数量	min()	所有值中的最小值
sum()	所有值之和	max()	所有值中的最大值
mean()	所有值的平均值	abs()	绝对值
median()	所有值的中位数	prod()	数组元素的乘积
mode()	值的模值	cumsum()	累计总和
std()	值的标准偏差	cumprod()	累计乘积

创建一个 DataFrame 后，使用表 11-5 中统计信息的函数进行统计操作。例如：

（1）sum()：返回所请求轴的值的总和。默认情况下按列求和即轴为 0(axis=0)。如果按行求和即轴为 1（axis=1）。

```
>>> df.sum()      #按列求和，即轴为0(axis=0)
```

（2）std()：返回数字列的标准偏差。

```
>>> df.std()
```

由于 DataFrame 列的数据类型不一致，因此当 DataFrame 包含字符或字符串数据时，像 abs()、cumprod()等函数会抛出异常。

2. 汇总 DataFrame 列数据

describe()函数用来计算有关 DataFrame 列的统计信息的摘要。包括数量 count、平均值 mean、标准偏差 std、最小值 min、最大值 max 以及 1/4 中位数、1/2 中位数、3/4 中位数。

```
>>> df.describe()
            xuehao       physics       python         math       english
count     4.000000      4.000000      4.000000     4.000000      4.000000
mean  199902.50000     84.500000     77.000000    27.000000     87.750000
std       1.290994     20.824665     18.797163    12.780193     11.672618
min  199901.000000     54.000000     54.000000    13.000000     72.000000
25%  199901.750000     80.250000     70.500000    22.000000     84.000000
50%  199902.500000     92.000000     77.000000    25.500000     89.500000
75%  199903.250000     96.250000     83.500000    30.500000     93.250000
max  199904.000000    100.000000    100.000000    44.000000    100.000000
```

11.2.2　分组统计

1. 分组

Pandas 有多种方式来分组（groupby），例如：

```
obj.groupby('key')
obj.groupby(['key1','key2'])
obj.groupby(key,axis=1)
```

例如：

```
import pandas as pd
df= pd.DataFrame([ [199901, '张海', '男' ,100, 100, 25, 72],
             [199902, '赵大强', '男', 95, 54, 44, 88],
             [199903, '李梅', '女', 54, 76, 13, 91],
             [199904, '吉建军', '男', 89, 78, 26, 100]] ,
```

```
                           columns = ['xuehao', 'name', 'sex', 'physics',
'python', 'math', 'english'])
    grouped =df.groupby('sex')        #按性别分组
```

2. 查看分组

使用 groupby()后，可以查看分组情况。

```
print(df.groupby('sex').groups)
    {'男': Int64Index([0, 1, 3], dtype='int64'), '女': Int64Index([2],
dtype='int64')}
```

由结果可知，男所在行为[0, 1, 3]，女所在行为[2]。

3. 选择一个分组

使用 get_group()方法，可以选择一个组。

```
grouped =df.groupby('sex')
print(grouped.get_group('男'))
```

执行上面示例代码，得到以下结果：

```
   Xuehao   name   sex   physics   python   math   english
0  199901   张海    男    100       100      25     72
1  199902   赵大强  男     95        54      44     88
3  199904   吉建军  男     89        78      26    100
```

4. 聚合

聚合函数为每个组返回单个聚合值。当创建了分组（group by）对象，就可以对分组数据执行多个聚合操作。比较常用的是通过 agg()方法聚合。

```
import numpy as np
grouped = df.groupby('sex')
```

查看每个分组平均值的方法是应用 mean()函数。

```
print(grouped['english'].agg(np.mean) )
```

结果如下：

```
sex
女    91.000000
男    86.666667
```

可知女生英语平均分 91，男生英语平均分 86.666667。

查看每个分组大小的方法是应用 size()函数。

```
print(grouped.agg(np.size))
```

结果如下：

```
sex
女    1
男    3
```

可知女生人数为 1，男生人数为 3。

11.3 Pandas 合并/连接和排序

11.3.1 合并/连接

Pandas 具有功能全面的连接操作，与 SQL 关系数据库非常相似。Pandas 提供了 merge() 函数，用于实现 DataFrame 对象之间所有标准数据库的连接操作。

```
merge(left, right, how='inner', on=None, left_on=None, right_on=None,
left_index=False, right_index=False, sort=True)
```

参数含义如下：

Left：一个 DataFrame 对象（认为是左 DataFrame 对象）。

Right：另一个 DataFrame 对象（认为是右 DataFrame 对象）。

On：列（名称）连接，必须在左和右 DataFrame 对象中存在（找到）。

left_on：左侧 DataFrame 中用于匹配的列（作为键），可以是列名。

right_on：来自右 DataFrame 中用于匹配的列（作为键），可以是列名。

left_index：如果为 True，则使用左侧 DataFrame 中的索引（行标签）作为其连接键。

right_index：如果为 True，则使用右侧 DataFrame 中的索引（行标签）作为其连接键。

How：它是 left、right、outer 以及 inner 中的一个，默认值为 inner。

Sort：按照字典序通过连接键对结果 DataFrame 进行排序。默认值为 True，设置为 False 时，在很多情况下可大大提高性能。

● 微 课

Pandas 数据框连接排序筛选

创建表 11-6 所示两个 DataFrame，并对其执行合并操作。

表 11-6 两个 DataFrame

（a）left 数据框

	Name	id	subject_id
0	Alex	1	sub1
1	Amy	2	sub2
2	Allen	3	sub4
3	Alice	4	sub6
4	Ayoung	5	sub5

（b）right 数据框

	Name	id	subject_id
0	Billy	1	sub2
1	Brian	2	sub4
2	Bran	3	sub3
3	Bryce	4	sub6
4	Betty	5	sub5

```
import pandas as pd
left = pd.DataFrame({
        'id':[1,2,3,4,5],
        'Name': ['Alex', 'Amy', 'Allen', 'Alice', 'Ayoung'],
        'subject_id':['sub1','sub2','sub4','sub6','sub5']})
right = pd.DataFrame(
        {'id':[1,2,3,4,5],
```

```
         'Name': ['Billy', 'Brian', 'Bran', 'Bryce', 'Betty'],
         'subject_id':['sub2','sub4','sub3','sub6','sub5']})
```

'id'列用作键合并两个数据框。

```
rs = pd.merge(left,right,on='id')
print(rs)
```

执行上面的示例代码，得到以下结果：

```
  Name_x  id   subject_id_x   Name_y   subject_id_y
0 Alex    1    sub1           Billy    sub2
1 Amy     2    sub2           Brian    sub4
2 Allen   3    sub4           Bran     sub3
3 Alice   4    sub6           Bryce    sub6
4 Ayoung  5    sub5           Betty    sub5
```

多列（此处是'id'、'subject_id'列）用作键合并两个数据框。

```
rs = pd.merge(left,right,on=['id','subject_id'])
print(rs)
```

执行上面的示例代码，得到以下结果：

```
  Name_x   id   subject_id   Name_y
0 Alice    4    sub6         Bryce
1 Ayoung   5    sub5         Betty
```

可以使用 how 的参数合并两个数据框。表 11-7 所示列出了 how 选项和 SQL 等效的名称。

表 11-7 DataFrame 构造函数参数含义

合并方法	SQL 等效	描 述
left	LEFT OUTER JOIN	使用左侧对象的键
right	RIGHT OUTER JOIN	使用右侧对象的键
outer	FULL OUTER JOIN	使用键的联合
inner	INNER JOIN	使用键的交集

下面学习 Left Join 连接。示例如下：

```
rs = pd.merge(left, right, on='subject_id', how='left')
print(rs)
```

执行上面的示例代码，得到以下结果：

```
  Name_x   id_x   subject_id   Name_y   id_y
0 Alex     1      sub1         NaN      NaN
1 Amy      2      sub2         Billy    1.0
2 Allen    3      sub4         Brian    2.0
3 Alice    4      sub6         Bryce    4.0
4 Ayoung   5      sub5         Betty    5.0
```

Right Join 连接示例：

```
rs = pd.merge(left, right, on='subject_id', how='right')
```

Outer Join 连接示例：

```
rs = pd.merge(left, right, on='subject_id', how='outer')
```

Inner Join 连接示例：

Inner Join 连接将在索引上进行。连接（Join）操作将授予它所调用的对象。所以，a.join(b) 不等于 b.join(a)。

```
rs = pd.merge(left, right, on='subject_id', how='inner')
print(rs)
```

执行上面的示例代码，得到以下结果：

```
    Name_x    id_x    subject_id    Name_y    id_y
0   Amy       2       sub2          Billy     1
1   Allen     3       sub4          Brian     2
2   Alice     4       sub6          Bryce     4
3   Ayoung    5       sub5          Betty     5
```

11.3.2 排序

根据条件对 Series 对象或 DataFrame 对象的值排序（sorting）和排名（ranking）是 Pandas 的一种重要内置运算。Series 对象或 DataFrame 对象可以使用 sort_index()或 sort_values()函数进行排序。

1. Series 的排序

Series 的 sort_index()排序函数：

```
sort_index(ascending = True)
```

对 Series 的索引进行排序，默认是升序
例如：

```
import pandas as pd
s = pd.Series([10, 20, 33], index=["a", "c", "b"])    # 定义一个Series
print(s.sort_index())                                  # 对Series的索引进行排序，默认是升序
```

执行结果如下：

```
a    10
b    33
c    20
```

对索引进行降序排序如下：

```
print(s.sort_index(ascending=False))      # ascending=False是降序排序
```

对 Series 不仅可以按索引（标签）进行排序，还可以使用 sort_values()函数按值排序。

```
print(s.sort_values(ascending=False))     # ascending=False是降序排序
```

执行结果如下：

```
b    33
c    20
a    10
```

2. DataFrame 的排序

DataFrame 的 sort_index()排序函数：

```
sort_index(self, axis=0, level=None, ascending=True, inplace=False,
kind='quicksort', na_position='last', sort_remaining=True, by=None)
```

各参数的含义如下：

axis：0按照行索引（标签）排序；1按照列名排序。
level：默认值为 None，否则按照给定的 level 顺序排列。
ascending：默认 True 升序排列；False 降序排列。
inplace：默认值为 False，否则排序之后的数据直接替换原来的数据框。
kind：默认值为 quicksort，排序的方法。
na_position：缺失值默认排在最前/后{"first","last"}。
by：按照哪一列数据进行排序。

例如：

```
import pandas as pd
df= pd.DataFrame([ [199901, '张海', '男' ,100, 100, 25, 72],
                   [199902, '赵大强', '男', 95, 54, 44, 88],
                   [199903, '李梅', '女', 54, 76, 13, 91],
                   [199904, '吉建军', '男', 89, 78, 26, 100]] ,
                   columns = ['xuehao', 'name', 'sex', 'physics',
'python', 'math', 'english'],
                   index=[1,4,6,2])
```

使用 sort_index()方法，可以对 DataFrame 进行排序。默认情况下，按照升序对行索引（标签）进行排序。

```
sorted_df=df.sort_index()         #对行索引（标签）进行升序排序
print(sorted_df)
```

执行结果如下：

```
  Xuehao  name    sex   physics   python   math   english
1 199901  张海    男    100       100      25     72
2 199904  吉建军  男    89        78       26     100
4 199902  赵大强  男    95        54       44     88
6 199903  李梅    女    54        76       13     91
```

通过将布尔值传递给参数 ascending，可以控制排序顺序。

```
sorted_df=df.sort_index(ascending = False)    #行索引降序排序
```

通过传递 axis 参数值为 0 或 1，可以按行索引（标签）或按列进行排序。默认情况下，axis = 0，逐行排列。下面举例说明 axis 参数。

```
sorted_df=df.sort_index(axis=1)    #按列名排序
print(sorted_df)
```

执行结果如下：

```
  English  math  name    physics  python  sex  xuehao
1 72       25    张海    100      100     男   199901
4 88       44    赵大强  95       54      男   199902
6 91       13    李梅    54       76      女   199903
2 100      26    吉建军  89       78      男   199904
```

实际上，在日常计算中，主要按数据值排序。例如按分数高低、学号、性别排序，这时可以使用 sort_values()。DataFrame 的 sort_values()是按值排序的函数，它接受一个 by 参数指定排序的列名。

```
sorted_df2=df.sort_values(by='english')      #按列的值排序
print(sorted_df2)
```

运行后可见结果如下：

	Xuehao	name	sex	physics	python	math	english
1	199901	张海	男	100	100	25	72
4	199902	赵大强	男	95	54	44	88
6	199903	李梅	女	54	76	13	91
2	199904	吉建军	男	89	78	26	100

假如'english'成绩出现相同时如何排列呢，实际上也可以通过 by 参数指定排序需要的多列。

```
import pandas as pd
import numpy as np
unsorted_df = pd.DataFrame({'col1':[2,1,1,1],'col2':[1,3,2,4]})
sorted_df = unsorted_df.sort_values(by=['col1','col2'])
print(sorted_df)
```

执行结果如下：

	col1	col2
2	1	2
1	1	3
3	1	4
0	2	1

可见，col1 相同时按照 col2 再排序。这里可以认为 col1 是第一排序条件，col2 是第二排序条件，只有 col1 值相同时才用到第二排序条件。

sort_values()提供了一个从 mergesort（合并排序）、heapsort（堆排序）和 quicksort（快速排序）中选择排序算法的参数 kind。其中 mergesort 是唯一稳定的算法。

```
import pandas as pd
unsorted_df = pd.DataFrame({'col1':[2,1,1,1],'col2':[1,3,2,4]})
sorted_df = unsorted_df.sort_values(by='col1' ,kind='mergesort')
print(sorted_df)
```

11.4 Pandas 筛选和过滤功能

11.4.1 筛选

Pandas 的逻辑筛选功能比较简单，直接在方括号里输入逻辑运算符即可。假设数据框如下：

```
import pandas as pd
df= pd.DataFrame([ [199901, '张海', '男' ,100, 100, 95, 72],
                   [199902, '赵大强', '男', 95, 54, 44, 88],
                   [199903, '李梅', '女', 54, 76, 13, 91],
                   [199904, '吉建军', '男', 89, 78, 26, 100]] ,
                   columns = ['xuehao', 'name', 'sex', 'physics',
'python', 'math', 'english'],
                   index=[1,4,6,2])
```

1. df[]或 df.选取列数据

```
df.xuehao                         #选取 xuehao 列
df[xuehao]                        #选取 xuehao 列
```

```
df[['xuehao','math']]              #选取 xuehao、math 列
```

df[]支持在括号内写筛选条件,常用的筛选条件包括等于(==)、不等于(!)、大于(>)、小于(<)、大于或等于(>=)、小于或等于(<=)等。逻辑组合包括与(&)、或(|)和取反(not)。范围运算符为 between。

例如:筛选出了 math 大于 80 并且 english 大于 90 的行。

```
df1=df[(df.math>80) & (df.english>90)]
```

对于字符串数据,可以使用 str.contains(pattern, na=False)匹配。例如:

```
df2=df[df['name'].str.contains('吉', na=False)]
```

或者

```
df2=df[df.name.str.contains('吉', na=False)]
```

以上代码用于获取姓名中包含'吉'的行。

可使用范围运算符 between 筛选出 english 大于 60 并且小于 90 的行。

```
df3=df[(df.english>60) & (df.english <90)]
```

2. df.loc[[index],[colunm]] 通过标签选择数据

不对行进行筛选时,[index]处填:(不能为空),即 df.loc[:,'math']表示选取所有行 math 列数据。

```
df.loc[0,'math']                   #第一行的 math 列数据
df.loc[0:5,'math']                 #第一行到第五行的 math 列数据
df.loc[0:5,['math','english']]     #第一行到第五行的 math 列、english 列两列数据
df.loc[:,'math']                   #表示选取所有行 math 列数据
```

loc()函数可以使用逻辑运算符设置具体的筛选条件。

```
df2=df.loc[df ['math']>80]         #表示选取 math 列大于 80 的行
print(df2)
```

执行结果如下:

```
    Xuehao   name   sex   physics   python   math   english
1   199901   张海    男    100       100      95     72
```

Pandas 的 loc()函数还可以同时对多列数据进行筛选,并且支持不同筛选条件的逻辑组合。常用的筛选条件包括等于(==)、不等于(!)、大于(>)、小于(<)、大于或等于(>=)、小于或等于(<=)等。逻辑组合包括与(&)、或(|)和取反(not)。

```
df2=df.loc[(df['math']>80) & (df['english']>90),['name', 'math','english']]
```

使用"与"逻辑,筛选出了 math 大于 80 并且 english 大于 90 的数据,并限定了显示的列名称。

对于字符串数据,可以使用 str.contains(pattern,na=False)匹配。例如:

```
df2=df.loc[df['name'].str.contains('吉', na=False)]
print(df2)
```

以上代码用于获取姓名中包含'吉'的行,结果如下:

```
    Xuehao   name    sex   physics   python   math   english
2   199904   吉建军   男    89        78       26     100
```

3. df.iloc[[index],[colunm]] 通过位置选择数据

不对行进行筛选时，同 df.loc[]，即[index]处不能为空。注意位置号从 0 开始。

```
df.iloc[0,0]                         #第一行第一列的数据
df.iloc[0:5,1:3]                     #第一行到第五行且第二列到第三列的表格数据
df.iloc[[0,1,2,3,4,5],[1,2,3]]       #第一行到第六行且第二列到第四列的表格数据
```

4. df.ix[[index],[column]] 通过索引标签 or 位置选择数据

df.ix[]混合了索引标签和位置选择。需要注意的是，[index]和[column]的框内需要指定同一类的选择。

```
df.ix[[0:1],[ 'math ',3]]            #错误，'math '和位置 3 不能混用
```

5. isin()方法用来筛选特定的值

还可以使用 isin()方法筛选特定的值。把要筛选的值写到一个列表中，如 list1。

```
list1=[199901,199902]
```

选择 xuehao 列数据中，有 list1 中的值的行：

```
df2=df[df['xuehao'].isin(list1)]
print(df2)
```

执行结果如下：

```
  Xuehao  name   sex   physics   python   math   english
1 199901  张海    男    100       100      95     92
4 199902  赵大强  男    95        54       44     88
```

11.4.2 按筛选条件进行汇总

在实际的分析工作中，筛选只是分析过程中的一个步骤，很多时候我们还需要对筛选后的结果进行汇总，如求和、计数、计算均值等。也就是 Excel 中常用的 sumifs()和 countifs()函数。

1. 按筛选条件求和

在筛选后求和就相当于 Excel 中的 sumif()函数的功能。

```
s2=df.loc[df ['math']<80].math.sum()       #表示选取 math 列小于 80 的行求和
```

表示对数据表中所有 math 列值小于 80 的 math 成绩求和。

2. 按筛选条件计数

将前面的.sum()函数换为.count()函数就变成了 Excel 中的 countif()函数的功能。

```
s2=df.loc[df['sex']== '男'].sex.count()     #表示选取性别男的行计数
```

实现统计男生人数。

与前面的代码相反，下面的代码对数据表中'sex'列值不为'男'的所有行计数。

```
s2=df.loc[df['sex']!= '男'].sex.count()     #表示选取性别女的行计数
```

3. 按筛选条件计算均值

在 Pandas 中.mean()是用来计算均值的函数，将.sum()和.count()替换为.mean()。相当于 Excel 中的 averageif()函数的功能。

```
s2=df.loc[df['sex']=='男'].english.mean()    #计算男生英语平均分
```

4. 按筛选条件计算最大值和最小值

最后两个是 Excel 中没有的函数功能，就是对筛选后的数据表计算最大值和最小值。

```
s2=df.loc[df['sex']=='男'].english.max()    #计算男生英语最高分
s3=df.loc[df['sex']=='男'].english.min()    #计算男生英语最低分
```

11.4.3 过滤

过滤根据定义的条件过滤数据，并返回满足条件的数据集。filter()函数用于过滤数据。filter()函数的格式如下：

```
Series.filter(items=None,like=None,regex=None,axis=None)
DataFrame.filter(items=None,like=None,regex=None,axis=None)
```

例如：

```
import pandas as pd
df= pd.DataFrame([ [199901, '张海', '男' ,100, 100, 95, 72],
                   [199902, '赵大强', '男', 95, 54, 44, 88],
                   [199903, '李梅', '女', 54, 76, 13, 91],
                   [199904, '吉建军', '男', 89, 78, 26, 100]] ,
                 columns = ['xuehao', 'name', 'sex', 'physics',
'python', 'math', 'english'],
                 index=[1,4,6,2])
df1=df.filter(items=['sex', 'math', 'english'])    #筛选需要的列
print(df1)
```

在上述过滤条件下，返回'sex'、'math'、'english'三列数据。结果如下：

```
   sex  math  english
1  男    95    92
4  男    44    88
6  女    13    91
2  男    26    100
```

也可以使用 regex 正则表达式参数。例如获取列名 h 结尾的数据。

```
df2=df.filter(regex='h$', axis=1)
   math  english
1  95    92
4  44    88
6  13    91
2  26    100
```

like 参数意味"包含"。例如获取行索引包含 2 的数据。

```
df3=df.filter(like='2', axis=0)
print(df3)
```

执行结果如下：

```
   Xuehao  name  sex  physics  python  math  english
2  199904  吉建军  男    89       78      26    100
```

11.5 Pandas 数据导入/导出

11.5.1 导入 CSV 文件

CSV 逗号分隔值（comma-separated values）又称字符分隔值（因为分隔字符也可以不是逗号），其文件以纯文本形式存储表格数据（数字和文本）。纯文本意味着该文件是一个字符序列，不含必须像二进制数字那样被解读的数据。CSV 文件由任意数目的记录组成，记录间以某种换行符分隔；每条记录由字段组成，字段间的分隔符是其他字符或字符串，最常见的是逗号或制表符。通常，所有记录都有完全相同的字段序列。

CSV 是一种通用的、相对简单的文件格式，在表格类型的数据中用途很广泛，很多关系型数据库都支持这种类型文件的导入/导出，并且 Excel 等常用数据表格也能和 CSV 文件进行转换。

```
import pandas as pd
df = pd.read_csv("marks.csv")
```

还有另外一种方法：

```
df = pd.read_table("marks.csv", sep=",")
```

Pandas 过滤和导入/导出

11.5.2 读取其他格式数据

CSV 是常用来存储数据的格式之一，此外常用的还有 Excel 格式的文件，以及 Json 和 XML 格式的数据等，它们都可以使用 Pandas 来轻易读取。

1. 导入 Excel 文件

```
pd.read_excel(filename)
```

从 Excel 文件导入数据。例如：

```
xls = pd.read_excel("marks.xlsx")
sheet1 = xls.parse("Sheet1")
```

sheet1 就是一个 DataFrame 对象。

读取或导出 Excel 文件时需要使用 openpyxl 模块。

用 pip 安装 openpyxl 模块：

```
pip install openpyxl
```

2. 导入 Json 格式文件

Pandas 提供的 read_json()函数可用来创建 Series 或者 pandas DataFrame 数据结构。

（1）利用 Json 字符串

```
import pandas as pd
json_str = '{"country":"china","city":"zhengzhou"}'
df = pd.read_json(json_str,typ='series')
s=df.to_json()          #to_json()方法将其从pandas Series 转换成Json 字符串
```

上面的例子中，利用 Json 字符串创建 Pandas Series。

（2）利用 Json 文件

调用 read_json()函数时既可以向其传递 Json 字符串，也可以指定一个 Json 文件。

```
data = pd.read_json('aa.json',typ='series')   #导入 Json 格式文件
```

11.5.3 导出 Excel 文件

```
data.to_excel (filepath, header = True, index = True)
```

filepath 为文件路径，参数 index=False 表示导出时去掉行名称，默认值为 True。Header 表示是否导出列名，默认值为 True。

```
import pandas as pd
df = pd.DataFrame([[1,2,3],[2,3,4],[3,4,5]])
#给 DataFrame 增加行列名
df.columns = ['col1','col2','col3']
df.index = ['line1','line2','line3']
df.to_excel("aa.xlsx", index = True)
```

11.5.4 导出 CSV 文件

```
data.to_csv (filepath,sep="," ,header = True, index = True)
```

filepath 为生成的 CSV 文件路径，参数 index=False 表示导出时去掉行名称，默认值为 True。Header 表示是否导出列名，默认值为 True。Sep 参数是 csv 分隔符，默认值为逗号。

用 pip 安装 openpyxl 模块：

```
pip install openpyxl
```

例如：

```
import pandas as pd
df = pd.DataFrame([[1,2,3],[2,3,4],[3,4,5]] ,columns = ['col1','col2','col3'] ,index = ['line1','line2','line3'] )
df.to_csv("aa.csv", index = True)
```

11.6 Pandas 数据分析应用案例——学生成绩统计分析

本节使用 Pandas 进行简单的学生成绩统计分析。假设有一个成绩单文件 score.xls，见表 11-8。

表 11-8 计算机 05 成绩单文件 score.xls

学号	姓名	班级	出生日期	年龄	高数	英语	计算机	总分	等级
050101	田晴	计算机 051	2001/8/19		86.0	71.0	87.0		
050102	杨庆红	计算机 051	2002/10/8		61.0	75.0	70.0		
050201	王海茹	计算机 052	2004/12/16		作弊	88.0	81.0		
050202	陈晓英	计算机 052	2003/6/25		65.0	缺考	66.0		
050103	李秋兰	计算机 051	2001/7/6		90.0	78.0	93.0		
050104	周磊	计算机 051	2002/5/10		56.0	68.0	86.0		
050203	吴涛	计算机 052	2001/8/18		87.0	81.0	82.0		
050204	赵文敏	计算机 052	2002/9/17		80.0	93.0	91.0		

完成如下功能：

（1）统计每个学生的总分。

由于存在作弊、缺考、缺失值的情况，所以应该预先处理这些情况。

```
import pandas as pd
from pandas import  DataFrame,Series
import numpy as np
df = pd.read_excel("score.xls")
#1.观察数据，有重复先去重
df = df.drop_duplicates()
#2.将缺失值和汉字替换掉
df1 = df.fillna(value=0)
df2 = df1.replace(["作弊","缺考"],[0,0])
```

以上将作弊、缺考值替换成0值，缺失值也替换成0值。

```
#3.计算各科总分
df2["总分"] = df2.高数 + df2.英语 + df2.计算机
print(df2)
```

（2）按照总成绩分为优秀≥240、良好≥180、一般<180 三个等级。

根据区间[最低分-1，180，240，最高分+1]将总成绩分成三个等级。

```
#计算等级
bins = [df2["总分"].min()-1,180,240,df2["总分"].max()+1]
print(bins)
lable = ["一般","较好","优秀"]
df2["等级"]= pd.cut(df2["总分"],bins,right=False,labels=lable)
print(df2)
```

（3）计算每个人的年龄。

```
#计算每人的年龄
方法一:
#出生日期是Timestamp类型，Timestamp.year获取年份
df2["年龄"]=[2021-x.year for x in df["出生日期"]]
print(df2["年龄"])
方法二:
#出生日期采用astype('str')强制类型转换成字符串，取前四个字符后转换成数值型
df2["年龄2"]=2021-df2["出生日期"].astype('str').str[0:4].apply(pd.to_numeric)
print(df2["年龄2"])
```

（4）按班级汇总每班的高数、英语、计算机成绩的平均分。

```
m=df2.groupby(by='班级').size()
print(m)              #每个班的人数
math=df2.groupby(by='班级')['高数'].agg(np.mean)
print(math)
english=df2.groupby(by='班级')['英语'].agg(np.mean)
print(english)
three=df2.groupby(by='班级')[['高数','英语','计算机']].agg(np.mean)
print(three)
```

运行结果：

班级
计算机051   4

```
计算机052      4
dtype: int64
班级
计算机051    73.25
计算机052    58.00
Name: 高数, dtype: float64
班级
计算机051    73.0
计算机052    65.5
Name: 英语, dtype: float64
班级       高数     英语    计算机
计算机051  73.25   73.0   84.0
计算机052  58.00   65.5   80.0
```

（5）按班级、总分降序排序。

```
#仅仅指定按总分降序排序
print(df2.sort_values(by="总分",ascending= False))
#分别指定班级升序和总分降序
df2=df2.sort_values(by =["班级","总分"],ascending= [True,False])
print(df2)
```

运行结果：

```
    学号    姓名    班级       出生日期    年龄  高数  英语  计算机  总分  等级
4  50103  李秋兰  计算机051  2001-07-06  20   90   78   93   261  优秀
0  50101  田晴   计算机051  2001-08-19  20   86   71   87   244  优秀
5  50104  周磊   计算机051  2002-05-10  19   56   68   86   210  较好
1  50102  杨庆红  计算机051  2002-10-08  19   61   75   70   206  较好
7  50204  赵文敏  计算机052  2002-09-17  19   80   93   91   264  优秀
6  50203  吴涛   计算机052  2001-08-18  20   87   81   82   250  优秀
2  50201  王海茹  计算机052  2004-12-16  17    0   88   81   169  一般
3  50202  陈晓英  计算机052  2003-06-25  18   65    0   66   131  一般
```

（6）统计高数各分数段人数，例如60到80分之间人数，60分以下人数，80分以上人数。

```
#统计高数分数段人数
m1=df2.loc[(df2['高数']>=60) & (df2['高数']<=80)].高数.count()
print("60到80分之间人数",m1)
m2=df2.loc[(df2['高数']>=0) & (df2['高数']<60)].高数.count()
print("60分以下人数",m2)
m3=df2.loc[(df2['高数']>80)].高数.count()
print("80分以上人数",m3)
```

运行结果：

```
60到80分之间人数 3
60分以下人数 2
80分以上人数 3
```

（7）统计每科的平均分、最高分和最低分。

```
#统计每科的平均分、最高分和最低分
print("统计每科的平均分、最高分和最低分\n")
print("统计高数的平均分:",df2['高数'].mean())
print("统计高数的最高分:",df2['高数'].max())
print("统计高数的最低分:",df2['高数'].min())
```

```
print("统计每科的平均分:\n",df2[['高数','英语','计算机']].mean())
print("统计每科的最高分:\n",df2[['高数','英语','计算机']].max())
print("统计每科的最低分:\n",df2[['高数','英语','计算机']].min())
```

运行结果:

```
统计高数的平均分: 65.625
统计高数的最高分: 90
统计高数的最低分: 0
统计每科的平均分:
高数      65.625
英语      69.250
计算机     82.000
统计每科的最高分:
高数      90
英语      93
计算机     93
统计每科的最低分:
高数      0
英语      0
计算机     66
```

习 题

1. 假设有表 11-9 所示用户数据表 users.csv。完成以下任务:

表 11-9 用户数据 users.csv

	user_id	age	gender	occupation
0	1	24	M	technician
1	2	53	F	other
2	3	23	M	writer
…	…	…	…	…
945	944	22	M	student

(1) 加载数据 (users.csv)。
(2) 以 occupation 分组,求每一种职业所有用户的平均年龄。
(3) 求每一种职业男性的占比,并按照从低到高的顺序排列。
(4) 获取每一种职业对应的最大和最小的用户年龄。

2. 假设有表 11-10 所示订单表 order.csv。实现订单表数据的过滤与排序。

表 11-10 订单数据表 order.csv

	order_id	quantity	item_name	item_price
0	1	1	Chips and Fresh Tomato Salsa	¥2.39
1	2	1	Izze	¥3.39
2	3	2	Chicken Bowl	¥16.98
3	4	1	Chicken Bowl	¥10.98
…	…	…	…	…

（1）导入数据，计算出有多少商品大于 10 元。
（2）根据商品的价格对数据进行排序。
（3）在所有商品中，最贵商品的数量（quantity）是多少？
（4）在订单数据表中，商品 Veggie Salad Bowl 的订单数目是多少？
（5）在所有订单中，购买商品 Canned Soda 数量大于 1 的订单数有几条？

实验十一 Python 数据分析

一、实验目的

（1）理解 Pandas 数据分析的开发过程。
（2）掌握 Pandas 的数据类型 Series 和 DataFrame。
（3）掌握 Pandas 的统计、合并、连接和排序功能。
（4）掌握 Pandas 的筛选和过滤功能。
（5）掌握 Pandas 数据的导入导出。

二、实验内容

（1）对表 11-11 所示的数据表 score.xls 进行如下操作：

表 11-11 计算机 05 成绩单文件 score.xls

学号	姓名	班级	出生日期	年龄	高数	英语	计算机	总分	等级
050101	田晴	计算机 051	2001/8/19		86.0	71.0	87.0		
050102	杨庆红	计算机 051	2002/10/8		61.0	75.0	70.0		
050201	王海茹	计算机 052	2004/12/16		作弊	88.0	81.0		
050202	陈晓英	计算机 052	2003/6/25		65.0	缺考	66.0		
050103	李秋兰	计算机 051	2001/7/6		90.0	78.0	93.0		
050104	周磊	计算机 051	2002/5/10		56.0	68.0	86.0		
050203	吴涛	计算机 052	2001/8/18		87.0	81.0	82.0		
050204	赵文敏	计算机 052	2002/9/17		80.0	93.0	91.0		

①统计每个学生的平均成绩。
②按照学生的平均成绩评定等级，分为优秀（≥85）、良好（≥75）、中（≥60）和差（<60）四个等级。
③计算出每个人的出生月份。
④按班级进行汇总每班的高数、英语、计算机成绩的最高分。
⑤按班级进行平均成绩降序排序。
⑥统计英语各分数段人数，例如 60 到 80 分之间人数，60 分以下人数，80 分以上人数。
⑦统计每科的标准差、平均分。
⑧统计各相同年龄的人数。

（2）假设有一个 Excel 文件 city.xlsx 保存三个人收入情况，如图 11-2 所示。使用 pandas 读取 city.xlsx 文件，使用折线图展示三人这几年收入情况，如图 11-3 所示。

	A	B	C	D
1	时间	收入_Janes	收入_John	收入_Alison
2	2006	500	500	500
3	2007	600	650	750
4	2008	700	800	900
5	2009	850	950	1050
6	2010	900	1000	1100
7	2011	1000	1100	1200
8	2012	1100	1200	1300
9	2013	1200	1300	1400
10	2014	1300	1400	1500
11	2015	1350	1450	1550

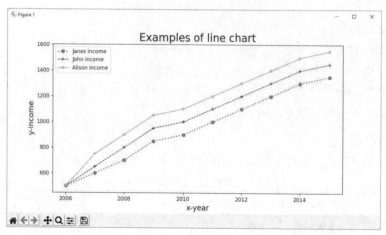

图 11-2　city.xlsx 文件

图 11-3　收入折线图

第 12 章
Python 爬取网页信息

所谓网络爬取，就是把 URL 地址中指定的网络资源从网络流中读取出来，保存到本地。类似于使用程序模拟 IE 浏览器的功能，把 URL 作为 HTTP 请求的内容发送到服务器端，然后读取服务器端的相应资源。本章详细介绍 urllib 网页爬取和 BeautifulSoup4 库来处理分析网页内容。

12.1 相关 HTTP 知识

HTTP（hypertext transfer protocol，超文本传输协议）是用于从 WWW 服务器传输超文本到本地浏览器的协议。它可以使浏览器更加高效，使网络传输减少。它不仅保证计算机正确快速地传输超文本文档，还确定传输文档中的哪一部分，以及哪部分内容首先显示（如文本先于图形）等。

1．HTTP 的请求响应模型

HTTP 永远都是客户端发起请求，服务器回送响应。这样就限制了使用 HTTP，无法实现在客户端没有发起请求的时候，服务器将消息推送给客户端。

HTTP 是一个无状态的协议，同一个客户端的这次请求和上次请求没有对应关系。

2．工作流程

一次 HTTP 操作称为一个事务，其工作过程可分为四步：

（1）客户机与服务器需要建立连接。只要单击某个超链接，HTTP 的工作就开始。

（2）建立连接后，客户机发送一个请求给服务器，请求方式的格式为：统一资源定位符（URL）、协议版本号，后面是 MIME（多用途因特网邮件扩充）信息，包括请求修饰符、客户机信息和可能的内容。

（3）服务器接到请求后，给予相应的响应信息，其格式为一个状态行，包括信息的协议版本号、一个成功或错误的代码，后面是 MIME 信息。

（4）客户端接收服务器所返回的信息通过浏览器显示在用户的显示屏上，然后客户端与服务器断开连接。

如果在以上过程中的某一步出现错误，产生错误的信息将返回到客户端。对于用户来说，这些过程是由 HTTP 自己完成的，用户只要用鼠标点击，等待信息显示即可。

3．网络爬虫

网络爬虫，也叫网络蜘蛛（web spider），如果把互联网比喻成一个蜘蛛网，Spider 就是一只在网上爬来爬去的蜘蛛，它是搜索引擎抓取系统的重要组成部分。网络爬虫的主要目的是将互联网的网页下载到本地形成一个互联网内容的镜像备份。网络爬虫就是根据网页的地址（URL）来寻找网页的。URL 的一般格式如下（带方括号[]的为可选项）：

```
protocol :// hostname[:port] / path / [;parameters][?query]
```

URL 的格式由三部分组成：

（1）protocol：第一部分是协议，例如百度使用的就是 https 协议。

（2）hostname[:port]：第二部分是主机名(还有端口号为可选参数)，一般网站默认的端口号为 80，例如百度的主机名就是 www.baidu.com，这就是服务器的地址。

（3）path：第三部分就是主机资源的具体地址，如目录和文件名等。

网络爬虫就是根据 URL 来获取网页信息的。网络爬虫应用一般分为两个步骤：通过网络连接获取网页内容；对获得的网页内容进行处理。这两个步骤分别使用不同的库：urllib（或者 requests）和 BeautifulSoup4。

12.2　urllib 库

12.2.1　urllib 库简介

urllib 是 Python 标准库中最为常用的 Python 网页访问模块，它可以使用户像访问本地文本文件一样读取网页的内容。Python2 系列使用的是 urllib2，Python3 后将其全部整合为 urllib；在 Python3.x 中，可以使用 urllib 这个库抓取网页。

urllib 库提供了一个访问网页的简单易懂的 API 接口，还包括一些函数方法，用于对参数编码、下载网页等操作。这个模块的使用门槛非常低，初学者也可以尝试去抓取、读取或者保存网页。urllib 是一个 URL 处理包，其中集合了一些处理 URL 的模块：

（1）urllib.request 模块：用来打开和读取 URL。

（2）urllib.error 模块：包含一些由 urllib.request 产生的错误，可以使用 try 进行捕捉处理。

（3）urllib.parse 模块：包含一些解析 URL 的方法。

（4）urllib.robotparser 模块：用来解析 robots.txt 文本文件。它提供了一个单独的 RobotFileParser 类，通过该类提供的 can_fetch()方法测试爬虫是否可以下载一个页面。

12.2.2　urllib 库的基本使用

下面例子将结合使用 urllib.request 和 urllib.parse 两个模块，以说明 urllib 库的使用方法。

1．获取网页信息

使用 urllib.request.urlopen()函数可以很轻松地打开一个网站，读取并打印网页信息。
urlopen()函数的格式：

```
urlopen(url[, data[, proxies]])
```

urlopen()函数返回一个 response 对象，然后像本地文件一样操作该 response 对象来获取远程数据。其中，参数 url 表示远程数据的路径，一般是网址；参数 data 表示以 post 方式提交到 url 的数据(提交数据的两种方式:post 与 get,一般情况下很少用到这个参数)；参数 proxies 用于设置代理。Urlopen()还有一些可选参数，具体信息可以查阅 Python 自带的文档。

urlopen 返回的 response 对象提供了如下方法：

（1）read()、readline()、readlines()、fileno()、close()：这些方法的使用方式与文件对象完全一样。

（2）info()：返回一个 httplib.HTTPMessage 对象，表示远程服务器返回的头信息。

（3）getcode()：返回 HTTP 状态码。如果是 HTTP 请求，200 表示请求成功完成；404 表示网址未找到。

（4）geturl()：返回请求的 url。

了解到这些，就可以写一个最简单爬取网页的程序。

```
#urllib_test01.py
# -*- coding: UTF-8 -*-
from urllib import request
if __name__ == "__main__":
    response = request.urlopen("http://fanyi.baidu.com")
    html = response.read()
    html = html.decode("utf-8")   #decode()命令将网页的信息进行解码
    print(html)
```

urllib 使用 request.urlopen()打开和读取 URL 信息，返回的对象 response 如同一个文本对象，用户可以调用 read()进行读取，再通过 print()将读到的信息打印出来。

运行程序文件，输出如图 12-1 所示信息。

图 12-1　读取的百度翻译网页源码

其实，这就是浏览器接收到的信息，只不过在使用浏览器时，浏览器已经将这些信息转化成了界面信息供用户浏览。浏览器就是作为客户端从服务器端获取信息，然后将信息解析，再展示给用户的。

这里通过 decode()命令将网页的信息进行解码：

```
html = html.decode("utf-8")
```

当然，这个前提是用户已经知道了这个网页使用的是 utf-8 编码，怎么查看网页的编码方式呢？非常简单的方法是使用浏览器查看网页源码，只需要找到 head 标签开始位置的 chareset，就知道网页采用的是何种编码。

需要说明的是，urlopen()函数中 url 参数不仅可以是一个字符串（例如 http://www.baidu.com），也可以是一个 Request 对象，这就需要先定义一个 Request 对象，然后将这个 Request 对象作为 urlopen 的参数使用。方法如下：

```
req = request.Request("http://fanyi.baidu.com/")    #Request 对象
response = request.urlopen(req)
html = response.read()
html = html.decode("utf-8")
print(html)
```

注意：如果要把对应文件下载到本地，可以使用 urlretrieve()函数。

```
from urllib import request
request.urlretrieve("https://www.zut.edu.cn/images/xwgk.jpg","zut_campus.jpg")
```

可以将中原工学院官网中的图片资源 xwgk.jpg 下载到本地，生成 zut_campus.jpg 图片文件。

2. 获取服务器响应信息

同浏览器的交互过程一样，request.urlopen()代表请求过程，它返回的 response 对象代表响应。返回内容作为一个对象更便于操作，Response 对象 status 属性返回请求 HTTP 后的状态，在处理数据之前要先判断状态情况。如果请求未被响应，需要终止内容处理。reason 属性非常重要，可以得到未被响应的原因，url 属性是返回页面 URL。response.read()是获取请求的页面内容的二进制形式。

也可以使用 getheaders()返回 HTTP 响应的头信息。例如：

```
from urllib import request
f=request.urlopen(' http://fanyi.baidu.com ')
data = f.read()
print('Status:', f.status, f.reason)
for k, v in f.getheaders():
    print('%s: %s' % (k, v))
```

此时，可以看到 HTTP 响应的头信息。

```
Status: 200 OK
Content-Type: text/html
Date: Sat, 15 Jul 2017 02:18:26 GMT
P3p: CP=" OTI DSP COR IVA OUR IND COM "
Server: Apache
Set-Cookie: locale=zh; expires=Fri, 11-May-2018 02:18:26 GMT; path=/; domain=.baidu.com
Set-Cookie:  BAIDUID=2335F4F896262887F5B2BCEAD460F5E9:FG=1;  expires=Sun, 15-Jul-18 02:18:26 GMT; max-age=31536000; path=/; domain=.baidu.com; version=1
Vary: Accept-Encoding
Connection: close
Transfer-Encoding: chunked
```

同样,也可以使用 response 对象的 geturl()方法、info()方法、getcode()方法获取相关的 URL、响应信息和响应 HTTP 状态码。例如：

```
# -*- coding: UTF-8 -*-
from urllib import request
```

```
if __name__ == "__main__":
    req = request.Request("http://fanyi.baidu.com/")
    response = request.urlopen(req)
    print("geturl 打印信息: %s"%(response.geturl()))
    print('*****************************************')
    print("info 打印信息: %s"%(response.info()))
    print('*****************************************')
    print("getcode 打印信息: %s"%(response.getcode()))
```

可以得到如下运行结果:

```
geturl 打印信息: http://fanyi.baidu.com/
*****************************************
info 打印信息: Content-Type: text/html
Date: Sat, 15 Jul 2017 02:42:32 GMT
P3p: CP=" OTI DSP COR IVA OUR IND COM "
Server: Apache
Set-Cookie: locale=zh; expires=Fri, 11-May-2018 02:42:32 GMT; path=/; domain=.baidu.com
Set-Cookie: BAIDUID=976A41D6B0C3FD6CA816A09BEAC3A89A:FG=1; expires=Sun, 15-Jul-18 02:42:32 GMT; max-age=31536000; path=/; domain=.baidu.com; version=1
Vary: Accept-Encoding
Connection: close
Transfer-Encoding: chunked
*****************************************
getcode 打印信息: 200
```

至此,已经学会了使用简单的语句对网页进行抓取。下面学习如何向服务器发送数据。

3. 向服务器发送数据

可以使用 urlopen()函数中 data 参数,向服务器发送数据。根据 HTTP 规范,GET 用于获取信息,POST 是向服务器提交数据的一种请求。换句话说:从客户端向服务器提交数据使用 POST;从服务器获得数据到客户端使用 GET。GET 与 POST 的区别如下:

(1)GET 方式可以通过 URL 提交数据,待提交数据是 URL 的一部分;采用 POST 方式,待提交数据放置在 HTML HEADER 内。

(2)GET 方式提交的数据最多不超过 1 024 B,POST 没有对提交内容的长度限制。

如果没有设置 urlopen()函数的 data 参数,HTTP 请求采用 GET 方式,也就是从服务器获取信息;如果设置 data 参数,HTTP 请求采用 POST 方式,也就是向服务器传递数据。

data 参数有自己的格式,它是一个基于 application/x-www-form-urlencoded 的格式,具体格式用户不用了解,因为用户可以使用 urllib.parse.urlencode()函数将字符串自动转换成上面所说的格式。

下面是发送数据实例,向"百度翻译"发送要翻译数据,得到翻译结果。

新建文件 translate_test.py,编写如下代码:

```
from tkinter import *
from urllib import request, parse
import json , hashlib,random
def translate_Word(en_str):
    URL='http://api.fanyi.baidu.com/api/trans/vip/translate'
    #创建 Form_Data 字典,存储向服务器发送的 Data
    #Form_Data={'from':'en','to':'zh','q':en_str,''appid'':'2015063000000001', 'salt': '1435660288'}
```

```
    Form_Data = {}
    Form_Data['from'] = 'en'
    Form_Data['to'] = 'zh'
    Form_Data['q'] = en_str                              #要翻译数据
    Form_Data['transtype'] = 'hash'
    Form_Data['appid'] = '20151113000005349'             #申请的 APP ID
    Form_Data['salt'] = str(random.randint(32768, 65536)) #随机数
    Key="osubCEzlGjzvw8qdQc41"                           #平台分配的密钥
    m=Form_Data['appid']+en_str+Form_Data['salt']+Key
    m_MD5 = hashlib.md5(m.encode('utf8'))
    Form_Data['sign'] = m_MD5.hexdigest()                #实现签名计算
    data = parse.urlencode(Form_Data).encode('utf-8')
                                                         #使用 urlencode 方法转换标准格式
    response = request.urlopen(URL,data) #传递 Request 对象和转换完格式的数据
    html = response.read().decode('utf-8')               #读取信息并解码
    translate_results = json.loads(html)                 #使用 JSON
    print(translate_results)                             #打印出 JSON 数据
    translate_results = translate_results['trans_result'][0]['dst']
#找到翻译结果
    return translate_results
if __name__=="__main__":
    en_str = input("输入要翻译的内容:")
    response = translate_Word(en_str)
    print("翻译的结果是: %s"%(response))                 #打印翻译信息
```

这样就可以查看翻译的结果,如下所示:

请输入要翻译的内容: I am a teacher
翻译的结果是:我是个教师。

得到的 JSON 数据如下:

```
{'from': 'en', 'to': 'zh', 'trans_result': [{'dst': '我是个教师。', 'src': 'I am a teacher'}]}
```

返回结果是 json 格式,其中 trans_result 包含了 src 和 dst 字段。

JSON 是一种轻量级的数据交换格式,这里面保存着我们想要的翻译结果,我们需要从爬取到的内容中找到 JSON 格式的数据,再将得到的 JSON 格式的翻译结果解析出来。

这里向服务器发送数据 Form_Data 也可以直接如下去写:

```
Form_Data={'from':'en', 'to':'zh', 'q':en_str,'appid': '2015063000000001', 'salt': '1435660288'}
```

现在只做了英文翻译成中文,稍微改下就可以中文翻译英文了:

```
Form_Data ={ 'from':'zh', 'to':'en', 'q':en_str,'appid': '2015063000000001', 'salt': '1435660288' }
```

这一行中的 from 和 to 的取值,应该可以用于其他语言之间的翻译。

4. 使用 User Agent 隐藏身份

(1)为何要设置 User Agent。有一些网站不喜欢被爬虫程序访问,所以会检测连接对象,如果是爬虫程序,也就是非人点击访问,它就会阻止继续访问。所以,为了让程序可以正常运行,需要隐藏自己的爬虫程序的身份。此时,就可以通过设置 User Agent(用户代理,简称 UA)来达到隐藏身份的目的。

User Agent 存放于 Headers 中，服务器就是通过查看 Headers 中的 User Agent 来判断是谁在访问。在 Python 中，如果不设置 User Agent，程序将使用默认的参数，那么这个 User Agent 就会有 Python 的字样。如果服务器检查 User Agent，没有设置 User Agent 的 Python 程序将无法正常访问网站。Python 允许用户修改 User Agent 来模拟浏览器访问。

（2）常见的 User Agent：

① Android：

```
Mozilla/5.0 (Linux; Android 4.1.1; Nexus 7 Build/JRO03D) AppleWebKit/535.19 (KHTML, like Gecko) Chrome/18.0.1025.166 Safari/535.19
Mozilla/5.0 (Linux; U; Android 4.0.4; en-gb; GT-I9300 Build/IMM76D) AppleWebKit/ 534.30 (KHTML, like Gecko) Version/4.0 Mobile Safari/534.30
Mozilla/5.0 (Linux; U; Android 2.2; en-gb; GT-P1000 Build/FROYO) AppleWebKit/533.1 (KHTML, like Gecko) Version/4.0 Mobile Safari/533.1
```

② Firefox：

```
Mozilla/5.0 (Windows NT 6.2; WOW64; rv:21.0) Gecko/20100101 Firefox/21.0
Mozilla/5.0 (Android; Mobile; rv:14.0) Gecko/14.0 Firefox/14.0
```

③ Google Chrome：

```
Mozilla/5.0 (Windows NT 6.2; WOW64) AppleWebKit/537.36 (KHTML, like Gecko) Chrome/27.0.1453.94 Safari/537.36
Mozilla/5.0 (Linux; Android 4.0.4; Galaxy Nexus Build/IMM76B) AppleWebKit/535.19 (KHTML, like Gecko) Chrome/18.0.1025.133 Mobile Safari/535.19
```

④ iOS：

```
Mozilla/5.0 (iPad; CPU OS 5_0 like Mac OS X) AppleWebKit/534.46 (KHTML, like Gecko) Version/5.1 Mobile/9A334 Safari/7534.48.3
Mozilla/5.0 (iPod; U; CPU like Mac OS X; en) AppleWebKit/420.1 (KHTML, like Gecko) Version/3.0 Mobile/3A101a Safari/419.3
```

上面列举了 Andriod、Firefox、Google Chrome、iOS 的一些 User Agent。

（3）设置 User Agent 的方法：

在创建 Request 对象时，填入 headers 参数（包含 User Agent 信息），这个 headers 参数要求为字典。

在创建 Request 对象时不添加 headers 参数，在创建完成之后，使用 add_header()的方法添加 headers。

方法一：

使用上面提到的 Android 的第一个 User Agent，在创建 Request 对象时传入 headers 参数。编写代码如下：

```
# -*- coding: UTF-8 -*-
from urllib import request
if __name__ == "__main__":
    #以 CSDN 为例，CSDN 不更改 User Agent 是无法访问的
    url = 'http://www.csdn.net/'
    head = {}
    #写入 User Agent 信息
    head['User-Agent'] = 'Mozilla/5.0 (Linux; Android 4.1.1; Nexus 7 Build/JRO03D) AppleWebKit/535.19 (KHTML, like Gecko) Chrome/18.0.1025.166 Safari/535.19'
```

```
        req = request.Request(url, headers=head)    #创建 Request 对象
        response = request.urlopen(req)              #传入创建好的 Request 对象
        html = response.read().decode('utf-8')       #读取响应信息并解码
        print(html)                                  #打印信息
```

方法二：

使用上面提到的 Android 的第一个 User Agent，在创建 Request 对象时不传入 headers 参数，创建之后使用 add_header()方法，添加 headers。编写代码如下：

```
# -*- coding: UTF-8 -*-
from urllib import request
if __name__ == "__main__":
    #以 CSDN 为例，CSDN 不更改 User Agent 是无法访问的
    url = 'http://www.csdn.net/'
    req = request.Request(url)                       #创建 Request 对象
    req.add_header('User-Agent', 'Mozilla/5.0 (Linux; Android 4.1.1; Nexus 7 Build/JRO03D) AppleWebKit/535.19 (KHTML, like Gecko) Chrome/18.0.1025.166 Safari/535.19')
                                                     #传入 headers
    response = request.urlopen(req)                  #传入创建好的 Request 对象
    html = response.read().decode('utf-8')           #读取响应信息并解码
    print(html)         #打印信息
```

12.3 BeautifulSoup 库

12.3.1 BeautifulSoup 库概述

BeautifulSoup 是一个 Python 处理 HTML/XML 的函数库，是 Python 内置的网页分析工具，用来快速转换被抓取的网页。它产生一个转换后的 DOM 树，尽可能和原文档内容含义一致，这种措施通常能够满足搜集数据的需求。

BeautifulSoup 提供一些简单的方法以及类 Python 语法来查找、定位、修改一棵转换后的 DOM 树。BeautifulSoup 自动将送进来的文档转换为 Unicode 编码，而且在输出时转换为 UTF-8。BeautifulSoup 可以找出"所有的链接<a>"，或者"所有 class 是×××的链接<a>"，再或者是"所有匹配.cn 的链接 url"。

1. BeautifulSoup 安装

使用 pip3 直接安装 beautifulsoup4：

```
pip3 install beautifulsoup4
```

推荐现在的项目中使用 BeautifulSoup4（bs4），导入时需要 import bs4 。

2. BeautifulSoup 的基本使用方式

下面使用一段代码演示 BeautifulSoup 的基本使用方式。

```
from bs4 import BeautifulSoup
#doc 可以是一个 html 内容的字符串，本例是列表需要转换成字符串
doc = ['<html><head><title> The story of Monkey </title></head>',
    '<body><p id="firstpara" align="center">This is one paragraph </p>',
    '<p id="secondpara" align="center">This is two paragraph </p>',
    '</html>']
```

```
soup = BeautifulSoup(''.join(doc), "html.parser")
                            #提供字符串信息,''.join(doc)将doc列表合并为字符串
print(soup.prettify())
```

使用 BeautifulSoup 时首先必须要导入 bs4 库:

```
from bs4 import BeautifulSoup
```

创建 beautifulsoup 对象:

```
soup = BeautifulSoup(html)              #html是一个html内容的字符串
```

另外,还可以用本地 HTML 文件来创建对象。例如:

```
soup = BeautifulSoup(open('index.html'), "html.parser")  #提供本地HTML文件
```

上面这句代码便是将本地 index.html 文件打开,用它来创建 soup 对象。

也可以使用网址 URL 获取 HTML 文件。例如:

```
from urllib import request
response = request.urlopen("http://www.baidu.com")
html = response.read()
html = html.decode("utf-8")             #decode()命令将网页的信息进行解码
soup = BeautifulSoup(html, "html.parser")#远程网站上的HTML文件
```

程序段最后格式化输出 beautifulsoup 对象的内容。

```
print(soup.prettify())
```

程序运行结果:

```
<html>
  <head>
    <title> The story of Monkey </title>
 </head>
 <body>
    <p align="center" id="firstpara">
       This is one paragraph
    </p>
    <p align="center" id="secondpara">
       This is two paragraph
    </p>
 </body>
</html>
```

以上便是输出结果,格式化打印出了 beautifulsoup 对象(DOM 树)的内容。

12.3.2 BeautifulSoup 库的四大对象

Beautiful Soup 将复杂 HTML 文档转换成一个复杂的树形结构,每个结点都是 Python 对象,所有对象可以归纳为 4 种:Tag、NavigableString、BeautifulSoup(前面例子中已经使用过)、Comment。

1. Tag 对象

Tag 是就是 HTML 中的一个个标签。例如:

```
<title> The story of Monkey </title>
<a href="http://example.com/elsie" id="link1">Elsie</a>
```

上面的<title> <a>等 HTML 标签加上其中包括的内容就是 Tag，下面用 Beautiful Soup 来获取 Tags。

```
print(soup.title)
print(soup.head)
```

输出结果：

```
<title> The story of Monkey </title>
<head><title> The story of Monkey </title></head>
```

用户可以利用 BeautifulSoup 对象 soup 加标签名轻松地获取这些标签的内容，但要注意，它查找的是所有内容中的第一个符合要求的标签。如果要查询所有的标签，可参考 12.3.3 节中的 find_all()方法。

下面验证一下这些对象的类型。

```
print(type(soup.title))      #输出： <class 'bs4.element.Tag'>
```

对于 Tag，它有两个重要的属性：name 和 attrs，下面分别进行介绍。

```
print(soup.name)             #输出： [document]
print(soup.head.name)        #输出： head
```

soup 对象本身比较特殊，它的 name 即为[document]，对于其他内部标签，输出的值是标签本身的名称。

```
print(soup.p.attrs)          #输出： {'id': 'firstpara', 'align': 'center'}
```

这里，把 p 标签的所有属性都打印出来，得到的类型是一个字典。
如果想要单独获取某个属性，可以按以下方式操作。例如，获取 id：

```
print(soup.p['id'] )         #输出： firstpara
```

还可以利用 get()方法传入属性的名称，二者是等价的。

```
print(soup.p.get('id') )     #输出： firstpara
```

用户还可以对这些属性和内容等进行修改。例如：

```
soup.p['class']="newClass"
```

也可以对这个属性进行删除。例如：

```
del soup.p['class']
```

2. NavigableString 对象

得到标签的内容后，还可以用.string 获取标签内部的文字。

```
soup.title.string
```

这样就轻松获取到了<title>标签中的内容，如果用正则表达式则麻烦得多。

3. BeautifulSoup 对象

BeautifulSoup 对象表示的是一个文档的全部内容。大部分时候可以把它当作 Tag 对象，它是一个特殊的 Tag。下面的代码可以分别获取它的类型、名称及属性。

```
print(type(soup))            #输出： <class 'bs4.BeautifulSoup'>
print(soup.name )            #输出： [document]
print(soup.attrs )           #输出空字典： {}
```

4．Comment 对象

Comment 对象是一个特殊类型的 NavigableString 对象，其内容不包括注释符号，如果不好好处理它，可能会对文本处理造成意想不到的麻烦。

12.3.3　BeautifulSoup 库操作解析文档树

1．遍历文档树

（1）.contents 属性和.children 属性获取直接子结点。tag 的.contents 属性可以将 Tag 的子结点以列表的方式输出。

```
print(soup.body.contents )
```

输出结果：

```
[<p align="center" id="firstpara">This is one paragraph</p>,
 <p align="center" id="secondpara">This is two paragraph</p>]
```

输出为列表，可以用列表索引来获取它的某一个元素。

```
print(soup.body.contents[0] )        #获取第一个<p>
```

输出结果：

```
<p align="center" id="firstpara">This is one paragraph </p>
```

而.children 属性返回的不是一个列表，它是一个列表生成器对象，但是可以通过遍历获取所有子结点。

```
for child in soup.body.children:
    print(child )
```

输出结果：

```
<p align="center" id="firstpara"> This is one paragraph </p>
<p align="center" id="secondpara">This is two paragraph </p>
```

（2）.descendants 属性获取所有子结点。.contents 和.children 属性仅包含 Tag 的直接子结点，.descendants 属性可以对所有 Tag 的子结点进行递归循环，和 children 类似，也需要遍历获取其中的内容。

```
for child in soup.descendants:
    print(child )
```

从运行结果可以发现，所有的结点都被打印出来，先最外层的 HTML 标签，其次从 head 标签一个个剥离，依此类推。

（3）结点内容。如果一个标签里没有标签，那么.string 就会返回标签里的内容。如果标签里只有唯一的一个标签，那么.string 也会返回最里面标签的内容。

如果 Tag 包含了多个子标签结点，Tag 就无法确定.string 应该调用哪个子标签结点的内容，.string 的输出结果是 None。

```
print(soup. title.string ) #输出<title>标签里的内容
print(soup. body.string )    #<body>标签包含多个子结点，所以输出 None
```

输出结果：

```
The story of Monkey
None
```

（4）多个内容。.strings 获取多个内容，需要遍历获取。例如：

```
for string in soup.body.strings:
    print(repr(string))
```

输出结果：

```
'This is one paragraph'
'This is two paragraph'
```

输出的字符串中可能包含了很多空格或空行，使用.stripped_strings 可以去除多余空白内容。

（5）父结点。.parent 属性用户获取父结点。

```
p = soup.title
print(p.parent.name)            #输出父结点名 Head
```

输出结果：

```
Head
```

（6）兄弟结点。兄弟结点可以理解为和本结点处在统一级的结点，.next_sibling 属性获取了该结点的下一个兄弟结点，.previous_sibling 则与之相反，如果结点不存在，则返回 None。

注意：实际文档中的 Tag 的.next_sibling 和.previous_sibling 属性通常是字符串或空白，因为空白或者换行也可以被视作一个结点，所以得到的结果可能是空白或者换行。

（7）全部兄弟结点。通过.next_siblings 和.previous_siblings 属性可以对当前结点的兄弟结点迭代输出。

```
for sibling in soup.p.next_siblings:
    print(repr(sibling))
```

以上是遍历文档树的基本用法。

2．搜索文档树

（1）find_all(name , attrs , recursive , text , **kwargs)：find_all()方法搜索当前 Tag 的所有 Tag 子结点，并判断是否符合过滤器的条件。参数如下：

name 参数：可以查找所有名字为 name 的标签。

```
print(soup.find_all('p'))       #输出所有<p>标签
 [<p align="center" id="firstpara">This is one paragraph</p>, <p align="center" id="secondpara">This is two paragraph</p>]
```

如果 name 参数传入正则表达式作为参数，BeautifulSoup 会通过正则表达式的 match() 来匹配内容。下面例子中找出所有以 h 开头的标签。

```
for tag in soup.find_all(re.compile("^h")):
    print(tag.name , end=" ")    # html head
```

输出结果：

```
html head
```

这表示<html>和<head>标签都被找到。

attrs 参数：按照 Tag 标签属性值检索，需要列出属性名和值，采用字典形式。

```
soup.find_all('p',attrs={'id':"firstpara"})
```

或者
```
soup.find_all('p', {'id':"firstpara"})
```
都是查找属性值 id 是"firstpara"的<p>标签。
也可以采用关键字形式：
```
soup.find_all('p', id="firstpara"))
```
recursive 参数。调用 Tag 的 find_all()方法时，BeautifulSoup 会检索当前 Tag 的所有子孙结点，如果只想搜索 tag 的直接子结点，可以使用参数 recursive=False。
text 参数。通过 text 参数可以搜文档中的字符串内容。
```
print(soup.find_all(text=re.compile("paragraph")))    #re.compile()正则表达式
```
输出结果：
```
['This is one paragraph', 'This is two paragraph']
```
re.compile("paragraph")正则表达式，表示所有含有"paragraph"的字符串都匹配。
limit 参数。find_all()方法返回全部的搜索结构，如果文档树很大，那么搜索会很慢；如果不需要全部结果，可以使用 limit 参数限制返回结果的数量。当搜索到的结果数量达到 limit 的限制时，就停止搜索返回结果。
文档树中有 2 个 Tag 符合搜索条件,但结果只返回了 1 个，因为限制了返回数量。
```
    soup.find_all("p", limit=1)
[<p align="center" id="firstpara">This is one paragraph</p>]
```
（2）find(name, attrs, recursive, text)：它与 find_all()方法唯一的区别是 find_all()方法返回全部结果的列表，而后者 find()方法返回找到的第一个结果。

3. 用 CSS 选择器筛选元素

在写 CSS 时，标签名不加任何修饰，类名前加点，id 名前加#，这里也可以利用类似的方法来筛选元素，用到的方法是 soup.select()，返回类型是列表 list。

（1）通过标签名查找：
```
soup.select('title')                #选取<title>元素
```

（2）通过类名查找：
```
soup.select('.firstpara')           #选取 class 是 firstpara 的元素
soup.select_one(".firstpara")       #查找 class 是 firstpara 的第一个元素
```

（3）通过 id 名查找：
```
soup.select('#firstpara')           #选取 id 是 firstpara 的元素
```

以上的 select()方法返回的结果都是列表形式，可以遍历形式输出，然后用 get_text()方法或 text 属性来获取它的内容。
```
soup = BeautifulSoup(html, 'html.parser')
print type(soup.select('div'))
print(soup.select('div')[0].get_text())      #输出首个<div>元素的内容
for div in soup.select('div'):
    print(div.text)                          #输出所有<div>元素的内容
```

处理网页需要对 HTML 有一定的理解，BeautifulSoup 库是一个非常完备的 HTML 解析函数库，有了 BeautifulSoup 库的知识，就可以进行网络爬取实战。

12.4 网络爬虫实战——Python 爬取新浪国内新闻

Python 爬取新浪国内新闻，首先需要分析国内新闻首页的页面组织结构，知道新闻标题、链接、时间等在哪个位置（也就是在哪个 HTML 元素中）。用 Google Chrome 浏览器打开要爬取的页面，这里以新浪国内新闻为例，网址为 https://news.sina.com.cn/china/，按【F12】键打开"开发人员工具"，单击工具栏左上角的 （即审查元素），再单击某一个新闻标题，查看到一个新闻为 class=feed-card-item 的 <div> 元素，如图 12-2 所示。

爬虫实战新浪新闻

图 12-2 新闻所在的 <div> 元素

```
          <div class=feed-card-item>
            <h2 suda-uatrack="key=index_feed&amp;value=news_click:1356:8:0"
class="undefined"><a href="https://news.sina.com.cn/c/2024-09-11/doc-incntvry
4283410.shtml" target="_blank">华北地区再添千万吨级液化天然气接收站</a></h2>
            <div class="feed-card-a feed-card-clearfix"><div class="feed-card-
time">今天 08:34</div>
          </div>
```

从图 12-2 中可知，要获取新闻标题是 <h2> 元素内容，新闻的时间是 class="feed-card-time" 的 <div> 元素，新闻链接是 <h2> 元素内部的 <a href> 元素。现在，就可以根据元素的结构编写爬虫代码。

首先导入需要用到的模块：BeautifulSoup、urllib.requests，然后解析网页。

```
from bs4 import BeautifulSoup
from datetime import datetime
import urllib.request
new_urls = set()                                    #存放未访问 url set 集合
url = 'http://news.sina.com.cn/china/'
web_data = urllib.request.urlopen(url).read()
                                    #调用 read() 读取响应对象 response 的内容
web_data = web_data.decode("utf-8")
soup = BeautifulSoup(web_data,"html.parser")        #解析网页
```

下面是提取新闻的时间，标题和链接信息。

```
for news in soup.select('.feed-card-item'):
    if(len(news.select('h2')) > 0):           #去除为空的标题数据
        h2 = news.select('h2')[0].text        #标题被存储在标签 h2
        time = news.select('.feed-card-time')[0].text
                                              # time 是 class 类型，前面加点来表示
        a = news.select('a')[0]['href']       #将新闻链接 URL 网址存储在变量 a 中
        print(h2,time,a)
        new_urls.add(a)
```

soup.select('.feed-card-item')语句用于取出所有特定 feed-card-item 类的元素；也就是所有新闻<div>元素。

注意：soup.select()找出所有 class 为 feed-card-item 的元素，class 名前面需要加点（.），即英文状态下的句号；找出所有 id 为 artibodyTitle 的元素，id 名前面需要加井号（#）。

h2 = news.select('h2')[0].text 语句中的[0]是取该列表中的第一个元素，text 是取文本数据；news.select('h2')[0].text 存储在变量 h2 中。

time = news.select('.feed-card-time')[0].text 语句同上，将其数据存储在变量 time 中。

用户要抓取的链接存放在 a 标签中，后面用 href，将链接 URL 网址存储在变量 a 中；最后输出想要抓取的新闻标题、时间、链接。

运行程序抓取新浪国内新闻部分结果是空。这是什么原因造成的呢？实际上按 F12 键打开的"开发人员工具"审查元素中看到的一些元素（如<div class=feed-card-item>），这是网页源代码在浏览器执行 JavaScript 脚本时动态生成的元素，这是浏览器处理过的最终网页。而爬虫获得的网页源代码是服务器发送到浏览器 HTTP 响应内容（原始网页源代码），并没有执行 JavaScript 脚本，所以就找不到<div class=feed-card-item>元素，故而没有任何新闻结果。

问题解决办法如下：

一种是直接从 JavaScript 中采集加载的数据，用 Json 模块处理；另一种方式是借助 PhantomJS 和 selenium 模拟浏览器工具直接采集浏览器中已经加载好数据的网页。

这里通过开发者工具，查看该网页的 NetWork，从所有请求中找到该网页的 JavaScript 加载数据的请求，如图 12-3 所示，在其请求条目下选择右侧的 Headers 选项卡，分析并找到传输新闻列表数据的接口地址，Request URL 所包含的内容即为所需要的数据的接口地址 URL。

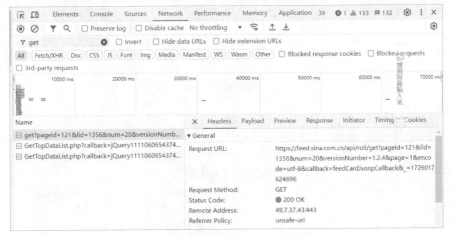

图 12-3　传输新闻列表数据的接口地址 URL

在图 12-3 中，在其请求条目下选择右侧的 Response 选项卡，即可看到所需要的新闻标题 title 及链接 url 等信息。

```
"url": "https:\/\/news.sina.com.cn\/c\/2024-09-11\/doc-incntvrt1913120.shtml",
"title": "\u6811\u7acb\u7cbe\u54c1\u610f\u8bc6 \u6253\u9020\u94c1\u6848\u5de5\u7a0b",
"ctime": "1726011960",
"mtime": "1726014228"
```

这里新闻标题使用的是 Unicode 编码，程序中需要转换后用汉字显示。

所以爬取新浪国内新闻代码需要修改成请求 JSON：

```python
import urllib.request
import json                              #处理 JSON 格式的数据
import os
from bs4 import BeautifulSoup            #导入类
#读取新浪国内新闻数据
url='https://feed.sina.com.cn/api/roll/get?pageid=121&lid=1356&num=20&versionNumber=1.2.4&page=1&encode=utf-8&callback=feedCardJsonpCallback&_=1701244697056'
#打开和读取url返回bytes对象转换为字符串（解码为utf-8）
res=urllib.request.urlopen(url).read().decode("utf-8")
```

如果需要获取新闻的具体内容，则可以解析 JSON 文件。

```python
#split()函数用来分离出所需要的 JSON 字符串
res=res.split("try{feedCardJsonpCallback(")[1].split(");}catch(e){};")[0]
jsonData = json.loads(res)               #将 JSON 字符串数据转换为 Python 对象
#抓取数据
newslist = []                            #创建列表以存放数据
for ent in jsonData['result']['data']:   #通过遍历获取新闻数据
    #读取详情页
    restemp=urllib.request.urlopen(ent['url']).read()
                                         #根据 url 获取 html 新闻网页文件
    soup = BeautifulSoup(restemp,'html.parser')      #解析新闻网页
    newstemp={}                          #字典形式存储新闻标题和内容
    #解析新闻标题
    newstemp['title']=soup.select('.main-title')[0].text
                                         #通过标签名查找标题（文本形式）
    #解析新闻内容
    newstemp['article']=soup.select('#article')[0].text
                                         #通过 ccs id 选择器查找
    #存入列表
    newslist.append(newstemp)            #向列表末尾添加

#把所有新闻写到本.py 文件目录下的 news 文件夹内
path = os.path.dirname(__file__) + '\\news\\'      #获取路径
if not os.path.exists(path):             #如果 news 文件夹不存在
    os.mkdir(path)                       #创建 news 文件夹
```

```
for news in newslist:
    file = open(path + news['title'] + '.txt', "w", encoding='utf-8')
                                        #生成并打开 txt 文件
    file.write(news['article'])         #将数据写入文件
    file.close()                        #关闭文件
#打印第一个新闻详情
print('新闻详情: ',newslist[0]['article'])
#打印所有新闻标题
print('新闻标题: ')
for news in newslist:
    print(news['title'])
```

至此就完成爬取新浪国内新闻程序,运行后可见 news 文件夹内每条新闻标题为文件名,文件内容是新闻详情内容。由于新浪网站不断改版,所以需要根据上面的思路进行适当的修改,才能真正爬取到新浪国内新闻。

习　题

1. Python 实战开发:"中国大学排名"爬虫。
2. Python 实战开发:爬取新浪国外新闻或者某所高校的新闻。
3. 分析百度图片搜索返回结果的 HTML 代码,编写爬虫爬取图片并下载形成专题图片库。

实验十二　Python 爬取网页信息

一、实验目的

(1) 理解爬虫程序的开发过程。
(2) 掌握 urllib 库的使用。
(3) 掌握网页信息分析和处理方法。
(4) 掌握 JSON 模块数据解析方法。

二、实验内容

(1) 使用 urllib 库和 BeautifulSoup 编写简单的爬取图片程序。在程序中输入一个网址(如当当网),则自动下载指定网址页面中所有图片到本机的 D:/img1/文件夹下。

提示:①可以根据标签的名称 img 得到其中的图片超链接路径。第三方库 BeautifulSoup 可以根据标签的名称对网页内容进行截取。使用 BeautifulSoup 能比正则表达式更加简单地找到所有 img 标签。②如果爬虫程序不仅仅获取图片,还需获取价格、出版社等信息,这时使用 BeautifulSoup 比较方便,使用 BeautifulSoup 可以轻松获取当当网中所搜图书的书名、价格、作者、出版社等信息。

(2) 编写爬虫爬取各城市天气预报信息。

提示：①许多网站提供了 API 接口，通过 API 获取网站提供的信息，如天气预报、股票交易信息、火车售票信息等。中国天气网向用户提供国内各城市天气信息，并提供 API 程序获取所需的天气数据，返回数据格式为 JSON。②中国天气网提供的 API 网址类似于…weather/city/101180101，其中，101180101 为郑州市的城市编码。城市编码可通过网络搜索获取。

第 13 章 数据挖掘和机器学习

scikit-learn（简称 sklearn）是 Python 的一个开源机器学习模块，它建立在 NumPy 和 SciPy 模块之上，能够为用户提供各种机器学习算法接口，包括分类、回归、聚类系列算法，主要算法有 SVM、逻辑回归、朴素贝叶斯、Kmeans、DBSCAN 等。可以让用户简单、高效地进行数据挖掘和数据分析。

13.1 Python 机器学习库 sklearn 的安装

下面介绍 Windows 操作系统下机器学习库 sklearn 的安装，在 Ubuntu 系统上安装过程类似。安装时一般在命令行下用 pip（或 pip3）直接安装。

安装步骤如下：

（1）安装 NumPy：

```
pip3 install numpy
```

（2）安装 SciPy：

```
pip3 install scipy
```

微课

数据挖掘和机器学习

（3）安装 scikit-learn：

```
pip3 install sklearn
```

这样，pip3 安装的库就在 D:\python3.11\Lib\site-packages 路径下（D:\python3.11 是 Python 安装路径）。最后输出 Successfully installed joblib-1.4.2 scikit-learn-1.5.1 表示安装完成。

安装完成后在命令行中输入：pip3 list 测试，若能列出 sklearn 这一项则说明安装成功。如果想要安装最新版本的 sklearn，可以添加-U 参数来升级安装：

```
pip3 install -U scikit-learn
```

只要注意依赖包之间的安装顺序，安装工程会非常顺利。如果确实遇到问题，有可能是已安装的部分依赖包版本和待安装的依赖包所需的版本不一致，那么可尝试先卸载旧版本依赖包，"pip3 uninstall（相应包）"，这样应该会解决绝大多数环境配置问题。

13.2 Python 机器学习库 sklearn 的应用

数据挖掘和机器学习通常包括数据采集、数据分析、特征选择、训练模型、模型评估等步骤。使用sklearn工具可以方便地进行特征选择和模型训练工作。图13-1所示为一个基本的数据挖掘过程。

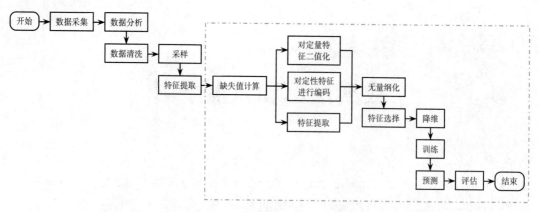

图13-1 基本的数据挖掘过程

使用sklearn可以进行点画线框内的工作（sklearn也可以进行文本特征提取）。sklearn库提供了数据挖掘中涉及的数据预处理、监督学习、无监督学习、模型选择和评估等系列方法，包含众多子库或模块，例如数据集（sklearn.datasets）、特征预处理（sklearn.preprocessing）、特征选择（sklearn.feature_selection）、特征抽取（feature_extraction）、模型评估（sklearn.metrics、sklearn.cross_validation）子库、实现机器学习基础算法的模型训练（sklearn.cluster、sklearn.semi_supervised、sklearn.svm、sklearn.tree、sklearn.linear_model、sklearn.naive_bayes、sklearn.neural_network）子库等。sklearn库常见的引用方式如下：

```
from sklearn import <模块名>
```

具体sklearn常用模块和类见表13-1。

表13-1 sklearn常用模块和类

库（模块）	类	类别	功能说明
sklearn.preprocessing	StandardScaler	无监督	标准化
	MinMaxScaler	无监督	区间缩放
	Normalizer	无信息	归一化
	Binarizer	无信息	定量特征二值化
	OneHotEncoder	无监督	定性特征编码
	Imputer	无监督	缺失值计算
	PolynomialFeatures	无信息	多项式变换
	FunctionTransformer	无信息	自定义函数变换（自定义函数在transform方法中调用）
sklearn.feature_selection	VarianceThreshold	无监督	方差选择法
	RFE	有监督	递归特征消除法
	SelectFromModel	有监督	自定义模型训练选择法
sklearn.decomposition	PCA	无监督	PCA降维
sklearn.lda	LDA	有监督	LDA降维
sklearn.cluster	KMeans	无监督	k均值聚类算法
	DBSCAN	无监督	基于密度的聚类算法

续表

库（模块）	类	类别	功能说明
sklearn.linear_model	LinearRegression	有监督	线性回归算法
sklearn.neighbors	KNeighborsClassifier	有监督	k 近邻分类算法（kNN）
sklearn.tree	DecisionTreeClassifier	有监督	决策树分类算法

说明：机器学习和数据挖掘是经常一起提及的两个相关词语。机器学习是数据挖掘的一种重要工具；数据挖掘不仅要研究、拓展、应用一些机器学习方法，还要通过许多非机器学习技术来解决数据仓储等更为实践的问题。机器学习应用广泛，不仅可以用在数据挖掘领域，还可以应用到与数据挖掘不相关的其他领域，例如增强学习与自动控制等。总体来说，数据挖掘是从应用目的角度定义的名词，而机器学习则是从方法过程角度定义的名词。

sklearn 库对所提供的各类算法进行了较好的封装，几乎所有数据挖掘算法都可以使用 fit()、predict()、score() 等函数进行训练、预测和评价。每个数据挖掘算法对应一个模型，记为 model，sklearn 库为每个模型提供的常用接口见表 13-2。

表 13-2　sklearn 库数据挖掘模型提供的统一接口

接口	用途
model.fit()	训练数据，监督模型时为 fit(X, Y)，非监督模型时为 fit(X)
model.predict()	预测测试样本
model.predict_prob a()	输出预测结果相对应的置信概率
model.score()	用于评价模型在新数据上拟合质量的评分
model.transform()	对特征进行转换

本章主要围绕聚类、分类和回归介绍 sklearn 库的一些基本使用。

13.2.1　训练数据集——鸢尾花

sklearn 已经自带了一些数据集，例如 iris 和 digits：

```
from sklearn import datasets
iris = datasets.load_iris()
digits = datasets.load_digits()
print(iris.data.shape)
#print(digits.items())                    #.items()列出所有属性
print(digits.images.shape)
```

iris 中文指鸢尾植物，这里存储了其萼片和花瓣的长宽，一共 4 个属性，鸢尾植物又分三类。与之相对，iris 中有两个属性 iris.data、iris.target，data 中是一个矩阵，每一列代表了萼片或花瓣的长宽，一共 4 列；每一行代表某个被测量的鸢尾植物，一共采样了 150 条记录，所以查看这个矩阵的形状，执行 iris.data.shape，返回：

```
(150, 4)
```

target 是一个数组，存储了 data 中每条记录属于哪一类鸢尾植物，所以数组的长度是 150，数组元素的值因为共有 3 类鸢尾植物，所以不同值只有 3 个。

digits 存储了数字识别的数据，包含了 1 797 条记录，每条记录又是一个 8 行 8 列的矩阵，存储的是每幅数字图中的像素点信息，执行 digits.images.shape 返回：

```
(1797, 8, 8)
```

因为 sklearn 的输入数据必须是（n_samples, n_features）的形状，所以需要对 digits.images 做一个编号，把 8×8 的矩阵，变成一个含有 64 个元素的向量。具体方法如下：

```
import pylab as pl
data = digits.images.reshape((digits.images.shape[0], -1))
data.shape 返回(1797, 64)
```

以上是 sklearn 最常用的两个数据集。

13.2.2 sklearn 库的聚类

sklearn 提供了多种聚类函数供用户使用，KMeans 是聚类中最为常用的算法之一，它属于基于距离划分的聚类方法。Kmeans 的基本用法如下：

```
from sklearn.cluster import KMeans
model= KMeans()                    #输入参数建立模型
model.fit(Data)                    #将数据集 Data 提供给模型进行聚类
```

此外，还有基于层次的聚类方法，该方法将数据对象组成一棵聚类树，采用自底向上或自顶向下的方式遍历，最终形成聚类。例如，sklearn 中的 AgglomerativeClustering()方法是一种聚合式层次聚类方法，其层次过程方向是自底向上。它首先将样本集合中的每个对象作为一个初始簇，然后将距离最近的两个簇合并组成新的簇，再将这个新簇与剩余簇中最近的合并，这种合并过程需要反复进行，直到所有的对象最终被聚到一个簇中。

AgglomerativeClustering 使用方法如下：

```
from sklearn.cluster import AgglomerativeClustering
model = AgglomerativeClustering()  #输入参数建立模型
model.fit(Data)                    #将数据集 Data 提供给模型进行聚类
```

DBSCAN 是一个基于密度的聚类算法，其目标是寻找被低密度区域分离的高密度区域。简单地说，它把扎堆的点找出来，而点稀疏的区域作为分隔区域。这种方法对噪声点的容忍性非常好，应用广泛。

DBSCAN 的使用方法如下：

```
from sklearn.cluster import DBSCAN
model = DBSCAN()                   #输入参数建立模型
model.fit(Data)                    #将数据集 Data 提供给模型进行聚类
```

关于聚类，建议读者重点掌握 KMeans 方法。

【例 13-1】10 个点的聚类。假设有 10 个点：(1,2)、(2,5)、(3,4)、(4,5)、(5,8)、(10,13)、(11,10)、(12,11)、(13,15)、(15,14)，请将它们分成 2 类，并绘制聚类效果。采用 Kmeans()方法的代码如下：

```
#Cluster10Points.py
from sklearn.cluster import KMeans
import numpy as np
import matplotlib.pyplot as plt
dataSet = np.array([[1,2],[2,5],[3,4],[4,5],[5,8], [10,13],[11,10],[12,11],[13,15],[15,14]])
km = KMeans(n_clusters=2)
km.fit(dataSet)
plt.figure(facecolor = 'w')
plt.axis([0,16,0,16])
mark = ['or', 'ob']              #指定 2 种颜色——红色 red、蓝色 blue
```

```
for i in range(dataSet.shape[0]):
    plt.plot(dataSet[i, 0], dataSet[i, 1], mark[km.labels_[i]])
plt.show()
```

运行后的聚类结果如图 13-2 所示，类 A 和类 B 中的点以不同颜色区分。结果如下：

类 A：(1,2),(2,5),(3,4),(4,5),(5,8)。

类 B：(10,13),(11,10),(12,11),(13,15),(15,14)。

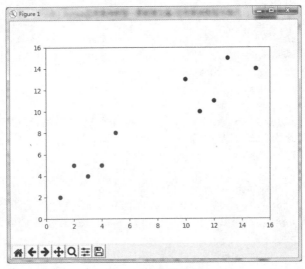

图 13-2　聚类结果

13.2.3　sklearn 库的分类

很多应用需要一个能够进行智能分类的工具，这就需要建立数据和分类结果的关联。与聚类不同，分类需要利用标签数据。

最常用的分类算法是 k 近邻算法，该算法也是最简单的机器学习分类算法，对大多数问题都非常有效。k 近邻算法的主要思想是：如果一个样本在特征空间中最相似（即特征空间中最邻近）的 k 个样本大多数属于某一个类别，则该样本也属于这个类别。k 近邻算法在 sklearn 库中的基本用法如下：

```
from sklearn.neighbors import KNeighborsClassifier
model = KNeighborsClassifier()    #建立分类器模型
model.fit(Data,y)                 #为模型提供学习数据 Data 和数据对应的标签结果 y
```

此外，决策树算法也是用于分类的数据挖掘经典算法之一，常用于特征含有类别信息的分类或回归问题，这种方法非常适合多分类情况。决策树算法的基本用法如下：

```
from sklearn.neighbors import DecisionTreeClassifier
model = DecisionTreeClassifier()  #建立分类器模型
model.fit(Data,y)                 #为模型提供学习数据 Data 和数据对应的标签结果 y
```

【例 13-2】基于聚类结果的坐标点分类器。例 13-1 中 10 个点分成了 2 类 A 和 B。现在有一个新的点（6，9），在分类结果 A 和 B 的基础上，新的点属于哪一类？采用 k 近邻算法的分类代码。

程序代码：

```
#m11.2Classifier.py
from sklearn.neighbors import KNeighborsClassifier
from sklearn.cluster import KMeans
import numpy as np
import matplotlib.pyplot as plt
dataSet = np.array([[1,2],[2,5],[3,4],[4,5],[5,8],[10,13],[11,10],
[12,11],[13,15],[15,14]])
km = KMeans(n_clusters=2)
km.fit(dataSet)                              #训练 KMeans 聚类模型
labels = km.labels_                          #获取 KMeans 聚类标签
#使用 KMeans 聚类结果进行分类
knn = KNeighborsClassifier()
knn.fit(dataSet,labels)                      #训练 KNN 聚类模型，学习分类结果
data_new = np.array([[6,9]])
label_new = knn.predict(data_new)            #对点(6,9)进行分类预测
plt.figure(facecolor = 'w')
plt.axis([0,16,0,16])
mark = ['or', 'ob']
for i in range(dataSet.shape[0]):
    plt.plot(dataSet[i, 0], dataSet[i, 1], mark[labels[i]])
plt.plot(data_new[0,0], data_new[0,1], mark[label_new[0]],markersize =17)
#画新的点
plt.show()
```

程序运行结果如图 13-3 所示。

从图 13-3 可以看到，点（6，9）被分为 A 类。这种分类采用了聚类结果。然而，分类本身并不一定使用聚类结果，聚类结果只是给出了数据点和类别的一种对应关系。只要分类器学习了某种对应关系，它就能够进行分类。

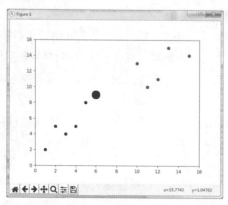

图 13-3　分类结果

13.2.4　sklearn 库的回归

回归是一个统计预测模型，用以描述和评估应变量与一个或多个自变量之间的关系，即自变量 X 与因变量 y 的关系。

最简单的回归模型是线性回归，它是数据挖掘中的基础算法之一。线性回归的思想是根据数据点形成一个回归函数 $y=f(X)$，函数的参数由数据点通过解方程获得。线性回归在 sklearn 库中的基本用法如下：

```
from sklearn.linear_model import LinearRegression
model = LinearRegression()              #建立回归模型
model.fit(X,y)                          #建立回归模型,X是自变量,y是因变量
predicted = model.predict(X_new)        #对新样本进行预测
```

很多实际问题都可以归结为逻辑回归问题,即回归函数的 y 值只有两个可能,也称为二元回归。逻辑回归可以使用 LogisticRegression()函数,接收数据并进行预测。逻辑回归在 sklearn 库中的基本用法如下:

```
from sklearn.linear_model import LogisticRegression
model = LogisticRegression()            #建立回归模型
model.fit(X,y)                          #建立回归模型, X 是自变量, y 是因变量
predicted = model.predict(X_new)        #对新样本进行预测
```

【例 13-3】坐标点的预测器。已知 10 个点,此时获得信息,将在横坐标 7 的位置出现一个新的点,却不知道纵坐标,请预测最有可能的纵坐标值。这是典型的预测问题,可以通过回归来实现。预测点采用菱形标出。

程序代码:

```
#Regression.py
from sklearn import linear_model
import numpy as np
import matplotlib.pyplot as plt
dataSet = np.array([[1,2],[2,5],[3,4],[4,5],[5,8], [10,13],[11,10],[12,11],[13,15],[15,14]])
X = dataSet[:,0].reshape(-1,1)
y = dataSet[:,1]
linear = linear_model.LinearRegression()
linear.fit(X,y)                         #根据横纵坐标构造回归函数
X_new = np.array([[7]])
plt.figure(facecolor = 'w')
plt.axis([0,16,0,16])
plt.scatter(X, y, color='black')        #绘制所有点
plt.plot(X, linear.predict(X), color='blue',linewidth=3)
plt.plot(X_new , linear.predict(X_new ), 'Dr', markersize=17)
plt.show()
```

程序运行结果如图 13-4 所示。

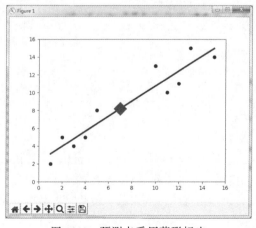

图 13-4　预测点采用菱形标出

13.2.5 鸢尾花相关的分类

在了解数据挖掘聚类、分类和回归方法的基础上，对 IRIS 数据集还可以进一步操作。IRIS 数据集中每个数据有 4 个属性特征：萼片长度、萼片宽度、花瓣长度、花瓣宽度。可以利用这些特征训练一个分类模型，用来对不同品种的鸢尾花进行分类。

分类模型中最常用的是 k 近邻算法，简称 kNN 算法。该算法首先需要学习，所以，将 IRIS 数据集随机分成 140 个数据的训练集和 10 个数据的测试集，并对预测准确率进行计算。由于 IRIS 数据集包括人工识别的标签，所以 140 个数据将比较准确。对于实际应用，可以采集一个小规模数据集并进行人工分类，再利用分类结果识别大数据集内容。

```
#IrisClassifier.py
from sklearn import datasets
from sklearn.neighbors import KNeighborsClassifier
import numpy as np
def loadIris():
    iris = datasets.load_iris()             #从 datasets 中导入数据
    Data = iris.data                        #每个鸢尾花 4 个数据
    Label = iris.target                     #每个鸢尾花所属品种
    np.random.seed(0)                       #设随机种子
    indices = np.random.permutation(len(Data))
    DataTrain = Data[indices[:140]]         #训练数据 140 条
    LabelTrain = Label[indices[:140]]
    DataTest = Data[indices[-10:]]          #测试数据 10 条
    LabelTest = Label[indices[-10:]]
    return DataTrain, LabelTrain, DataTest, LabelTest
def calPrecision(prediction, truth):
    numSamples = len(prediction)
    numCorrect = 0
    for k in range(0, numSamples):
        if prediction[k] == truth[k]:
            numCorrect += 1
    precision = float(numCorrect) / float(numSamples)
    return precision
def main():
    iris_data_train, iris_label_train, iris_data_test\
    ,iris_label_test=loadIris()
    knn = KNeighborsClassifier()                     #将分类器实例化并赋给变量 knn
    knn.fit(iris_data_train, iris_label_train)# 调用 fit()函数将训练数据导入
                                                     #分类器进行训练
    predict_label = knn.predict(iris_data_test)
    print('测试集中鸢尾花的预测类别: {}'.format(predict_label))
    print('测试集中鸢尾花的真实类别: {}'.format(iris_label_test))
    precision = calPrecision(predict_label,iris_label_test)
    print('KNN 分类器的精确度: {} %'.format(precision*100))
main()
```

为了计算预测的准确度，定义一个函数 calPrecision()，通过比较测试集数据的预测结果和 IRIS 中记录的真实分类情况的差异，对 kNN 分类器的准确度进行评价。依次对两个列表中相同位置的值进行比较，统计正确预测的次数。最后将正确次数除以总预测数，得到预测准确度。

程序运行结果：

```
测试集中鸢尾花的预测类别：  [1 2 1 0 0 0 2 1 2 0]
测试集中鸢尾花的真实类别：  [1 1 1 0 0 0 2 1 2 0]
KNN 分类器的精确度： 90.0 %
```

习 题

1. 假设有如下 8 个点：(3,1)、(3,2)、(4,1)、(4,2)、(1,3)、(1,4)、(2,3)、(2,4)，使用 KMeans 算法对其进行聚类。假设初始聚类中心点分别为(0,4)和(3,3)，则最终的聚类中为(___,___)和(___,___)。

2. 在空白处补充一个属性，用于获取 data 中每一条数据的聚类标签。

```
data = loadData()
km = KMeans(n_clusters=3)
cluster=km.fit(data)
label = cluster._____
```

实验十三 机器学习

一、实验目的

（1）掌握 Python 机器学习库 sklearn 的安装。

（2）掌握 sklearn 库的聚类处理。

（3）掌握 sklearn 库的分类。

二、实验内容

（1）sklearn 的安装。安装 Scikit-learn（sklearn）最简单的方法就是使用 pip 命令。

①安装 numpy：pip3 install numpy。

②安装 scipy：pip3 install scipy。

③安装 scikit-learn：pip3 install sklearn。

这样，pip3 安装的库就在 D:\python3.11\Lib\site-packages 路径下（D:\python3.11 是 Python 安装路径）。最后输出 Successfully installed scikit-learn-0.23.2 表示安装完成。

（2）采用 KMeans 方法实现 10 个点的聚类。假设有如下 10 个点：(1,2)、(2,5)、(3,4)、(4,5)、(5,8)、(10,13)、(11,10)、(12,11)、(13,15)、(15,14)，使用 KMeans 算法对其进行聚类。假设初始聚类中心点分别为(0,4)和(3,3)，将它们分成两类，并绘制聚类效果。

（3）对 sklearn 自带了一些数据集 iris 进行训练。iris 数据集中每个数据有四个属性特征：萼片长度、萼片宽度、花瓣长度、花瓣宽度。可以利用这些特征训练一个分类模型，用来对不同品种鸢尾花进行分类。

（4）采用 sklearn 中的 kNN 模型，训练一个对 digits 数据集进行分类的模型。

参 考 文 献

[1] 刘浪. Python 基础教程[M]. 北京：人民邮电出版社，2015.
[2] 江红，余青松. Python 程序设计教程[M]. 北京：北京交通大学出版社，2014.
[3] 郑秋生，夏敏捷. Java 游戏编程开发教程[M]. 北京：清华大学出版社，2016.
[4] 嵩天，礼欣，黄天羽. Python 语言程序设计基础[M]. 2 版. 北京：高等教育出版社，2017.
[5] 嵩天，黄天羽，杨雅婷. Python 语言程序设计基础[M]. 3 版. 北京：高等教育出版社，2024.